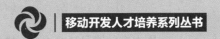

移动开发人才培养系列丛书

U0160354

移动计算
及应用开发技术

Mobile Computing
and Application
Development Technology

朱大勇 编著

人民邮电出版社
北 京

图书在版编目（CIP）数据

移动计算及应用开发技术 / 朱大勇编著. -- 北京：
人民邮电出版社，2021.8
（移动开发人才培养系列丛书）
ISBN 978-7-115-56126-8

Ⅰ. ①移… Ⅱ. ①朱… Ⅲ. ①移动通信-计算②移动
终端-应用程序-程序设计 Ⅳ. ①TN929.5

中国版本图书馆CIP数据核字(2021)第044400号

内 容 提 要

本书共两个部分，分别介绍移动计算理论和移动应用开发技术。在移动计算理论部分，主要介绍移动计算的基本概念、移动计算环境的要素、移动终端的发展、无线网络技术，以及无线定位技术。在移动应用开发技术部分，介绍基于 Android 操作系统的移动应用开发，主要包括界面开发、资源管理、数据存取、消息与服务、感知与多媒体，以及操作系统与通信。此外，本书还提供 5 个移动应用实验供读者练习，并给出 Android 开发的命名规范，介绍常用的开发工具 ADB 和 SQLite3。

本书的内容覆盖面广，实用性较强，可作为高等院校计算机科学与技术、软件工程、信息和通信等专业本科和专科相关课程的教材或参考书，也可供从事移动计算研究和移动应用开发的技术人员参考。

- ◆ 编　　著　朱大勇
　　责任编辑　邹文波
　　责任印制　王　郁　马振武
- ◆ 人民邮电出版社出版发行　　北京市丰台区成寿寺路 11 号
　　邮编　100164　　电子邮件　315@ptpress.com.cn
　　网址　https://www.ptpress.com.cn
　　三河市君旺印务有限公司印刷
- ◆ 开本：787×1092　1/16
　　印张：17.75　　　　　　　　　　2021 年 8 月第 1 版
　　字数：443 千字　　　　　　　　2021 年 8 月河北第 1 次印刷

定价：69.80 元

读者服务热线：(010)81055256　印装质量热线：(010)81055316
反盗版热线：(010)81055315
广告经营许可证：京东市监广登字 20170147 号

随着无线网络、移动网络以及移动终端的发展，移动互联网正在"席卷"整个世界。移动计算理论和移动应用开发技术是构建移动互联网的基础，它们是分布式计算、人工智能，以及移动通信等多种技术相结合的产物。

本书以移动计算的三要素为核心，从信息传输的基本原理、无线定位技术以及移动应用开发技术展开讨论。本书包括移动计算理论和移动应用开发技术两个部分。移动计算理论部分集中讨论各种与无线传输相关的问题；移动应用开发技术部分集中介绍如何基于Android操作系统开发移动应用程序。

本书第一部分介绍移动计算理论，包括第1章~第3章。

第1章　概述，从网络的角度介绍移动计算的通信环境；从移动设备的角度介绍移动计算的各个组成部分；从软件开发的角度介绍各种移动应用开发平台。

第2章　无线网络技术，根据传输距离的不同讨论各种移动通信技术规范，同时强调无线网络结构、无线网络协议以及关键技术的重要性。在讨论的过程中，首先从特定的无线网络协议入手，介绍协议的技术规范；然后，通过分析引出通信过程中存在的问题，再逐步给出协议的细节；最后，归纳各类协议的相互关系，并且通过实例介绍无线网络技术的应用。

第3章　无线定位技术，分析无线定位系统的体系结构，介绍不同的定位解决方案以及它们之间的相互联系和特点；同时从不同的角度讨论各种定位方法和相关的定位服务。

本书第二部分以移动应用项目为依托介绍移动应用开发技术，包括第4章~第10章。

第4章　移动开发环境，首先从移动应用的开发流程入手讨论如何创建移动应用项目，然后介绍各种移动应用开发工具。

第5章　界面开发，从一个项目实例出发介绍如何构建MVC模式的移动应用、应用的界面设计，以及界面组件之间的交互方式和数据传输方式，并且通过实例对较复杂的列表控件、碎片和视图翻页控件等界面控件进行讨论。

第6章　资源管理，对可直接访问的资源和原生资源分别进行介绍。可直接访问的资源使用R文件（在编译时，会自动生成R.java文件）进行访问，其均保存在res目录下。原生资源不需要额外的定义，可直接读取和使用，在生成APK安装文件时，不会被编译成二进制形式。

第7章　数据存取，介绍Android操作系统的文件操作、少量数据的SharedPreferences存取方式、轻量级的关系数据库SQLite，以及实现应用程序间数据共享的内容提供器。另外，还介绍XML和JSON数据的多种解析方式。

第8章　消息与服务，分别介绍消息和通知的处理方式。BroadcastReceiver用于处理Android系统消息，而Notification用于处理应用程序发送的通知。对于需要异步处理的消息，主要介绍Handler和AsyncTask两种处理方式。最后，介绍后台服务处理。

第9章　感知与多媒体，介绍Android操作系统提供的各种传感器和各种多媒体功能。通过调用系统的API函数，可以方便地实现音频播放、视频播放以及摄像头拍照等功能。

第10章　操作系统与通信，对Android操作系统的应用程序层、应用程序框架层、系统运行库层及Linux内核层分别进行讨论。此外，还介绍Android体系中特有的IPC方式。

本书在附录A中设置5个编程实验，让读者通过动手实践进一步理解移动应用开发技术部分的内容，让读者在实践中发现问题、解决问题，从而对移动应用开发过程有完整和清晰的认识，提高移动应用的设计能力和编程能力。

本书面向高等院校高年级学生，遵循工程教育专业认证的思想，以学生为中心，注重学生素质和能力的培养。本书整体围绕培养学生的工程素质、技能素质和综合素质3个方面来展开，主要特点如下。

1. 采用问题引入、分析求解、过程探讨的方式，一步步把工程中出现的问题和解决方法逐步抽象、转化为基本概念和理论知识。

2. 在内容上，注重理论知识与实际工程问题的结合；在结构上，以应用项目将移动应用开发的内容有机地联系在一起；在形式上，采用练习和实验相结合的方式，锻炼学生的动手实践能力。

3. 本书的内容涉及面向对象程序设计（使用Java/C++）、计算机网络和数据库原理等相关技术，对培养学生综合运用多门课程的知识解决工程领域问题的能力具有积极的作用。

由于作者水平有限，书中难免存在疏漏与不妥之处，敬请读者提出宝贵意见，以便不断完善。

朱大勇
2021年6月于电子科技大学

目 录 CONTENTS

第一部分　移动计算理论

01 第1章　概述 1

1.1 移动计算环境 ················ 3
   1.1.1 信息传输方式的变迁 ······ 4
   1.1.2 计算模式 ················ 5
   1.1.3 移动计算的概念和特点 ······· 7
   1.1.4 移动应用 ················ 8
1.2 移动计算的三要素 ············ 8
   1.2.1 信息 ···················· 9

   1.2.2 信号 ···················· 11
   1.2.3 信道 ···················· 15
1.3 移动终端 ·················· 18
   1.3.1 硬件 ···················· 18
   1.3.2 软件 ···················· 22
1.4 本章小结 ·················· 25
1.5 习题 ······················ 25

02 第2章　无线网络技术 26

2.1 无线信道 ·················· 26
   2.1.1 信道特性 ··············· 26
   2.1.2 资源共享 ··············· 30
2.2 个域网 ···················· 32
   2.2.1 声波通信 ··············· 33
   2.2.2 蓝牙通信 ··············· 35
   2.2.3 其他近距离通信 ········· 36
2.3 局域网 ···················· 40
   2.3.1 Wi-Fi ················· 41
   2.3.2 无线传感器网络 ········· 44

   2.3.3 无线自组织网络 ············· 52
2.4 广域网 ···················· 59
   2.4.1 蜂窝网络 ··············· 59
   2.4.2 远程通信问题 ··········· 61
2.5 移动IP ···················· 64
   2.5.1 通信方式 ··············· 65
   2.5.2 三角路由 ··············· 67
2.6 本章小结 ·················· 68
2.7 习题 ······················ 68

03 第3章　无线定位技术 70

3.1 卫星定位系统 ·············· 70
3.2 定位原理 ·················· 72
   3.2.1 卫星定位 ··············· 72
   3.2.2 定位方法 ··············· 75
   3.2.3 测距定位 ··············· 76
3.3 位置服务 ·················· 79

   3.3.1 AGPS定位 ············· 79
   3.3.2 基站定位 ··············· 79
   3.3.3 RSSI定位 ············· 80
   3.3.4 Wi-Fi定位 ············· 81
3.4 室内定位 ·················· 81
3.5 非测距定位 ················ 84

3.5.1 质心定位算法 ………… 85
3.5.2 DV-Hop定位算法 ……… 86
3.5.3 APIT定位算法 ………… 88

3.6 本章小结 ……………… 89
3.7 习题 …………………… 90

第二部分 移动应用开发技术

04 第4章 移动开发环境 92

4.1 搭建开发环境 ………… 93
4.2 创建应用项目 ………… 93
　4.2.1 创建Android应用项目 …… 94
　4.2.2 项目信息 …………… 94
　4.2.3 项目构建工具 ……… 96
　4.2.4 配置SDK和创建模拟器 … 98
4.3 使用项目工具 …………100

　4.3.1 Android Studio中的
　　　　 快捷键 ……………… 100
　4.3.2 任务管理功能 ……… 101
　4.3.3 日志工具 …………… 101
4.4 管理应用权限 …………103
4.5 本章小结 ……………… 106
4.6 习题 …………………… 106

05 第5章 界面开发 107

5.1 界面设计 ………………107
　5.1.1 布局与交互 ………… 108
　5.1.2 界面设计模式 ……… 110
　5.1.3 活动配置 …………… 111
5.2 界面组件——活动 …… 112
　5.2.1 任务与返回栈 ……… 112
　5.2.2 活动的生命周期 …… 114
　5.2.3 活动的启动模式 …… 116
5.3 事件处理机制 ………… 119
　5.3.1 采用监听处理方式 … 119
　5.3.2 采用回调处理方式 … 121
5.4 视图组件结构 …………123
5.5 界面布局管理 …………124
　5.5.1 线性布局 …………… 125
　5.5.2 相对布局 …………… 126
　5.5.3 帧布局 ……………… 127
　5.5.4 表格布局 …………… 128
　5.5.5 网格布局 …………… 129

5.6 消息传输组件——Intent …… 129
　5.6.1 显式Intent ………… 130
　5.6.2 隐式Intent ………… 131
　5.6.3 Intent过滤器 ……… 132
　5.6.4 Intent传递数据 …… 135
　5.6.5 传递自定义数据 …… 137
5.7 列表控件 ……………… 139
　5.7.1 ListView控件 ……… 139
　5.7.2 RecyclerView控件 … 146
5.8 界面模块——碎片 …… 149
　5.8.1 添加碎片的方式 …… 150
　5.8.2 碎片的生命周期 …… 152
　5.8.3 兼容不同终端的界面 …… 152
5.9 视图翻页控件——
　　 ViewPager ……………159
　5.9.1 滑动页面 …………… 160
　5.9.2 页面适配器 ………… 161
　5.9.3 滑动动画 …………… 162

5.10　本章小结 ················· 163 | 5.11　习题 ······························· 163

06 第6章　资源管理 166

6.1　资源类别与访问 ·············· 166
　　6.1.1　资源访问方法 ·············· 167
　　6.1.2　常用资源 ·················· 168
6.2　样式与主题 ·················· 169
　　6.2.1　样式 ······················ 169
　　6.2.2　主题 ······················ 170
6.3　可绘制的资源 ··············· 171

6.3.1　ShapeDrawable ·········· 171
6.3.2　StateListDrawable ······· 171
6.3.3　LayerListDrawable ······· 172
6.4　资源打包管理 ················· 172
6.5　本章小结 ··················· 174
6.6　习题 ························· 174

07 第7章　数据存取 175

7.1　文件操作 ·················· 175
　　7.1.1　保存数据到文件 ·············· 176
　　7.1.2　从文件中读取数据 ············ 176
　　7.1.3　内部存储和外部存储 ···· 178
7.2　SharedPreferences ········ 180
7.3　SQLite数据库 ··············· 182
　　7.3.1　SQLite数据库的帮助类 ··· 183
　　7.3.2　查看数据库 ··············· 184
　　7.3.3　数据库基本功能 ·········· 185

7.4　内容共享组件 ················ 187
　　7.4.1　内容解析器 ··············· 188
　　7.4.2　内容提供器 ··············· 189
7.5　数据解析方式 ··············· 195
　　7.5.1　解析XML数据 ·············· 195
　　7.5.2　解析JSON数据 ············ 200
7.6　本章小结 ··················· 202
7.7　习题 ························· 202

08 第8章　消息与服务 203

8.1　广播机制 ·················· 203
　　8.1.1　广播消息注册方式 ········· 204
　　8.1.2　监听网络状态 ············· 205
　　8.1.3　广播消息发布方式 ········· 206
8.2　通知管理 ·················· 208
　　8.2.1　PendingIntent ··········· 208
　　8.2.2　不同的通知方式 ·········· 210
8.3　异步消息处理机制 ········· 210

8.3.1　创建线程的方法 ··········· 210
8.3.2　线程与界面交互 ··········· 211
8.3.3　Handler运行机制 ········· 212
8.4　异步任务 ·················· 213
8.5　后台服务处理 ··············· 215
　　8.5.1　创建后台运行的服务 ······· 215
　　8.5.2　服务启动方式 ············· 216
　　8.5.3　前台运行的服务 ··········· 217

8.5.4　IntentService ……………… 218　　8.7　习题 ………………………………… 219
8.6　本章小结 …………………………… 219

09 第9章　感知与多媒体　　　　　　220

9.1　传感器的使用 ……………… 220　　9.5　实现摄像头拍照功能 ………… 233
9.1.1　获取传感器 …………… 221　　9.6　质感界面设计 ………………… 235
9.1.2　采集数据 ……………… 222　　　　9.6.1　质感设计 ……………… 236
9.2　定位功能 …………………… 223　　　　9.6.2　自定义标题栏 ………… 237
9.3　实现音频播放功能 ………… 225　　　　9.6.3　滑动菜单 ……………… 239
9.3.1　音频播放方式 ………… 225　　9.7　本章小结 ……………………… 245
9.3.2　音乐播放器 …………… 225　　9.8　习题 …………………………… 245
9.4　实现视频播放功能 ………… 232

10 第10章　操作系统与通信　　　　　247

10.1　Android操作系统的架构 …… 247　　10.4　通信接口描述语言 …………… 255
10.2　Android操作系统的进程间　　　　　10.4.1　服务器 ……………… 255
　　　通信 ………………………… 250　　　　10.4.2　服务类 ……………… 258
10.3　Binder ………………………… 251　　　　10.4.3　客户端 ……………… 259
10.3.1　Binder机制 …………… 252　　10.5　Bundle ………………………… 263
10.3.2　Binder的结构 ………… 252　　10.6　本章小结 ……………………… 264
10.3.3　Binder的工作模式 …… 254　　10.7　习题 …………………………… 264

FL 附录　　　　　　　　　　　265

附录A　实验 ……………………… 265　　　　实验四　广播与通知 …………… 270
实验一　搭建实验环境 ………… 265　　　　实验五　移动应用的信息获取…… 270
实验二　设计和实现移动客户端　　　附录B　命名规范 ………………… 271
　　　　界面 ………………… 267　　附录C　Android应用调试工具 …… 272
实验三　移动端数据存取 ……… 269　　附录D　SQLite3命令行工具……… 273

CK 参考文献　　　　　　　　　275

第一部分

移动计算理论

移动计算是在移动互联网发展中涌现出的一种新的计算模式。

本部分的第 1 章首先分析信息传输方式的变迁，并对比其他计算模式，总结移动计算的概念和特点；其次重点讨论移动计算的三要素；最后介绍移动计算环境中涉及的各种硬件和软件。

本部分的第 2 章和第 3 章主要围绕无线网络和无线定位技术，讨论无线通信的不同组网方式、移动 IP 以及各种无线定位方法。这两章内容通过对无线信道的利用、不同距离的无线传输、移动中的网络连接、室外和室内移动定位等进行分析，阐述移动计算的基本原理；并且，重点探讨移动通信网络、无线传感器网络、无线自组织网络、移动 IP 技术、定位原理、定位方法以及位置服务。

本部分内容让读者能够比较全面地学习移动计算的基本知识，充分掌握移动终端和无线网络的使用方法，了解移动计算的特点、发展趋势以及前沿动态。

01 第1章 概述

本章主要介绍移动计算的概况和发展，重点解析移动计算的三要素——信息、信号和信道，并探究移动计算环境中涉及的各种硬件和软件。通过以上内容的学习，读者能够了解移动计算当前的应用领域，掌握移动计算的概念和特点，初步了解无线网络用到的各种技术。

本章的重点是掌握移动计算的概念和特点，了解移动终端的结构、移动操作系统的特点和工作方式；难点是掌握移动计算的三要素。下一章将介绍无线信道、无线网络以及移动 IP 技术的基本概念和原理。

通过声音传递信息是最早的移动通信方式。人的生理构造自然形成了要完成移动通信所需的各种"设备"：喉部发出声音，耳朵接收声音，大脑对声音进行处理并提取出有用的信息。声波的通信方式是我们理解现代移动通信的理想途径。

下面来看一个简单的对话场景：甲和乙两个人讨论一场球赛，甲要把比赛结果通过无线方式发送给乙。为了理解这个通信过程的基本原理，我们需要知道信息（比赛结果）如何转换为可传输的信号（声波），信号如何在无线信道（空中）进行传输，收到信号以后又如何转换为我们可以理解的信息。通过分析这个场景，声波传输中的信息、信号和信道，从它们的操作方式和特性可以揭示出移动通信中信息转换为信号，并且在信道上进行传输的基本原理，即如何对信息进行编码、调制、传输、解调以及解码等处理。

尽管声波通信满足了移动通信的各种要求，但是它的缺点也非常明显，那就是传输的距离有限。在远距离的信息传输中，电磁波是最重要的信息传输方式之一，它和声波一样都具有波的形式。前文简单介绍了通过声波进行信息传输的方式，现在过渡到更一般的、通过电磁波进行信息传输的方式，这样能更容易理解信息传输的本质。

从传输过程来看，信息转换为信号，信号通过无线信道进行传输，被收到后，再被还原为信息。在这个过程中，信息的编码、模拟信号与数字信号的相互转换，以及信号的传输方式，揭示了无线通信系统的基本运行机制。

从系统角度来看，人就是一个完整的"无线通信系统"，我们通过身体各个器官的协调完成对话和讲解，如图 1-1 所示。同样，移动通信也需要一个系统来保证各种移动终端采用不同的方式接入网络，如像对话一样的点对点连接、像讲课一样用广播方式进行通信。系统不仅实现点对点的通信，而且还要管理共享的网络资源，让所有接入的用户都能够随时随地享用通信服务。

图1-1 从系统角度来看无线通信

从网络角度来看，移动通信网络不仅包括实现远距离信息传输的蜂窝移动通信系统，如第二代（2G）移动通信技术全球移动通信系统（Global System for Mobile Communications，GSM）、第三代（3G）移动通信技术支持移动数据服务的移动数据网等；而且包括实现短距离通信的网络系统，如采用无线电射频（Radio Frequency，RF）技术连接各种传感器构成的物联网，采用蓝牙等技术搭建的家庭终端网络，采用无线局域网（Wireless Local Area Network，WLAN）等无线接入方式连接台式计算机构成的办公局域网络等。这些网络系统让手机、笔记本电脑和其他移动终端能够在网络中自由地漫游。本书后续的内容将根据无线传输距离的远近，把无线网络划分为个域网（Personal Area Network，PAN）、局域网（Local Area Network，LAN）和广域网（Wide Area Network，WAN），分别加以讨论。

从终端来看，移动终端的硬件已经拥有了强大的处理能力，从最初简单的信息传输工具变成综合性的信息处理平台。现在，手机、笔记本电脑、平板电脑、车载电脑等移动终端都是具有多种功能的移动智能终端。操作系统和丰富的应用软件让移动终端成为通话器、阅读器、音/视频播放器、监控器及智能机器人等，并且广泛应用于机场、港口、银行、铁路、学校、医院及工厂等不同环境，彻底改变了人们的工作和生活。

1.1 移动计算环境

移动计算实现了信息处理技术与移动通信的融合，让人们可以随时随地接收和分享信息。下面以一个虚拟网络为例来介绍移动计算环境的构成。移动计算环境通常由网络和终端两部分构成，如图 1-2 所示。网络的中心部分是由固定网络和移动网络搭建的基础架构，即各个通信节点（图 1-2 中虚线圈出的节点），其中各个路由器和转发器负责信息传输、维持信息通路。网络的边缘部分是笔记本电脑、手持式数据读写设备、手机等移动终端（图 1-2 中实线圈出的节点）。

总的来说，移动计算环境是由固定网络、移动网络以及移动终端构成的生态系统。它的各个组成部分为用户提供了复杂的信息处理和通信服务。

要构建一个移动计算环境，需要解决一些关键性的问题。

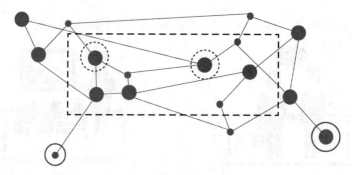

图1-2　移动计算环境的构成

（1）信息具有多种表现形式，包括文本、音频、视频、文件等。只有将它们统一转换为数字编码，才能在网络中进行传输。这就像快递运输，要将各种大小不一、形式多样的商品先打包放置在一个个规整的箱子里，然后进行运输。

（2）在构建环境时，要考虑信息传输的距离和传输时间。如果采用声波、光波、电磁波等不同的无线通信方式，将产生不同的信息传输时间。

（3）要解决信息传输载体的问题。就像出行，我们会根据不同的需求，选取不同交通工具，如我们可以根据目的地的远近，选择是乘坐汽车、火车还是飞机。现代无线通信技术同样为我们提供了类似的信息运载方式，就像货物装载到运输工具以后，要进入交通网络才能完成运输。无线网络系统与城市交通系统一样，构建通畅、快捷、安全的传输体系是建立整个移动通信系统的目标。

1.1.1　信息传输方式的变迁

社会性动物对信息传输、交流和共享具有强烈的需求，如蚂蚁在寻找食物的过程中，通过触角、信息素等进行交流；蜜蜂依靠蜂房、采蜜地点和太阳来定位，并且通过舞蹈、声音等来相互传递信息。人类同样需要通过各种信息处理、传输和共享手段，来解决各种各样的通信问题。

从原始社会开始，人们就通过声音在有限的范围内进行信息交流。在古代，特别是在军事上很早就开始使用各种方式来传递信息，如用信鸽和驿马传送情报、用击鼓表示发起进攻、用烽火通知敌情等。人们利用不同的媒介创造了声、光等各种通信手段。随着现代科技的发展，特别是到了近代，远距离通信由声光通信发展到电磁波通信。电磁波在理论和应用上的突破，不断扩展通信距离，极大地提升了信息传输的效率。

在近代通信发展中，1837 年，美国人莫尔斯发明了电信史上早期的编码——"莫尔斯电码"。1837 年，英国人库克和惠斯通设计制造了第一个有线电报系统。1844 年 5 月 24 日，莫尔斯通过电报机将电文从华盛顿传到了数十千米外的巴尔的摩。1858 年，英国、美国等国家开始铺设横跨大西洋海底的电报电缆，实现了信息的长途传输，大大加快了信息的流通。1875 年，美国人贝尔发明电话，并且在 1878 年进行了首次长途电话实验，随后还成立了著名的贝尔电话公司。

在无线通信领域，1864 年，麦克斯韦建立电磁理论，预言了电磁波的存在。1888 年，德国物理学家海因里希·赫兹首次在实验中证实了电磁波的存在。1897 年，意大利人进行了大量无线电通信试验，并且在 1901 年完成了从英国到加拿大横跨大西洋的无线电通信实验，推动无线电通信走向全面实用阶段。

在信息传输系统方面，古代用于军事的驿站、传递信件的邮政体系等构成了面向特定用途的信息传输网络。20 世纪 20 年代到 20 世纪 40 年代是无线网络的早期发展阶段，在短波几个频段上开发了专用的移动通信系统，如 1928 年美国警用车辆的车载无线电系统，它标志着移动通信的开始，其特点是工作频率较低，网络仅为专用系统开发。

1940—1960 年，无线网络系统得到了初步应用。在第二次世界大战期间，美国陆军通过无线电波完成信息的传输。1946 年，贝尔实验室在圣路易斯建立第一个公用汽车电话网；随后，法国、英国等国家也研制了公用移动电话系统。

20 世纪 60 年代中期到 20 世纪 70 年代中期，美国采用大区制、中小容量，将无线通信网络接入公用电话网，构建了移动电话系统。20 世纪 70 年代中期到 20 世纪 80 年代中期，无线通信飞速发展。1971 年，夏威夷大学的研究人员构建了 ALOHA 网络，这是最早的 WLAN。1978 年，贝尔实验室成功研制了先进移动电话系统（ Advanced Mobile Phone System，AMPS ），构建了蜂窝网络，并在 1983 年投入商用。德国在 1984 年完成 C 网，英国在 1985 年开发了全接入通信系统（ Total Access Communications System，TACS ）。同时，美国贝尔实验室研制了移动电话系统（ Mobile Telephones Service，MTS ），瑞典等北欧国家开发了 Nordic 移动电话（ Nordic Mobile Telephone，NMT ）—450 系统。从这个时期开始，现代通信逐步进入移动通信的发展阶段。

从 20 世纪 80 年代中期开始，数字移动通信系统逐渐发展成熟。欧洲国家首先推出了 GSM 系统。随后，美国和日本等国家也制定了各自的数字移动通信体制。移动通信系统逐步进入家庭，通过无线网络把人们联系在了一起。现在，移动通信与互联网相结合所建立的通信体系进一步融入人工智能技术，成为新时代通信发展的趋势。

1.1.2 计算模式

计算机最初主要用于提供计算服务，如第一台电子数字计算机就为研究原子弹提供各种计算服务。这里所说的"计算"，是更广泛意义下的信息传输、信息转换和信息服务。计算模式是刻画计算的形式系统，它是具有状态转换，能够对数据或信息进行表示、处理和输出的抽象系统。根据计算单元连接方式的不同，可以划分为集中计算（Centralized Computing）、分布式计算（Distributed Computing）、移动计算（Mobile Computing）及普适计算（Ubiquitous/Pervasive Computing）。

随着网络和硬件的不断发展，促使计算模式也不断改变和演化：从集中计算发展到分布式计算；从分布式计算发展到移动计算；从移动计算发展到普适计算。计算模式从一个阶段发展到另一个阶段，随之而来的是各种问题，相应的也提出了各种解决方案。

20 世纪 60 年代到 20 世纪 70 年代，通常采用主机/终端模式来完成各类计算任务。随着计算机网络的兴起，个人计算机进入办公领域和家庭领域，计算模式从客户端/服务器的集中计算逐步走向分布式计算，期间还发展了中间件、P2P、网格等新的技术和网络连接模式。而在语音通信基础上构建的蜂窝移动通信系统，让计算具有了移动性和便携性。随着智能技术、感知技术等多个领域的新技术融入"计算"，小型、便宜、网络化的处理终端正广泛应用于日常生活的各个场所，渗透到人们生活的方方面面，为人们带来了与环境融为一体的"计算"，计算机本身逐渐消失在人们的视线里，有人把这种计算模式称为普适计算。

1. 从集中计算到分布式计算

集中计算始于 20 世纪 60 年代。它通常采用主机/终端模式，主要用于数据的集中存储和集中计算。网络的发展让集中计算逐步转换为分布式计算，在转换的过程中首先要解决的就是远程通信的问题。远程通信不仅需要终端获取主机的信息，还提出了更多复杂的需求，如远程过程调用需要建立分层协议、构建中间件以及设置通信代理等。其次，分布式计算让数据分散在不同物理位置的服务器上，如何保证数据的一致性、完整性是构建分布式系统必须要考虑和解决的问题。最后，针对不同应用搭建的 Web 服务器、文件系统、数据库系统需要各种分布式软件和相关技术的支持。

2. 从分布式计算到移动计算

分布式计算始于 20 世纪 80 年代。在计算机网络的推动下，分布式计算解决了处于网络不同位置的运算主体进行信息传输和处理的问题。随着大量移动终端，如手机、笔记本电脑、各种传感器、嵌入式设备等接入网络，与有线接入方式相比，各种不同的无线接入方式存在很多需要解决的理论和技术难点，主要面临的问题如下。

（1）移动网络的构建

这个问题主要包括针对不同场景的无线组网、无线传输的性能优化、面向不同网络环境的无线网络协议设计，以及移动 IP 模式的管理等。

（2）移动信息访问

这个问题主要包括信息传输的切换和断接操作、数据容错性和高可用性的保障，以及对传输的选择性控制等。

（3）适应性应用

这个问题主要包括对信道带宽的自适应调整、信息转换过程中的转码、适应不同环境的代理，以及适应性资源管理等。

在无线通信网络中，如何合理使用无线资源，也就是如何有效共享无线通信信道，也是一个关键的问题。就像在城市中，随着车辆的不断增加，交通体系将面临巨大的压力。类似的，无线通信中接入的用户越多，越可能出现"交通拥堵"的问题。此外，无线通信网络的一个显著特点是用户的移动性。用户在移动过程中，由于各种因素的影响，信号总会存在丢失的情况。就像货物在运输过程中要保证运送的可靠性，无线通信网络也需要构建信息的"交通体系"以保证无差错传输。

3. 从移动计算到普适计算

移动计算始于 20 世纪 90 年代。由于无线通信技术的飞速发展，各种移动终端广泛应用于办公、娱乐、医疗、教育、军事等领域。而随着智能移动终端的出现，各种新技术融入人们的日常生活，形成了无所不在的计算模式——普适计算。1991 年，Xerox 公司 PALOATO 研究中心的首席技术官马克·韦泽提出了普适计算的概念。

普适计算是人与计算环境相融合的一种计算模式，它倡导"以人为本"，各种计算终端帮助人们更加方便、有效地访问和处理信息。普适计算建立在无线网络、移动通信技术、智能技术的基础上，对环境信息具有高度的可感知性，人机交互更自然，终端和网络的自动配置和自适应能力更强，具有扩展性、异构性、不可见性（Invisibility）等特点。其中不可见性要求系统具有自动和动态的配置机制，在无须用户干预的情况下，能自动接入网络，自由获取所需要的信息。

目前，一些典型的普适计算项目有：麻省理工学院的 Oxygen 项目、AT&T 实验室和英国剑桥大学合作的 Sentient Computing 研究项目、Microsoft 公司的 Easy Living 研究项目、卡内基梅隆大学的 Aura 项目、Hewlett-Packard 公司的 Cool Town 项目和 Everyday Computing 项目、IBM 的 WebSphere Everyplace 项目，以及华盛顿大学的 Portolano 项目等。

1.1.3 移动计算的概念和特点

把移动计算进行概念上的拆分，其内涵包含"移动"和"计算"两个部分，即由网络和移动终端构成的、用于信息传输和处理的计算环境。从计算环境的角度来说，移动计算定义为："利用移动终端通过无线网络或固定网络与远程服务器交换数据的分布计算环境"。而从实用性来说，国际计算机学会（Association for Computing Machinery，ACM）给出的定义更倾向于描述移动计算的功能，强调移动计算在任何时间、任何地点的可使用性。

"Mobile computing is an umbrella term used to describe technologies that enable people to access network services anywhere, anytime, and anyway." ——ACM

从不同的视角来看，移动计算基本上具有以下一些特点。

1. 移动性

移动计算的最大特点是移动性。移动终端可以在移动过程中，通过无线传输方式与其他无线网络或固定网络中的节点或其他移动终端进行通信。计算节点的移动性可能会导致系统访问方式的变化和资源的移动。

2. 网络条件多样性

移动终端的微型化和便携性满足了工业和生活的不同需求。从固定网络到无线网络，从广域的蜂窝网络到办公室的局域网，从用于工业上的自组织网络到个人使用的蓝牙、门禁卡及无线鼠标等，网络呈现不同的形式。这些网络既可以是高带宽的固定网络，也可以是低带宽的无线广域网，甚至是个人的点对点通信网络。

3. 频繁断接性

在无线通信中，由于传输载体的特性，并受电源、无线通信费用、网络条件、移动性等因素的影响和限制，信息在传输过程中会受到各种干扰，断接不可避免。断接过程包括主动式和被动式的间连和断接。

4. 网络通信的非对称性

通常客户端与服务器之间的通信是由客户端发起请求，服务器将请求的文本、音频、视频传送给客户端。客户端与服务器传输数据的流量有很大的差别，即客户端仅仅发送简单的请求字符串（上行链路），而服务器需要给客户端传送大量各种类型的数据（下行链路）。随着各种移动应用的涌现，用户也可以上传大量图片、音/视频文件，由此网络通信的对称性也在不断地发生改变。因此，下行链路和上行链路的通信带宽和代价适应移动应用的变化，也在相应地发生变动。

5. 移动终端电量和资源有限

移动终端主要依靠蓄电池供电，其容量有限。由于电池技术的发展速度远低于处理器和存储器技术的发展速度，移动终端本身的续航能力和计算资源的充分利用需要从各个方面寻找解决方案。

6. 传输的可靠性低

相对于有限网络，无线网络可用的网络条件，如带宽、费用、延迟以及服务质量等，会面临更多的干扰，并且可能会随时发生变化，容易出现网络阻塞或故障，给移动计算带来潜在的不可靠性。

由于移动计算具有上述特点，因此在构造一个移动通信系统时，不仅要考虑移动终端在无线环境下如何实现数据传输和资源共享，还要确保如何在有限的资源条件下，用户能随时随地获取信息和处理信息。

1.1.4 移动应用

从产业上来说，移动互联网是互联网与移动通信不断发展又互相融合的系统和新兴市场。移动应用是移动终端中的软件，也是移动互联网的信息承载形式。随着互联网和移动终端的飞速发展，各种移动应用不断涌现，移动应用开发也进入新的时代。

随着 4G、大数据、云计算、"互联网+"等技术的相互渗透和融合，移动应用辐射到各个行业和领域。移动智能终端集成了大量应用软件，用户通过应用软件来进行娱乐、休闲以及商务活动等。现在，网络基础设施的持续发展、移动终端的不断更新，以及用户潜在需求的深度挖掘，使得移动应用的种类和功能不断丰富和完善。在移动互联网中，有时一个新的移动应用就可能产生一种新的商务模式或者一种新的生活方式。

移动办公软件的广泛使用提高了企业的工作效率，减少了人员的管理成本。利用移动车辆管理系统，交警可以查询违章车辆记录，巡警可以核对网上在逃人员信息，并且实现警力的自动定位与合理调度。在工业领域构建的移动通信系统能够随时采集环境信息，控制各种类型的工业机器人，实现实时监控和管理。在教育领域，移动学习、移动课堂、移动问答等应用，让学习者能够在任何时间、任何地点获取知识，由此产生了新的学习模式。在商务领域，移动电子商务可以不受时间和地点的限制，满足了用户的购物、订餐、社交等各种需求，实现了商业模式的多元化，为企业带来了更多的商机。在休闲娱乐领域，新的移动应用满足了用户在不同场景下的需求，即时通信、网络新闻、网络音乐、网络视频、网络游戏、网络文学等构成了多元化的娱乐形态。在军事领域，各种无线传感器网络（Wireless Sensor Network，WSN）和无线自组织网络（Mobile Ad-hoc NETworks，MANET），为协同攻击、协同搜索、协同巡逻、组网打击等需求提供了有效支持。移动系统的其他应用还包括抢险救灾、野外探险等。

当前，云计算已经成为移动互联网构建和发展的重要组成部分。云端服务为加快移动应用开发、精简系统运营、降低托管成本、提供更好的存储与升级能力、增强用户体验以及提高留存度提供了基础支持。各种移动应用通过云端的"按需使用"模式，可以方便地向用户定制功能界面，实现移动商务、数据处理、预测分析以及商业机器人等在线服务。

另外，在支付领域，支付方式已经从过去使用现金的支付方式发展到"刷"各种借记卡和信用卡，再到使用数字货币和移动钱包的移动支付方式。移动支付方式同时也给其他行业带来了巨大的冲击和改变。现在，高效便捷的移动支付方式正在潜移默化地改变人们的消费方式与购买习惯。随着移动支付场景越来越丰富，产生了多样化的支付方式，如二维码、指纹、"刷脸"等，同时诞生了一些新的商业形态和品牌。

1.2 移动计算的三要素

从整个系统来看，移动计算涉及信息交互、无线通信和移动终端 3 个部分。实现信息交互是移动计算的主要目的，而要实现信息交互则需要构建无线通信系统的基础设施，并且，只有通过移动终端的信息接收和处理，才能最终完成信息交互。

移动计算的三要素是指信息、信号和信道。信息包含一切可能传播的内容，如文字、图形、图像、音频及视频等。而信号是信息表示和传输的载体。从古代的竹简、纸张、声音、烽火（光）

到现代的电磁波，人们使用各种信号（如声音信号、光信号、无线电信号等）作为信息的载体。不同的信号通常需要在特定的通路（即信道）上进行传输。另外，信道上的信号传播方式主要有单播（如两个人对话）、组播（如教师上课）和广播（如学校播放通知）3 种方式。

在信息交互过程中，主要考虑如何将信息转换为信号，如何利用无线通信系统来传输信号，以及移动终端如何获取和处理信息。以一个信息传输场景为例，假设甲方要把信息"A"通过无线方式传输给乙方，如图 1-3 所示。在这个过程中，信息在无线通信系统中完成编码、调制、传输等操作；到达目的地后，再经过解调、解码等操作，最终还原为传输的信息。

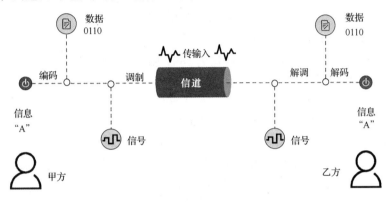

图1-3　通过无线方式传输信息

要实现信息的有效传输，对甲、乙双方来说，关键是要建立一条信息传输的通路。首先，信息"A"经过编码变为二进制数据"0110"；接着，这个二进制数据被转换为电磁波信号，信号经过调制后再传输给接收方；信号到达接收方以后，还需要对信号进行解调，然后从携带消息的调制信号中恢复出消息数据"0110"；"0110"解码后还原为原始信息"A"。经过上述过程，最终乙方完成了信息接收。

信号在传输的过程中，还需要调制到适当的频率，以便在不同的频带（通路）上进行传输。频带（也称为带宽、频率段）是指信号所占据的频率宽度。通常用于信号传输的频带可以进一步划分为多个小的片段，每个片段就是一个传输信号的通路。

1.2.1　信息

实现通信的第一步是解决信息的编码问题。采用优化的编码方式，信道可以传输更多的信息。我们以一个例子来说明不同的编码方式将产生不同的信息传输效率。假定甲方要请乙方吃饭，他通过一个无线信道将消息"今天我请你吃火锅"传输给乙方，如图 1-4 所示。传输的消息要转换为二进制编码进行传输。甲方通过这种方式向乙方发出多次邀请，假设是 N 次。在这 N 次中，有 3 种不同的宴请方式，每一种宴请方式有不同的出现概率。现在考虑如何对这 3 种宴请方式进行编码，使得在 N 次信息传输中传输的二进制位数最少。这样就能够更好地利用信道传输更多的信息。

现在有 3 种可能的宴请方式，如何进行编码？由于有 3 种情况，因此至少要用两位二进制数来表示。假设构造一个简单的编码方式，炒菜用 11 表示、饺子用 00 表示、火锅用 01 表示，根据宴请方式的概率，即炒菜最频繁，其次是饺子和火锅，将 3 种宴请方式的概率分别设置为 0.5、0.25、0.25；那么在 N 次传输过程中，平均要传输的信息量可以用概率期望来计算。

编码方式：炒菜=11，饺子=00，火锅=01。

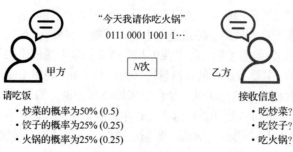

"今天我请你吃火锅"

0111 0001 1001 1…

*N*次

甲方

乙方

请吃饭

接收信息

· 炒菜的概率为50% (0.5)

· 饺子的概率为25% (0.25)

· 火锅的概率为25% (0.25)

· 吃炒菜?

· 吃饺子?

· 吃火锅?

图1-4　信息的编码问题

期望值：$L = 0.5×2 + 0.25×2 + 0.25×2 = 2$。

从上面的计算可以看出，平均信息传输量为2bit。那么有没有办法可以减少信息的传输量，以节约信息的传输成本？

假设我们采用下面的编码方式：炒菜=1，饺子=00，火锅=01。

期望值：$L = 0.5×1 + 0.25×2 + 0.25×2 = 1.5$ bit。

采用这种方式进行编码，平均信息传输量为 1.5bit。从上面的计算可以看出，使用较短的编码来表示可能性大的情况，能够减少信息的传输量（一个简单的猜测）。以上给出的是一个特例，接下来做进一步的验证，看看这个猜测是否成立。

假设编码方式为：炒菜=00，饺子=1，火锅=01。

期望值：$L = 0.5×2+0.25×1+0.25×2 = 1.75$bit。

采用上述编码方式，把出现概率小的事件（饺子）用短的编码来表示，得到的平均信息传输量为 1.75bit。比起前面概率大的事件（炒菜）用短编码的方式要用更多的比特位。

我们进一步猜测是不是有一种编码方式能够让信息传输量达到最小。另外，换一个角度来考虑，信息本身是否可以度量？能否用编码的期望值来表示？从上面的信息编码方式可以看出，由于信息存在冗余，只有去掉这些多余的部分，才能更准确地反映出传输的信息量。

我们再来看一个例子，如看到这样一个场景，"明亮的月光洒在窗前，就像地上泛起了一层霜。抬起头来，看着窗外天空中的一轮明月，不由得低头沉思，想起了远方的家乡"。而李白的《静夜思》"床前明月光，疑是地上霜。举头望明月，低头思故乡。"描写这个场景和感受仅仅需要 20 个汉字，也就是使用更少的比特位。以上这些例子都使用了不同的编码方式来描述相同的信息。

无线通信的信道就像城市的公路，它的容量是有限的。为了更好地利用信息的运输通道，传输系统将信息像货物一样打包，并压缩它们占用的多余空间，这样一次就可以运送更多的信息。对此，我们需要设计特定的编码方式，用尽可能少的比特位来表示需要传输的信息。那么，采用什么样的编码方式才能更好地去除信息中的冗余，以减少传输的信息量？要解决这个问题，我们需要对信息进行量化，只有量化信息，我们才能判断信息中是否存在冗余，冗余的量是多少，以及信息本身是否存在压缩极限。针对以上这些问题，美国数学家、信息论的创始人克劳德·艾尔伍德·香农进行了深入的研究，提出了信息论，从而解决了信息度量、信息编码、信息传输等一系列与信息相关的问题。

香农，1940 年获得麻省理工学院硕士和博士学位，1941 年进入贝尔实验室工作。他提出了信息熵的概念，为信息论和数字通信奠定了基础。在他奠基性的论文《通信的数学理论》里精确地定义了编码和解码等概念，给出了通信系统的数学模型，并得到了信源编码定理和信道编码定理等结果。

通过接收到的信息，我们能够获知某个事件或者了解事件中我们不清楚的方面。因此，信息可看作对事件进行观测后获得的结果。在观测中，事件可能会呈现出多种不同的结果，而每一种结果又具有一定的发生概率。我们对事件结果发生概率的了解，将决定我们接收到的信息量。以一场足球比赛为例，如果我们知道了比赛（事件）结果（球队 A 获胜），也就获取到了信息。这个信息的含量有多少？我们来做一个直观上的判断，首先在比赛前我们可以根据球队 A 以往的战绩来确定球队 A 在这场比赛获胜的概率。如果我们知道球队 A 很强（即球队 A 获胜的概率很大），当比赛结束后，最终我们知道比赛的结果是球队 A 获胜了，我们感觉获取到的信息量很少，因为我们事先已经知道球队 A 在很大概率上会获胜。我们可以得出一个简单的结论：一个事件的结果发生概率越高，知道事件结果而获得的信息量就越少。因此，我们可以把信息的度量建立在描述事件结果发生概率的基础上。

首先，我们定义单个事件所包含的信息量，也就是自信息量。$P(x_i)$是事件 x_i 发生的概率，对它取对数再加上负号就表示单个事件所包含的信息量。相对于单个事件，我们更关注信源所包含的信息量。一个信源对应一个随机变量，它所包含的信息量可以通过计算数学期望来得到，也就是所有可能事件信息量的平均概率。随机变量的平均不确定性也称为信息熵 H，信息熵是消除不确定性所需信息量的度量，即未知事件含有的信息量，计算公式如下。

$$H(X)=E\left[-\log P(x_i)\right]=-\sum_{i=1}^{N}P(x_i)\log P(x_i)\ \text{bit}/\text{事件}$$

其中，X 是一个随机变量，表示信源，它有 N 个结果。

熵是随机变量不确定性的度量。对于任何一个概率分布，都可以定义一个熵，如一个随机变量 X，它的概率分布如下。

$$X=\begin{pmatrix} s_1 & s_2 & \cdots & s_n \\ p(s_1) & p(s_2) & \cdots & p(s_n) \end{pmatrix}$$

$s_1,s_2,\cdots,s_n$ 表示 n 个事件，$p(s_i)$ 表示事件 s_i 的发生概率，$i=1,2,\cdots,n$，X 的统计平均值 $H(X)$，即信息熵，表示平均不确定性：

$$H(X)=-\sum_i p(s_i)\log\left[p(s_i)\right]$$

信息熵具有单调性、非负性和可加性。单调性表示发生概率越高的事件，其信息熵越低。如果某个事件是确定事件，它将不携带任何信息量，即确定事件没有消除任何不确定性。非负性表示随机变量的信息熵不能为负，也就是说，接收方收到一个信源发送的信息，它获取到的信息量应为正值，即减少了事件的不确定性。可加性表示多个随机事件同时发生的不确定性可以通过对各个随机事件的不确定性进行累加来计算。

1.2.2　信号

信息的载体是信号。信号有多种形式，如红绿灯（颜色）、交通标志（图形）、交通指挥（动作）、交通规则（文字）等。常见的声、光、电信号都有一个共同的特征，它们都具有波的形式。我们通过分析熟悉的声波信号，能够更好地理解电磁波的特性。

声波是由物体振动产生，并且通过介质（气体、液体或固体）传播，能被人或动物的听觉器官所感知的波动现象。声音具有 3 个基本要素：频率、响度和音色。频率是周期振动的次数，反映振动的快慢。响度表示声音的强弱，是人们对于声音强弱的主观感受，通常采用 dB 作为计量单位。每一种乐器、不同的人以及所有能发声的物体所发出的声音，除了一个基音（Fundamental Tone）以外，还包含很多不同频率（不同的振动速度）的泛音（Harmonics）。这些泛音决定了不同的音色，使我们能辨别出是不同的乐器，还是不同的人发出的声音。不同的人即使说相同的话也有不同的音色，因此可以根据其音色辨别出不同的人。

频率是单位时间内完成周期性变化的次数，是描述周期运动频繁程度的量，它反映了波源振动的快慢。下面我们以正弦波为例来观察周期运动的变化。图 1-5 所示为正弦波，其在 0.5s 内完成了一次振动，它的振幅反映了波源振动的强弱。

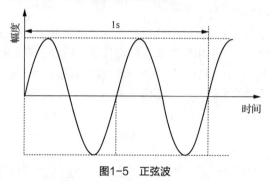

图1-5 正弦波

声波是一种复杂的波形信号，如果我们把声波信号拆解为若干个单一频率的正弦波（具有不同的振幅），并且将这些不同频率的正弦波按频率大小进行排列，就构成了频谱图。如在图 1-6 中，图 1-6（a）是两个不同频率的正弦波（原始信号），图 1-6（b）是两个正弦波对应的频谱图。在频谱图的二维坐标中，横轴表示正弦波的频率，纵轴表示正弦波的振幅。频谱分析是分析信号的基本方法，而频谱图是信号分析的重要工具，它把信号的研究从时域引入频域，扩展了研究视角。通过分析信号的频谱，我们能够了解复杂信号的各种性质，并加以研究。

在周期信号的分析上，傅里叶做了开创性的贡献。1807 年，傅里叶在论文《热的传播》中提出了一个有争议的论断，他认为"任何连续的周期信号都可以由一组适当的正弦曲线组合而成"。随后，拉格朗日否定了他的工作。1822 年，傅里叶出版了专著《热的解析理论》，他的研究影响了整个 19 世纪分析严格化的进程。傅里叶分析的关键思想是：我们可以把复杂的信号分解为简单信号，然后对简单信号进行研究，从而使信号的处理得到简化。

从信号分解的角度来看，声音由发音体发出的一系列频率、振幅各不相同的振动复合而成。其中，基音是这些振动中频率最低的振动，人们能够明确地感受到基音的响度；泛音是除了基音以外的、其他频率的振动。泛音比基音的频率高，但强度相对较弱。泛音的组合决定了特定的音色。

如果我们用声音作为信息传输的载体，那么声音传播的距离就限制了信息传输的范围。就像马车、汽车、火车、轮船以及飞机，它们的速度和运载距离决定了传输的时效性。如果我们能用一种更高效的方式来传输信息，那么信息通信的效率将得到巨大的提升。

声波传输的缺陷主要在于声波的频率低，信号会急剧衰减。如果采用较高频率的信号作为载体，则可以将信息传输到更远的地方。就像我们把货物（信号）运到其他国家（接收端），首先需要选择承载的运输工具（声音），不同的运输工具有不同的运输距离。一个更好的方法是把要传输的低频（声波）信号嵌入另一个较高频率的信号里，通过高频信号来完成远距离传输，而这个较高频率的信号就称为载波信号。

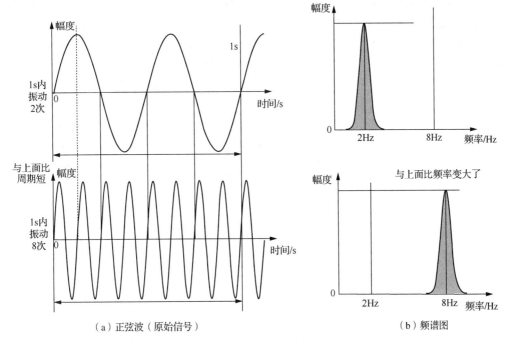

（a）正弦波（原始信号）　　　　　　（b）频谱图

图1-6　正弦波（原始信号）与频谱图

常用的载波包括长波、中波、短波和微波，如表1-1所示。

表1-1　常用的载波

载波	频率	用途
长波	300kHz 以下	海上、水下的通信
中波	300kHz～3MHz	广播和导航
短波	3MHz～30MHz	应急、抗灾和越洋通信
微波	300MHz~300GHz	现代多路通信

　　长波（包括超长波）是波长为 1000～10 000m 的无线电波，它的发射能力强，能够用天波或地波的形式传播。在所有波段中，长波最适合以地波形式（围绕地球曲面）来传播。中波传输距离一般为几百千米，主要用于近距离本地无线电广播和地面传播，常用于广播和导航。短波经电离层的反射到达接收设备，通信距离较远，是远程通信的主要手段，它主要用于应急、抗灾和越洋通信。微波是波长为 1mm～1m 的电磁波，是分米波、厘米波和毫米波的统称。采用微波进行通信，具有可用频带宽、通信容量大、抗干扰能力强等特点，可用于点对点、一点对多点或广播等通信方式。频率大于 10kHz 的信号又称为高频信号，射频是高频的较高频段，其频率范围为 300kHz～300GHz；微波频段又是射频的较高频段，其频率范围为 300MHz～300GHz。

尽管通过载波能把信息传输得更远，但是信息在传输的过程中，通常不可能一次就到达目的地，需要采用接力的方式进行多次传输。在传输过程中，信号的每一次中转，都会受到各种干扰。如果我们直接对衰减后的模拟信号进行放大，再发射，信号就会失真。因此，在信号中转时，采用数字化的方式来解决这一问题。接收端在接收到模拟信号后，通过模/数转换器（Analog-to-Digital Converter，ADC）（也称为 A/D 转换器）将模拟信号转换为数字信号，随后通过 DSP 芯片进行处理和存储；要重新发送信号时，用数/模转换器（Digital-to-Analog Converter，DAC）（也称为 D/A 转换器）将数字信号再转换为模拟信号进行传输。

把模拟信号转换为数字信号，需要对模拟信号进行采样，其中最关键的是：如何采样才能保证得到的离散量能反映模拟信号的主要特征。

下面我们通过一个示例，对模拟信号的转换进行定性分析。在图 1-7 中，给出了一个正弦信号曲线，在采样时，我们并不需要把曲线上的每一点都记录下来，只需要记录一些特殊点，如相邻两个 0 点的位置或者相邻的波峰和波谷的位置。只要按照正弦信号的规则，我们就能根据这些特殊点还原出原来的正弦信号。

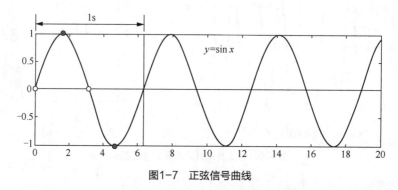

图1-7　正弦信号曲线

接下来，我们做定量分析。假定图 1-7 所示的正弦信号的周期为 1s，我们得到两个采样点，采样点之间的间隔为 0.5s。由此可知，采样的周期为 0.5s，这恰好是信号周期的一半。

1928 年，美国物理学家、AT&T 的工程师奈奎斯特提出了奈奎斯特采样定理。奈奎斯特采样定理从理论上解决了通过离散信号重建连续信号的问题。一个信号不管有多么复杂，总可以分解为若干个正弦（或余弦）信号的和，这些分离的信号具有不同的频率分量。根据奈奎斯特采样定理，我们只需找到这些信号中最大的频率分量，再用 2 倍于最大频率分量的采样频率对信号进行采样，这样就能不失真地还原信号，即：模拟信号以规则时间间隔采样，当采样频率大于信号中最高频率的 2 倍时，采样后的数字信号将完整地保留原始信号中的信息。

虽然能通过采样将连续信号转换为离散信号，但采样点在"数值"上仍然是连续值，图 1-8 给出了信号采样的结果。

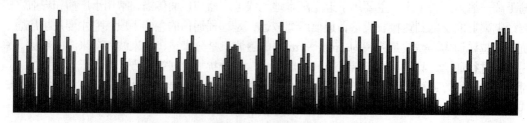

图1-8　信号采样结果

采样只是将模拟信号转换为离散信号。这些离散的采样值，随着信号的幅度连续变化，可以取无穷多个可能的值。在通信系统中，我们需要用 N 位的二进制数来表示这些连续的值，因此需要对这些采样值进行量化处理。因为 N 位的二进制数只能表示 2^N 个离散值，无法对应无穷多个连续的值，所以我们将一个区间中的连续值用一些特定的离散值来表示，也就是对连续值进行量化。量化的过程如图 1-9 所示。

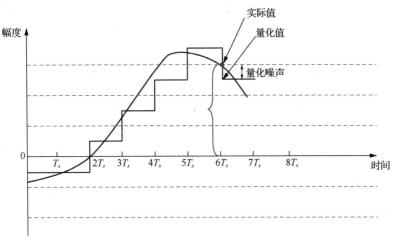

图1-9 量化的过程

图 1-9 给出了一个连续信号，纵轴表示信号的幅度，现在将其均匀地划分为一个个固定大小的区间，每个区间间隔称为量化间隔；在横轴上，每一个采样时刻都对应连续信号上的某个取值，量化时将这些连续值取整，用量化间隔中点的取值来表示。以第 6 个时刻为例，曲线上是信号的实际值，曲线下面的量化间隔中点的取值是它的量化值。实际值与量化值之间的差距通常称为量化噪声。经过采样和量化两个步骤的处理，我们最终得到了数字信号。

均匀量化把连续信号的取值区间按等间隔进行划分和量化，其优点是容易编/解码。而非均匀量化根据信号的不同区间，来确定量化间隔。由于取值较小的信号出现的概率远大于取值较大的信号，因此，在信号取值小的区间，取较小的量化间隔，即使用较多的量化级；而在信号取值大的区间，取较大的量化间隔，即使用较少的量化级。当输入信号具有非均匀分布概率密度时，非均匀量化器的输出端可以得到较高的平均信号量化噪声功率比，同时使小信号和大信号的信噪比更接近。非均匀量化的优点是能改善小信号的量化信噪比，降低编码的位数；其缺点是编/解码相对复杂。人眼和人耳接收的图像和音频，以及数字电话信号和视频信号等多采用非均匀量化。

1.2.3 信道

信道是信息传输的通路，同时信道也是信号的传输媒介。与高速公路运输货物类似，信息在传输过程中也面临各种与"道路"相关的问题。如在设计高速公路时，我们要确定高速公路的车道数量，即道路的宽度，并设计道路的最高限速等。同样，构造一条信息传输通路，我们也要规定它的"宽度"和最大传输速率。"信道宽度"决定了信息的传输能力，信道越宽，单位时间内传输的信息也就越多，就像车道数量限定了单位时间内道路上车辆的流量。而车辆的限速则保证了车辆行驶的安全，信道也通过"限速"来保证信息的无差错传输。那么如何确定信道的传输能力和最大传输速率呢？

　　信道容量是指信道在单位时间内无差错传输的最大信号量，它反映了信道的传输能力。信道容量可以表示为单位时间内传输的二进制位数，也称为信道的数据传输速率，单位为 bit/s。

　　带宽（也称为频宽、频率通带）就像高速公路的"宽度"，道路越宽，车流的速度越快，道路的容量也就越大。无线信道都有一个最高的信号频率和最低的信号频率，只有在这两个频率之间的信号才能通过这个信道，这两个频率的差值就是这个信道的带宽，即传输信号的频率范围，其单位是 Hz。因为信道带宽与数据传输能力存在正比关系，在现代网络技术中，带宽也用来表示信道的数据传输速率。

　　在信息传输中，与数据传输速率相关的，有两个容易混淆的概念：比特率和波特率。比特率是指每秒传输的比特数，单位为 bit/s。它是对数据传输速率的度量，是描述数据传输系统的重要技术指标。如果在无线信道上发送 1bit 的信息（0 或 1）所需的时间是 1ms，那么信道的数据传输速率为 1000bit/s。波特率又称为传码率或码元传输速率，它是指通信线路在单位时间内传输的码元个数。通常一个数字脉冲称为一个码元。通过不同的调制方法，我们可以使一个码元承载多个比特信息。

　　从前面的定义可以看出，信道容量与带宽存在正比关系，那么如何定量地描述它们之间的关系呢？1924 年，奈奎斯特推导出了在无噪声的情况下有限带宽信道的最大数据传输速率，即信道容量 C_{max} 可以由带宽 B 和信号电平的个数 L 来计算，这就是奈奎斯特定理（Nyquist's Theorem），如下所示。

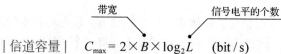

| 信道容量 |　　　$C_{max} = 2 \times B \times \log_2 L$　　(bit / s)

　　信号电平是指每个信号可以携带的比特数。假设一个信号只有两个电平，则可以携带 1bit 的信息；而一个 4 电平的信号则可以携带 2bit 的信息。

　　假设我们在带宽为 5Hz 的信道中传输二进制信号，也就是信道中只有两种信号，那么该信号所能承载的最大数据传输速率为 10bit/s。如果使用带宽为 5kHz 的无线信道来传输数据，根据奈奎斯特定理，发送端每秒最多只能发送 2×5000 个码元。如果信号的状态数为 2，则每个信号可以携带 1bit 信息，那么信道的最大数据传输速率为 10kbit/s；如果信号的状态数为 8，则每个信号可以携带 3bit 信息，那么信道的最大数据传输速率为 30kbit/s。当所有条件相同时，信道带宽加倍，数据传输速率也会加倍。

　　奈奎斯特定理考虑的是信道没有噪声干扰的理想情况。而在各种因素影响的情况下，增加信道的宽度不一定能提升数据传输速率。就像我们拓宽高速公路，虽然增加了道路的宽度，但是影响交通的因素，如交通事故、道路施工等，也可能会增多；这些影响因素同样会影响道路的运输能力。信道传输也类似，带宽、信号和噪声共同决定了信道容量（即信道的最大传输速率）。

　　在真实的环境中，噪声对信道传输的影响不可避免。那么对于有噪声的信道，我们又如何衡量信道的传输能力呢？在量化有噪声信道容量之前，我们需要分析噪声对信道带来的影响，也就是要确定信道本身的通信质量。就像在城市的公路上，道路的运输能力受各方面因素的影响，如红绿灯、车道上的障碍、车辆限行等，这些因素都是影响运输能力的"噪声"。

　　信号和噪声共同决定了信道的质量。衡量信道质量好坏的参数是信噪比（Signal-to-Noise Ratio，SNR）。信噪比是信号功率（S）与噪声功率（N）的比值。S/N 的值越大，表示信道的质量越好。对于有噪声信道，我们可以通过提高信号强度，来提高接收端正确接收数据的能力。通常在接收端测量信噪比，因为接收端收到信号以后，会对信号进行处理，试图消除信号传输带来的噪声。

一般我们用 10 乘以 S/N 以 10 为底的对数来表示信噪比，单位是 dB，计算公式如下所示。

$$SNR = \frac{信号功率(S)}{噪声功率(N)}$$

$$= 10\lg(S/N)(dB)$$

dB 是表征相对值的单位（表示两个量的相对大小关系），一般用来度量两个具有相同单位的数量比例，常用于度量声音强度。使用 dB 有两个好处：一是读/写、计算方便，如在计算相乘时，用 dB 则可改为相加；二是能反映人的心理感受。实践证明，声音强度增加一倍或减少一半，人耳听觉响度也提高一倍或降低一半。即人耳听觉响度与声音强度成正比。如蚊子飞过的声音与枪械的响声相差 100 万倍，但人的感觉仅有 60 倍的差异，而 100 万倍正好是 60dB。

如果 S/N 为 1000，则其信噪比为 30dB；如果 S/N 为 100，则其信噪比为 20dB；如果 S/N 为 10，则其信噪比为 10dB。如果甲的功率是乙的功率的 2 倍，那么 10lg（甲的功率/乙的功率）=10lg2≈3dB，即甲的功率比乙的功率大 3dB（注：lg2≈0.3010）。

另外，在手机上显示的信号强度单位是 dBm，如图 1-10 所示。

图1-10 手机信号强度

以 dBm 为单位的值表示的是功率的绝对值，它是以 1mW 为基准的一个比值，如：

$$0dBm = 10\lg 1mW$$

$$30dBm - 0dBm = 30dBm$$

以 dB 和 dBm 为单位的值进行的计算都是简单的加减运算。

中国移动的信号强度规范规定：当城市手机接收电平大于等于-90dBm、乡村手机接收电平大于等于-94dBm 时，当前手机所在地无线信号的强度满足覆盖要求。Wi-Fi 网卡的发射功率通常为 0.036W，也就是 36mW，即 15.56dBm。如果 Wi-Fi 的接收信号强度大于-70dBm，则说明接收端信号较强；如果信号强度是-70dBm～-80dBm，则信号中等；如果信号强度小于-80dBm，则信号较弱。

在图 1-10 中，还有一个信号测量指标 asu（alone signal unit，独立信号单元），它是 Google 公司给 Android（中文名为"安卓"）手机定义的特有信号单位。它和 dBm 类似，以一种线性的方式来表示。以 asu 为单位的值（简称 asu）可以通过以 dBm 为单位的值（简称 dBm）来计算，如下计算公式与制式相关。

长期演进（Long Term Evolution，LTE）：asu = dBm + 140

宽带码分多址（Wideband Code Division Multiple Access，WCDMA）和 GSM：asu = (dBm+113)/2

在有噪声的情况下，信道容量由带宽和信噪比决定。给定了带宽和信噪比，我们就能够描述信道容量。香农定理给出了有限带宽条件下，存在随机热噪声信道的最大传输速率，即确定了信道容量 C_{max} 与信道带宽 B 和信噪比 S/N 之间的关系，计算公式如下所示。

$$C_{max} = \underbrace{B}_{\text{带宽}} \times \log_2(1 + \underbrace{S/N}_{\text{信噪比}}) \qquad (bit/s)$$

香农定理给出的是无误码数据传输速率，也就是说只要数据传输速率小于信道容量，就存在一类编码，使信息传输的错误概率可以任意小。香农定理给出了数据传输速率理论上的极限，在实际环境中，数据传输速率要低得多，其中一个原因是香农定理只考虑了热噪声（白噪声），而没有考虑脉冲噪声等因素。

在信号传输时，我们需要考虑如何将二进制的比特流嵌入电磁波；接下来，还要考虑频谱的搬移，也就是如何将低频信号嵌入较高频率的信号。这两个问题可以通过调制技术来解决。

调制是一个信号转换的过程，它将信源产生的、较低频率的信号转换为适宜无线传输的、较高频率的信号。其中，频率较低的信号称为基带信号，又称为调制信号；而相对于基带信号频率，频率较高的信号称为带通信号，又称为已调信号。在调制过程中，我们通过改变高频载波的幅度、相位或者频率，使其随着基带信号的变化而变化。解调则将基带信号从高频载波中提取出来，以便接收端处理。

信息在信道中传输，总会面临安全问题。在《三国演义》中，关羽败走麦城就是因为吕蒙化装成商人袭击了荆州防线的烽火台，干扰和破坏了军情传送信道，使得信息无法有效传送。在周朝，武王和姜子牙商量用"阴符"（铜板或竹木板制成符，上面刻花纹，一分为二，以花纹或尺寸长短作为秘密通信的符号）作为加密的方式，来传递前线的战况。如果大获全胜，就用一尺长阴符；如果战败且有士兵伤亡，就用三寸长阴符。在现代通信中，通过无线信道传输信息，信息很容易被窃取。因此，数据加密技术是保证安全通信的关键。另外，采用数字签名技术能够解决伪造信息、冒充信息等问题，从而保障信息在传输过程中的完整性，实现较好的认证效果。对信息安全感兴趣的读者，可以参考相关的文献和资料。

1.3　移动终端

移动终端是指可以在移动中使用的各种计算机设备，包括手机、笔记本电脑、平板电脑、POS 机、电子标签、可穿戴设备以及车载电脑等。随着集成电路的飞速发展，移动终端已经拥有了强大的运算能力，从具有简单的通话、处理、标记功能，发展到具有智能信息处理功能。移动终端的操作系统和各种应用软件，控制和管理终端的硬件资源，是硬件发挥作用的关键。下面分别介绍移动终端的硬件和软件。

1.3.1　硬件

处理器是计算终端的核心。台式计算机主要采用基于复杂指令集的处理器，适用于复杂计算、图形和图像处理等高性能操作。Intel 公司的 x86 系列中央处理器（Central Processing Unit，

CPU）就采用了典型的复杂指令集（Complex Instruction Set Computer，CISC）。而移动终端更专注功耗比和小体积，因此移动终端通常采用的是 20 世纪 80 年代发展起来的精简指令集（Reduced Instruction Set Computer，RISC）。RISC 的基本思想是：尽量简化计算机指令功能，把较复杂的功能用一段子程序来实现。目前，大多数嵌入式系统都使用 RISC 处理器，典型的 RISC 处理器有 Power PC、MIPS（Microprocessor without Interlocked Piped Stages）和 ARM（Advanced RISC Machine 或 Acorn RISC Machine）。

PowerPC 是 20 世纪 90 年代 IBM、Apple、Motorola 共同研发的处理器，其特点是可伸缩性好，具有优异的性能、较低的能量损耗以及较低的散热量。MIPS 是 20 世纪 80 年代初斯坦福大学的 Hennessy 教授领导研发的一种"无内部互锁流水级的微处理器"。1984 年，MIPS 计算机公司成立，后来发展成 MIPS 技术公司，专注于设计和制造高性能的嵌入式处理器。国内的龙芯二号和之前的产品都采用了 64 位的 MIPS 指令架构。ARM 处理器的特点是体积小、功耗低、成本低，适用于各种移动终端。目前，在移动终端市场上，ARM 处理器的市场份额超过了 90%。

1978 年，物理学家赫尔曼·豪泽和工程师克里斯·库里，在英国剑桥创办了 CPU 公司，公司全称为 Cambridge Processing Unit。1979 年，CPU 公司改名为 Acorn 公司。20 世纪 80 年代中期，Acorn 公司设计了第一代 32 位、6MHz 的处理器，并用它制作了一台采用 RISC 的计算机——Acorn RISC Machine（ARM）。1990 年，Acorn 公司成立了 ARM 公司，ARM 公司采用 chipless 的生产模式，既不生产芯片也不销售芯片，只出售芯片技术授权。20 世纪 90 年代，ARM 公司的 32 位嵌入式处理器的应用范围扩展到全世界范围，在低功耗、低成本的嵌入式系统领域取得了领先地位。

1. 移动处理器

移动处理器是专门针对移动终端，如笔记本电脑、智能手机、平板电脑等设计的处理器。与台式机的处理器相比，移动处理器的工作电压一般比较低，并且功耗低，发热量低。Intel 公司在 2008 年发布了低功耗处理器，命名为 Atom。Atom 的设计目标是降低产品功耗，适用于小型移动终端。目前，用于手机的移动处理器主要有高通骁龙处理器、联发科处理器、华为海思处理器、三星处理器，它们都采用了 ARM 架构。

除了 CPU 以外，移动终端中还有协处理器。协处理器主要协助 CPU 完成其无法执行或执行效率低下的处理工作，如终端间的信号传输、接入设备的管理、图形处理、声音处理等。如 iPhone 5S 就加入了指纹识别和 M7 运动协处理器，华为麒麟 970 芯片也搭载了 AI 处理器。

2. 微型终端

（1）单片机

单片机也称为微控制器（Microcontroller），是一种集成电路芯片。它采用超大规模集成电路技术，把具有数据处理能力的 CPU、随机存储器（Random Access Memory，RAM）、只读存储器（Read-Only Memory，ROM）、多种 I/O 接口和中断系统、定时器与计数器等集成到一块硅片上（有的还包括显示驱动电路、脉宽调制电路、模拟多路转换器、A/D 转换器等电路），构成一个小而完善的微型计算机系统，广泛应用于工业控制等领域。

单片机的设计思想是将大量外围设备和 CPU 融合在一个芯片中，使计算机系统更小，更容易集成到对体积要求严格的控制设备中。Intel 的 Z80 是最早设计的单片机，随后又开发了 4 位和 8 位单片机，其中包括 Intel 8031；此后，在 8031 的基础上又开发了 MCS 51 系列单片机。主流的 8 位单片机有 MCS 51 系列、AVR、PIC 以及飞思卡尔 8 位系列。随着工业控制领域的发展，在 8 位单片机的基础上，很多公司又进一步开发了 16 位单片机。在 16 位单片机中，比较典型的有 MSP430 和飞思卡尔的 16 位单片机系列。20 世纪 90 年代以后，单片机技术飞速发展，32 位单片机取代 16 位单片机进入主流市场。单片机比专用处理器更适合嵌入式系统。人们生活中的各种电子和机械产品，都可能集成了单片机，如汽车、电话、计算器、家用电器、电子玩具以及鼠标等都集成了单片机。

（2）树莓派

树莓派（Raspberry Pi）是英国慈善组织"Raspberry Pi 基金会"开发的一款基于 ARM 的微型计算机主板，如图 1-11 所示。

图1-11　树莓派

虽然树莓派只有信用卡大小，但它是一个完整的卡片式计算机，具有计算机的基本功能，能够完成文字和电子表格处理、播放高清视频、做直播服务器、实现语音闹钟等。树莓派以 SD/Micro SD 卡为硬盘，主板周围有 4 个 USB 接口、一个以太网接口以及一个高清多媒体接口（High Definition Multimedia Interface，HDMI），可以连接电视、显示器、键盘和鼠标等设备。

树莓派是一个开放源代码的硬件平台，只需接通显示器和键盘，树莓派就能执行如编辑电子表格、完成文字处理、玩游戏、播放高清视频等诸多功能。树莓派的开发软件支持 Python、Java、C 等编程语言。

（3）Arduino

Arduino 是一款便捷灵活、方便上手的开源电子平台，由意大利米兰互动设计学院 Ivrea（Interaction Design Institute Ivrea）设计。Arduino 主板基于简单的微控制器（ATmega328），提供基本的接口和 USB 转换模块，如图 1-12 所示。

图1-12　Arduino主板

Arduino 包括硬件（各种型号的 Arduino 主板）和软件（Arduino IDE）两个部分。通过各种传感器，Arduino 能感知环境并控制各种器件和设备，如控制灯光、马达和其他装置，也可以用来做电力开关、制作机器人等。Arduino 的开发环境 Arduino IDE 集成了各类嵌入式软件开发库，可以在 Windows、macOS、Linux 等操作系统上运行。Arduino 的硬件原理图、电路图、集成开发环境（Integrated Development Environment，IDE）软件以及核心库文件都是开源的，在开源协议范围内可以任意修改原始设计及相关的代码。Arduino 有大量开发人员和用户，网上提供了各种开源示例代码和硬件设计，你可以在 Github.com、Arduino.cc、Openjumper.com 等网站上查找 Arduino 的第三方硬件、外设和类库。

3. 移动终端

手机是当前最常用的一种移动终端。1902 年，美国人内森·斯塔布菲尔德在肯塔基州制作了第一个无线电话装置，这是人类对"手机"技术最早的探索。1938 年，美国贝尔实验室制作了世界上第一部"移动电话"。在第二次世界大战期间，美军开始使用带天线和电台的无线电话。1973 年，美国 Motorola 公司的马丁·库帕发明了世界上第一部民用手机，他也被称为"现代手机之父"。1984 年，世界上第一部商用手机 Motorola DynaTAC 8000X（见图 1-13）推向市场，它重 2lb（1lb≈0.45kg），通话时间约为半小时。在当时，这是一款革命性的产品，它创造了"手机"的概念。

第一代（1G）手机通常是指模拟移动电话，它主要使用频分复用方式进行语音通信，包括多种制式，如 NMT、AMPS、TACS 等。

第二代（2G）手机使用 GSM 和码分多址（Code Division Multiple Access，CDMA）等通信标准，具有较好的通话质量。随着数据通信需求的不断增长，移动通信发展了支持彩信业务的通用无线分组服务（General Packet Radio Service，GPRS）、满足上网业务的无线应用协议（Wireless Application Protocol，WAP）服务，以及各种移动应用。1995 年，Ericsson GH337 上市，它是第一款进入中国的 GSM 手机，如图 1-14 所示。

图1-13 世界上第一部商用手机　　图1-14 Ericsson GH337

第三代（3G）手机通常是指在新一代移动通信系统下发展起来的手持移动终端。图 1-15 所示为 3G 手机 Nokia N97。它能够处理图像、音频、视频等多种媒体数据，并且能够提供网页浏览、电话会议、电子商务等各种信息服务。为了支持多种媒体的信息传输，在不同的使用环境下，移动通信网络能够支持至少 2Mbit/s、384kbit/s 以及 144kbit/s 的传输速率。

从 1990 年开始，手机代工产业在我国得到快速发展。1993—1999 年，手机在中国逐渐普及。在 3G 时代，国内的手机厂商如联想、华为、酷派以及中兴等在中国市场迅速崛起。

2007 年，Apple 公司进入手机市场。iPhone 手机结合应用商店（App Store）的模式，在高端手机市场对 Nokia、Motorola、Sony、Ericsson 等公司的产品造成了巨大的冲击。

第四代（4G）手机发展为人机交互的智能终端，如图 1-16 所示。大量手机应用开发人员为用户提供了丰富的应用软件。国内的华为、OPPO、vivo 及小米等公司不断推出各种智能手机，并通过线上和线下渠道迅速占领国内和国际市场。

图1-15　3G手机Nokia N97　　　　　图1-16　4G手机

随着移动通信技术的不断发展，网络传输速度的不断提升，无线通信进入第五代移动通信技术（5G）时代。同时，由于新一轮科技和产业革命的不断进步，智能手机将与高清视频、虚拟现实、增强现实、全息技术、边缘计算、物联网等深度融合，发掘出更多的应用，进一步丰富人们的生活，提升社会的生产效率。

1.3.2　软件

移动终端的核心软件是操作系统。根据实时性的需求，操作系统分为分时操作系统和实时操作系统。分时是一种多个程序共享 CPU 的方式。通常操作系统把 CPU 的时间切分成时间片，然后把时间片分配给每个程序，程序按照时间片轮流使用 CPU。常用的操作系统如 Windows、UNIX 和 Linux 都是分时操作系统。相比分时操作系统，实时操作系统能及时响应外部事件请求，并在规定的时间内完成事件的处理；同时，实时操作系统可以协调和调度所有实时任务。

1. **手机操作系统**

手机操作系统从早期 Nokia 公司的 Symbian OS 到 iOS、Android、BlackBerry OS 以及 Windows Phone，目前占据市场的主要是 Android 和 iOS 两大操作系统。

2001 年，Symbian 公司发布了 Symbian S60，将手机功能以通话为主提升为智能处理。Symbian 操作系统是一个嵌入式、实时、多任务操作系统，它采用微内核系统架构和抢占式多任务调度，具有功耗低、内存占用少等特点。在有限硬件资源条件下，Symbian 操作系统能长时间稳定运行，支持 GPRS、蓝牙、SyncML（Synchronization Markup Language）以及 3G 技术，适合手机等移动终端。Symbian 操作系统使用 C++开发，操作系统内核与人机界面分离，并且利用完整的开发框架和管理机制来约束开发人员，严格控制内存泄漏以保证操作系统的稳定性和可靠性。但是，由于过于关注硬件，Symbian 操作系统的兼容性较差，开发成本较高，在调试上比较困难。

随着 Symbian 操作系统的消亡，Apple 公司的 iOS 操作系统崛起，并逐渐取代了 Symbian 操作系统。iOS 操作系统是一个类 UNIX 的操作系统，它以开源操作系统 Darwin 为基础构建。2007 年，Apple 公司在 MacWorld 大会上公布了 iOS 1.0。iOS 操作系统将移动电话、可触摸屏、网页浏览、手机游戏、地图等功能融为一体。2008 年 7 月，Apple 公司发布了 iOS 2.0，开放了应用商店。通过开发和使用第三方应用，iOS 操作系统建立了移动应用生态圈。2013 年，Apple 公司在 WWDC 大会上发布了 iOS 7.0，iOS 操作系统和应用的整体设计风格转为扁平化设计。

2003 年，安迪·鲁宾在美国创办 Android 公司，开发手机软件和手机操作系统。2005 年，Google 公司收购了 Android 公司。2007 年，Google 公司正式推出了基于 Linux 2.6 内核的开源手机操作系统。2008 年，Google 公司发布了 Android 1.0，并以 Apache 开源许可证的授权方式，发布了 Android 源代码。2010 年，Google 公司发布了 Android 2.2，其支持软件安装到外部存储卡，并引入全新的即时编译（Just-In-Time Compilation，JIT）技术改善字节码性能。由于良好的用户体验和开放性设计，Android 操作系统很快打入智能手机市场。2014 年，Google 公司发布了 Android 5.0，其采用了全新的 Material Design 界面，并且用 ART（Android RunTime）虚拟机替换了原来的 Dalvik 虚拟机，极大地提升了系统性能。2015 年，Google 公司发布了 Android 6.0，其在原来静态权限的基础上，新增了运行时动态权限管理，进一步增强了应用软件的安全性。Android 操作系统的最大优点是开放性，它提供了自由的开发环境，允许任何移动终端厂商、用户以及应用开发人员加入"Android 联盟"，由此不断推出各具特色的应用产品。

1997 年，Microsoft 公司发布了第一代移动终端操作系统 Windows CE 1.0，它是针对小型终端研发的通用操作系统。2000 年，Microsoft 公司将其更名为 Pocket PC 2000，并且在 2002 年推出支持手机的 Pocket PC Phone 2002。2003 年，Microsoft 公司又将其更名为 Windows Mobile 2003。2010 年，Microsoft 公司正式发布了智能手机操作系统 Windows Phone。2011 年，Nokia 公司正式宣布与 Microsoft 公司达成全球战略合作伙伴关系，Windows Phone 7 操作系统也成为 Nokia 手机的主要操作系统。2012 年，Microsoft 公司还推出了 Windows Phone 8.0 操作系统。随着 Android 和 iOS 操作系统的飞速发展，Windows Phone 的竞争力不断下降。Windows Phone 失败的主要原因在于 Windows Phone 操作系统上没有大量满足用户需要的应用软件。

BlackBerry OS 是加拿大 RIM（Research in Motion）公司为智能手机开发的专用操作系统。2010 年，BlackBerry OS 在市场占有率上仅次于 Android、iOS 和 Windows Phone，成为全球第四大智能手机操作系统。BlackBerry 手机采用全键盘设计，操作系统在安全功能、电子邮件等方面有很强的优势。但由于应用软件匮乏，无法割舍全键盘操作进而放弃触摸屏，BlackBerry 手机的市场份额在 2011 年以后逐年下滑，现在已经退出了智能手机市场。

2. 嵌入式操作系统

嵌入式操作系统（Embedded Operating System，EOS）是一种用于嵌入式设备的操作系统软件。嵌入式操作系统通常分为 4 层：硬件层、驱动层、操作系统层及应用层。它的主要模块包括：底层驱动软件、系统内核、设备驱动接口、通信协议、图形界面、标准化浏览器等。嵌入式操作系统和应用软件被固化在嵌入式设备的 ROM 中。相对于其他操作系统，嵌入式操作系统除具备操作系统最基本的功能，如任务调度、同步机制、中断处理、文件处理以外，还负责嵌入式设备全部软、硬件资源的控制和协调管理，具有可装卸性、强实时性、强稳定性及弱交互性等特点。早期的嵌入式操作系统主要用于工业控制等领域。随着互联网技术的发展和信息家电的普及，嵌入式操作系统从单一的弱功能向高专业化的强功能发展。

1996 年，Microsoft 公司发布的 Windows CE 操作系统是一个开放的、可升级的 32 位嵌入式操作系统，主要用于掌上电脑等电子设备。Windows CE 操作系统包括 4 层，分别是：应用程序、Windows CE 内核映像、板级支持包（Board Support Package，BSP）以及硬件平台。Windows CE 操作系统基于有限资源平台，使用模块化设计对电子设备进行定制。其设计可满足多种设备的需要，包括工业控制器、通信集线器以及销售终端等企业设备，还包括照相机、电话和家用娱乐器材等消费电子产品。Windows CE 操作系统通信能力强大，具有可伸缩性、实时性和设备无关性等特点。

VxWorks 操作系统由美国 Wind River 公司开发，在嵌入式操作系统领域中应用广泛。VxWorks 操作系统提供基于优先级的任务调度、信号灯、消息队列、管道、网络套接字（Socket）、中断处理及定时器等功能，内建符合可移植操作系统接口（Portable Operating System Interface of UNIX，POSIX）规范的内存管理模块和多处理器控制程序。VxWorks 操作系统由 400 多个相对独立的目标模块构成。用户可根据需要选择适当的模块，来裁剪和配置操作系统。操作系统链接器可按应用的需要自动链接目标模块。通过目标模块间的按需组合，VxWorks 操作系统能满足不同功能的需求。同时，它也有效地保证了操作系统的安全性和可靠性。

uClinux（micro-Control Linux）操作系统是一种嵌入式 Linux 操作系统，专门针对没有内存管理单元（Memory Management Unit，MMU）的处理器而设计，能满足中低端嵌入式设备的需求。uClinux 在标准 Linux 操作系统的基础上进行适当的裁剪和优化，构成了一个高度优化、代码紧凑的嵌入式 Linux。在 GNU 通用公共许可证的授权下，uClinux 操作系统可使用几乎所有 Linux 操作系统的应用程序接口（Application Programming Interface，API）函数，并且继承了 Linux 操作系统的主要特性，包括良好的稳定性和移植性、强大的网络功能、完备的文件系统支持以及丰富的应用程序接口等。

μC/OS-II 由美国嵌入式操作系统专家琼 J.拉伯罗斯开发，是一个完整、可移植、可固化、可裁剪的抢占式实时多任务内核。μC/OS-II 能管理 64 个任务，并提供任务调度与管理、内存管理、任务间同步与通信、时间管理和中断服务等功能。它的大部分代码用 ANSI C 标准编写，另外还包含部分汇编代码，以用于不同架构的微处理器。μC/OS-II 占用和保留了 8 个任务，用户应用程序最多可使用 56 个任务。每个任务设置独立的堆栈空间，可以实现快速的任务切换。μC/OS-II 具有执行效率高、占用空间小、实时性能好及可扩展性强等特点。

eCos（embedded Configurable operating system）是一个开放源代码、可配置、可移植、面向嵌入式应用的实时操作系统。eCos 的核心部分由不同的组件构成，包括内核、C 语言库和底层运行包等。每个组件提供大量配置选项，开发人员可以使用 eCos 提供的配置工具方便地配置实时内核和上层软件。不同的配置使得 eCos 能够满足不同的嵌入式应用需求。eCos 主要用于消费电子、电信、车载设备、手持设备，以及其他一些低成本、便携式的设备。eCos 最大特点是模块化设计和配置灵活。

3. 无线传感器操作系统

TinyOS 是美国加州大学伯克利分校研究人员开发的无线传感器操作系统，是专门为低功耗无线设备设计的操作系统，主要用于传感器网络、物联网、智能家居、智能测量等领域。由于无线传感器节点的资源有限，TinyOS 只需要几千字节的内存空间和几十千字节的编码空间就可以运行。TinyOS 提供了一系列的组件，包括传感器驱动程序、网络协议模块、数据识别模块等。开发人员通过编写程序调用相应的模块，可以获取和处理传感器数据，能够连接多个传感器组件，通过无线通信方式，在传感器之间相互传递信息。TinyOS 支持网络协议组件的替换，除默认协议以外，还提供其他协议供用户使用，并且支持用户自定义协议。采用这种方式，研究人员可以方便地对通信协议进行研究。

TinyOS 采用基于组件（Component-Based）的架构，提供一系列可重用的组件。应用程序通过连接配置文件（A Wiring Specification）将各种组件连接起来，构成所需要的功能，从而快速构建各种应用。TinyOS 应用程序使用 NesC 语言编写，它是标准 C 语言的扩展，在语法上和标准 C 语言没有区别。应用程序核心代码量和数据量很小，能满足传感器存储资源的限制，能高效地在无线传感器网络中运行。

TinyOS 使用了多种技术，包括轻量级线程技术、主动消息通信技术、事件驱动模式等。针对密集的并发操作，TinyOS 通过任务（Task）和事件（Event）来管理并发进程。任务用于对时间要求不高的应用程序。任务按顺序先后执行，不能抢占执行。为了减少任务的运行时间，要求每一个任务简短，从而减轻系统负载。事件用于对时间要求严格的应用，当操作完成或外部环境触发特定的事件，应用程序可以抢占执行。在 TinyOS 中，通常采用硬件中断来处理事件。

1.4　本章小结

本章从移动计算环境出发讨论了移动计算的概念和特点。通过学习信息、信号与信道之间的关系和相互作用，读者可以了解移动计算的信息传输方式。在内容上，本章将移动计算拆分为两个部分，分别是无线通信和终端处理。针对移动终端，介绍了移动终端的硬件和软件。

移动计算解决了不同网络的接入和无缝计算问题，让网络系统具有随时随地交换和处理信息的能力。本章重点强调了移动计算的信息传输方式，并且在后文中将进一步分析各种无线网络技术，深入探讨在无线环境下如何实现数据传输和资源共享。

1.5　习题

1. 什么是移动计算、分布式计算和普适计算，它们之间有什么区别和联系？

2. 某个信源发送的信息由 h、i、j、k 这 4 个字符组成，设每个字符独立出现，其出现的概率分别为 1/4、1/4、3/16、5/16。计算该信源中每个字符的信息量。

3. 要在信道上传输一段文本，文本由 A～F 这 6 个字母构成，每个字母出现的概率都不一样，已知字母 A、B、C、D、E、F 出现的概率如下。

A——30%，B——25%，C——20%

D——10%，E——10%，F—— 5%

请构造这 6 个字母的二进制编码方式，使信道传输的二进制位最少。

4. 编程题：将一个班级学生的百分制成绩转换为五分制成绩，转换规则如下。

A：90 分以上。B：80～89 分。C：70～79 分。D：60～69 分。E ：0～60 分。

考虑用尽可能少的代码实现成绩转换（不限定编程语言）。

5. 移动计算包含哪些要素？

6. 信源的字符集由 H、I、J、K、L 组成，设每一个字符出现的概率分别为：1/2、1/8、1/8、3/16、1/16。求该信源的平均信息量。

7. 如何把离散信号转变为模拟信号？如何将比特流嵌入电磁波？

8. 简述香农定理，根据香农公式可以得出哪些结论？

9. 简述 CISC 和 RISC 的区别。

10. 说明带宽、信道容量和数据传输速率的定义，简述它们之间的关系。

11. 查阅有关信号转换和调制的文献和资料，撰写综述报告。

02 第2章 无线网络技术

本章介绍无线信道、无线网络和移动 IP 技术 3 方面的内容。首先，讨论无线信道的特点；然后，根据无线传输的距离分别讨论个域网、局域网和广域网的网络结构和通信协议；最后，介绍移动 IP 技术的基本概念和原理。

本章的重点是移动通信协议和移动 IP 技术，难点是理解各种无线接入方式的特点和区别。第 3 章将介绍如何利用无线通信技术来实现不同范围的定位，讨论各种定位方法、位置服务以及室内定位技术。

2.1 无线信道

信号以电磁波的方式在空中传播，构成了信息传输的通道。信道就是信息传输的通道，要建立这条通道需要解决各种难题。接下来，我们主要介绍无线信道的理论和相关技术。

发射站发射无线电波，无线电波通过地面、大气层等自然媒介进行传播，传播的空间构成信息通道。移动通信信道由发射站天线、接收站天线和两个天线之间的传播路径构成，如图 2-1 所示。

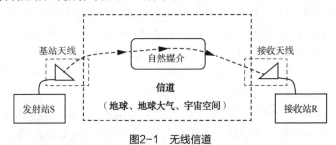

图2-1　无线信道

发射源所发射的无线电波，通过自然媒介到达接收天线的过程称为无线电波传播。

2.1.1 信道特性

无线信道具有以下 3 个特性。

（1）信号在传播路径上会不断地衰减，这是由传输路径造成的损耗。

（2）由于无线电波传播环境复杂多变，无线电波在传播过程中，会遇到不同的物体，因此会产生直射、反射和散射。所以在任何一个接收点上，都可能收到来自不同路径的同源电磁波，这种现象称为多径传播。

（3）频率资源的稀缺性，即无线信道的资源是有限的。

大尺度效应，又称为大尺度衰落，是指信号从发射塔传送到手机的过程中，信号的强度随着距离的增大，会缓慢地衰减。而且，由于存在障碍物，如高大建筑，信号的强度也会发生衰减，但是衰减的速度比较缓慢。

大尺度衰落包括路径损耗和阴影衰落两部分，如图 2-2 所示。当移动终端处于阴影区时，信号较弱；当移动终端穿过阴影区以后，信号较强。

在接收信号场中，信号的强度存在缓慢的变化。信号的强度随地理环境的改变缓慢变化，称为慢衰落。

发射的电波通过直射、反射和散射到达接收端。信号在传输通道上经过了不同的传播路径（传播距离不同），因此称为多径传播，如图 2-3 所示。由于信号到达的时间不同，它们按各自的相位相互叠加，造成干扰，使得原来的信号失真或者产生错误。

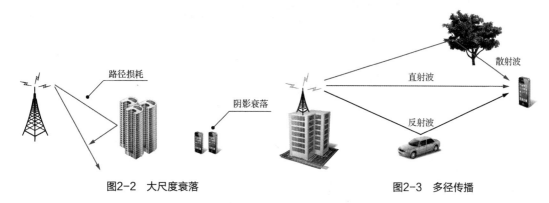

图2-2　大尺度衰落　　　　　图2-3　多径传播

电磁波沿不同的两条路径传播，假定两条路径的长度正好相差半个波长，那么两路信号到达终点时正好相互抵消了，也就是波峰与波谷重合了。这就会造成合成的接收信号强度在较短时间内急剧变化，称为小尺度效应，又称为小尺度衰落。

在传播路径上，电磁波存在各种衰落，如何计算信号在传播路径上的损耗？为了简化，我们首先介绍在理想的自由空间中信号的传播损耗模型。

什么是自由空间？自由空间是对真实传播空间的抽象。它给出了以下两个假设条件。

（1）发射天线在发射信号时，信号向各个方向上均匀辐射。

（2）在传播过程中，只考虑由能量衰减引起的电磁波传播损耗。

发射站发射的电磁波向四周扩散，形成一个个逐渐放大的球面。假设发射站为 X，信号接收点为 Y，发射站 X 和接收点 Y 之间的距离为 d，现在要计算 Y 的接收功率 P_r。假定发射点的发射功率为 P_t，信号向四周辐射。单位面积中的能量会因为扩散而减少，当信号到达 Y，其接收功率是发射功率除以能量球面的面积，也就是 Y 获取的信号能量是整个球面能量的一部分。Y 的接收天线只能接收到部分面积上的能量，假设这个面积是 A_r，那么 Y 的接收功率是 P_r。自由空间传播损耗模型如图 2-4 所示。

球面面积为 $S=4\pi d^2$，发射功率为 P_t，传播距离为 d，天线的有效面积为 A_r，接收功率为 P_r。接收功率 P_r 由发射功率 P_t、传播距离 d 和天线的增益决定。其中 G_t 是发射天线增益，G_r 是接收天线增益。$A_r = \lambda^2/4\pi$ 表示各向同性接收天线的有效面积。计算公式如下所示。

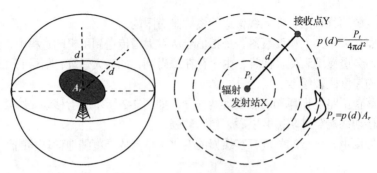

图2-4 自由空间传播损耗模型

$$P_r = p(d)A_r = P_t \frac{G_t}{4\pi d^2} \frac{\lambda^2}{4\pi} G_r = P_t G_t G_r \left(\frac{\lambda}{4\pi d}\right)^2$$

发射天线增益　　　　波长

球面面积　　　　接收天线增益

$$= P_t G_t G_r \left/ \left(\frac{4\pi d}{\lambda}\right)^2 \right.$$

$$= \frac{P_t G_t G_r}{L_s} \text{(W)}$$

$$L_s = \left(\frac{4\pi d}{\lambda}\right)^2$$

L_s 表示信号在自由空间上的传播损耗。把传播损耗 L_s 中的常数项提取出来,其中无线电波的波长 λ 等于波速 c 除以频率 f,经过整理,把常数项提到前面,如下所示。

$$L_s = \left(\frac{4\pi d}{\lambda}\right)^2 = \left(\frac{4\pi d f}{c}\right)^2 = \left(\frac{4\pi}{c}\right)^2 d^2 f^2$$

c 表示无线电波的传播速度,它等于光速,即 $c = 3 \times 10^8 \text{m/s}$。将常数项代入 L_s 中,并且以 dB 为单位来表示传播损耗,即 $L_s(\text{dB}) = 10\lg\frac{P_t}{P_r}$,可以将上面公式中的乘积转换为各项相加,如下所示。

$$L_s(\text{dB}) = 10\lg\left(\left(\frac{4\pi \times 10^6 \times 10^3}{3 \times 10^8}\right)^2\right) + 20\lg f(\text{MHz}) + 20\lg d(\text{km})$$

最后,得到路径损耗的近似表示(即只要给定无线电波频率和传输距离,就可以计算出理想的自由空间中无线电波的传播损耗),如下所示。

$$L_s(\text{dB}) \approx 32.45 + 21\lg f(\text{MHz}) + 20\lg d(\text{km})$$

下面我们来分析由多径传播造成的路径损耗。在复杂的传播环境中,电磁波遇到比波长大得多的物体时会产生反射,如图 2-5 所示。发射机 T 发射信号后,信号可以直接到达接收机 R,也可以通过反射到达接收机 R。

接收机 R 的接收功率 P_r 与距离 d 成反比。引入多径传播后可以看出,路径损耗 L 与距离 d 成正比,与天线的高度 h 和天线增益 G 成反比。根据电磁波的反射规律可以求出有地面反射的路径损耗 L,如下所示。

$$P_r = P_t G_t G_r \frac{h_t^2 h_r^2}{d^4} \qquad \infty \frac{1}{d^4}$$

$$L = 40\lg d - 20\lg h_t - 20\lg h_r$$
$$- (G_t + G_r)$$

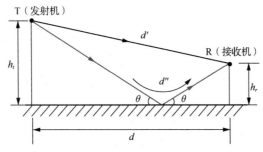

图2-5 电磁波反射

当发射机与接收机之间的距离很大时，接收功率随距离的增加而衰减（衰减指数 $n=4$），即40dB，这比自由空间中 20dB 的衰减要大得多。

以上的分析均在理想的自由空间中计算路径损耗。在实际的空间传播中，通常主要采用经验传播模型来计算路径损耗。无线电波传播的经验传播模型由以下 3 个步骤建立。

（1）获取基站周围接收信号的平均强度和变化特点。需要考虑的环境因素包括自然地形、人工建筑、植被特征、自然和人为的电磁噪声干扰、天气状况等。

（2）建立经验传播模型。经验传播模型根据不同的环境又分为室外传播模型和室内传播模型两种。经典的室外传播模型有：Okumura-Hata 模型、COST-231 Hata 模型、CCIR 模型、LEE 模型、COST 231 WI 模型等。室内传播模型主要考虑在较小的覆盖范围内环境变动的影响，其中门的开关和天线的安装对室内信号的影响非常大。

（3）经验传播模型建立以后，需要进一步修正，使经验传播模型适应新的无线传播环境。

构建经验传播模型时，首先设计测量方案，并准备数据，通过车载测试设备收集测试信号的强度数据；接下来，对车载测试数据进行处理，得到环境的路径损耗数据；最后，用处理过的路径损耗数据，校正原始传播模型中的各个系数，使得模型的预测值和实测值的误差达到最小。经验传播模型的构建过程如图 2-6 所示。

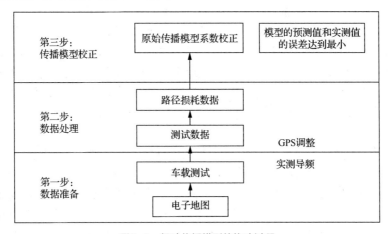

图2-6 经验传播模型的构建过程

2.1.2 资源共享

不同频率的无线电波适用于不同的传输环境，如长波适用于海上和水下通信、导航；中波适用于广播等。对各个国家来说，无线电的频段是一项重要的战略资源。由于电磁波在通信中要独占某个频段（否则将造成信号的干扰），因此各种通信频段被当作有限的资源进行分配，不同行业和领域需要使用不同的通信频段，而同一通信频段可以同时供所有人共享使用。

确定了通信使用的频段以后，接下来我们还要考虑如何搭建无线通信网，为所有用户提供信息传输服务。以一个城市为例，如果无线电信号要覆盖整个城市，首先要考虑建设多少个发射塔。当然，最简单的一种方式就是建一个发射塔，它发射的无线电功率足够大，能够覆盖整个城市。

在 20 世纪 70 年代，贝尔实验室就建立了一个覆盖范围达到 2800 km^2 的大功率发射塔。但是，这个发射塔只能支持十几个用户同时通话。虽然大功率发射塔实现了信号的大范围覆盖，但其不能解决大量用户同时共享无线频段的问题。因此，信号覆盖和频段共享需要结合在一起同时考虑。

由于电磁波具有传播损耗的特性，如果能够提供足够的隔离度，即每个发射塔相隔特定的距离，则能够重复使用同一组工作频率，从而解决同频信号相互干扰的问题。一个简单的无线电覆盖解决办法就是将原来一个发射塔所覆盖的通信范围，由多个较小功率的发射塔来负责。每一个小功率发射塔虽然只负责一个较小的范围，但是通过多个发射塔的重叠覆盖能保证无线电信号的大范围覆盖。多个小功率发射塔的覆盖方式如图 2-7 所示。

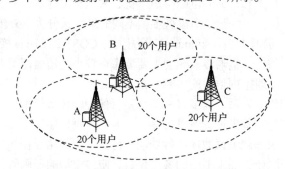

图2-7　多个小功率发射塔的覆盖方式

假设每个发射塔，也就是通常所说的基站，能够支持 20 个用户同时通信，每个用户都独占 20kHz 的带宽，那么在一个基站范围内需要分配 400kHz 的带宽。在不同的覆盖空间上，如图 2-7 中的 A、B、C 这 3 个区域，都使用同一个频段（都是 400kHz 的带宽），那么频段在空间上得到了重复使用，这就是空分复用。但是在相邻的两个基站，如果它们都使用相同的频段进行通信，在交叠的空间会造成同频信号之间的干扰，所以可以考虑相隔几个基站再重复使用同一频段。尽管基站只能覆盖较小的空间，但是通过多个基站的覆盖，能够为更大范围的用户提供通信服务。

1974 年，贝尔实验室在原来大功率、单发射塔的通信方案基础上进行改进，提出了小区制，也就是蜂窝网络的概念。蜂窝网络的基本原理是以基站的信号覆盖范围来划分通信区，每个地区或城市被划分为多个通信区；基站仅仅给本小区内的用户提供通信服务。通过这种方式，相邻的小区使用不同的频段，而相隔较远的小区使用相同的频段，实现了频段的重复使用。

基站全向天线的覆盖范围从二维平面来看是一个圆形。在建立多个小区的覆盖范围时，为了保证覆盖范围不会留下空隙，各覆盖范围之间要有一定的重叠。重叠后，实际上每个基站的有效覆盖范围是一个多边形。通常采用正三角形、正四边形和正六边形来构建多个小区的覆盖范围。在这 3 种形状的覆盖范围中，如果让它们都覆盖相同大小的区域，并且满足无缝覆盖的要求，根据几何上的分析，正六边形的覆盖范围面积最大，小区间隔最远，覆盖范围重叠宽度和重叠面积最小。因此，正六边形所构成的覆盖范围在覆盖相同区域时，所需的小区数最少。移动通信系统通过"蜂窝"形状（正六边形）来构建信号覆盖范围，从而能够用最少的基站数覆盖同样大小的空间。

多个具有"蜂窝"形状覆盖范围的小区连接在一起，就形成一个类似于"蜂窝网络"的覆盖范围，这样的小区称为"蜂窝"小区，如图 2-8 所示。通常将共同使用某个无线频带的 N 个小区称为一个簇或区群，编有 1～7 号数字的小区共同构成一个"簇"，如 1 号、2 号……7 号小区，共同使用 400kHz 的带宽，这 7 个小区就构成了一个簇。

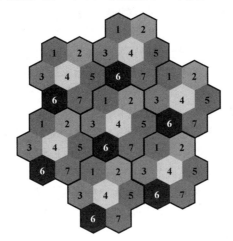

图2-8　"蜂窝"小区

在同一个簇内，因为各小区相隔太近，为了防止互相干扰，使用不同的频段进行通信。图 2-8 所示的 1～7 号小区都用不同的颜色进行标注，表明 7 个不同的小区都使用了不同的频段。而在不同的簇之间，因为各小区相隔较远，不会造成信号干扰，因此可以使用相同的频段，如图 2-8 所示的所有 2 号小区都使用相同的频段进行通信。

解决了覆盖问题以后，还要考虑如何让更多的用户同时使用无线通信系统，也就是要解决频带资源的共享问题。在通信过程中，多个用户可以共享无线信道；而每个用户从自身的角度来看，在通信过程中自己独占了信息传输通路。这种方式称为多路复用，这里的多路是指多个数据源。

多路复用是指在数据传输系统中，允许两个或多个数据源共享同一个传输介质。采用这种方式就像每个数据源都有自己的信道一样。

如果要在共享的信道上同时传输多个信号，可以把多个不同来源的信号整合到一起，形成复合信号。接收端在收到复合信号以后，根据信号的不同特征将复合信号分解、还原为原来的多路信号，然后将分解后的信号发送给对应的接收者。

信道就像一条"高速公路"，从不同的入口汇入"车辆"，这些入口分布在不同的位置，但都可以让车辆进入高速公路。信号也一样，从不同的地址进入信道，因此称之为多址接入。

多址接入是指为了在共用信道上同时传输多个信号，给每个信号赋予不同的特征，以区分不同的用户。

除了空分复用、多路复用以外，无线通信系统还通过多种复用方式来共享信道，主要的方式有：频分多址（Frequency Division Multiple Access，FDMA）、时分多址（Time Division Multiple Access，TDMA）和码分多址（Code Division Multiple Access，CDMA）。下面我们用经典的"鸡尾酒会"模型来说明这 3 种复用方式。

在一次鸡尾酒晚会上，有很多人在一起聊天，晚会上人很多，大家的声音相互干扰，不容易听清对方说话。如果有两个人想谈一些重要的事情，那么他们会让晚会的主办方提供一个单独的房间进行交谈。频分多址复用类似于双方在单独的房间交谈，它在一条传输介质上使用多个不同频段进行通信。通常一段频谱被划分成 N 块，每块作为一个独立的频段传输数据。这些频段就像是一个个独立的房间，供交谈的双方进行交流。

在晚会上，可能还会有其他人想单独交谈。这时，为了满足他们单独交谈的需求，晚会的主办方将提供一个公用的会客厅，并按不同时间段轮流使用的方式，提供给交谈双方使用。类似地，时分多址复用将一条物理信道的通信时间分成若干个时间片（也称为时隙），轮流分给多个用户使用。每个通信终端都在自己的时间片内和基站进行通信。时间片就是用户使用信道的时间，类似于晚会上交谈双方在不同的时间段使用会客厅，多对交谈者通过这种方式来共享会客厅。

采用以上两种方式，都需要有一个独立的房间提供给交谈双方使用。有没有可能所有人都在晚会的大厅里交谈而又不会形成干扰？这就是 CDMA 提出的解决方案。如果每一对交谈者都使用不同的语言，如 A 和 B 讲汉语、C 和 D 讲英语、E 和 F 讲德语等，那么他们虽然使用同样的声音频率，但是由于采用了不同的语言编码方式，相互之间不会产生信息干扰。码分多址复用就是以不同的编码来区分各路原始信号的一种复用方式。信号采用不同的编码，即使有多对通话者通过同样的频率传输信息，在相同的时间内，通信双方接收和发送信息也不会互相干扰。

总的来说，以上介绍的各种复用方式都是为了尽可能高效地利用频谱资源。回顾前文介绍的香农定理，从频谱资源的角度，我们来做进一步的分析。

$$C_{max}=B \times \log_2(1+S/N) \qquad (\text{bit/s})$$

（1）如果数据传输速率（C_{max}）不变，也就是说在信道容量一定的情况下，增加带宽（B），可以降低对信噪比（S/N）的要求（也就是对发射机功率或噪声干扰的要求）。就像我们在公路上设置了车辆的最低时速，如果增加道路的宽度，那么即使在红绿灯、拥堵、车辆限行等各种因素影响下，道路上车辆行驶的最低速度仍然可以得到保证。

（2）如果带宽不变，那么提高信噪比，就能提高数据传输速率。

（3）如果信噪比不变，那么加大信道的带宽，同样能够提高数据传输速率。

现在我们对信道的各项特性有了充分的了解，下面将介绍如何根据不同传输距离的通信需求，来构建不同的移动通信系统。

2.2　个域网

个人范围的无线通信提供了一种短距离、低成本的无线传输，实现了移动终端间的小范围连接，本质上它就是一种替代线缆。个域网是指能在移动终端与通信终端之间进行短距离传输的网络，其覆盖范围一般在 10m 以内。实现个域网的无线通信技术和应用场景包括：

（1）声波、蓝牙、红外线 3 种通信方式主要用于日常生活和办公；

（2）射频识别（Radio Frequency Identification，RFID）和近场通信（Near Field Communication，NFC）技术的传输距离更短，主要用于物流、零售、制造等领域；

（3）ZigBee 和超宽带（UWB）技术主要用于工业和生产环境。

2.2.1 声波通信

作为最早使用的短距离通信方式，声波通信具有无线通信的基本要素。结合声波通信来学习其他无线通信技术，能够更容易理解无线通信的基本原理。

声波通信是人们熟悉的一种信息交流方式。人的听觉通常限制在一个特定的频率范围内。我们可以听到 20Hz～20kHz 的声音，超出这个频率范围的声音我们都听不到。不同的声波和对应的频率范围如表 2-1 所示。

表 2-1 不同的声波和对应的频率范围

声波	频率范围
次声波	小于 20Hz
可听波	20Hz～20kHz
超声波	20kHz～1GHz
特超声或微波超声	大于 1GHz

可听见的声音按频率不同进一步划分为低、中、高 3 个频段。频率越高，音调也就越高，其中，中频段是人听觉最灵敏的频段。在人的听觉中，一般 200Hz 以下的是低频音，200～6000Hz 的是中频音，6000Hz 以上的是高频音。频率的高低反映了音调的高低，频率越高，音调就越高。女高音的频率可达 1200Hz。

利用声音频率的差异，也可以实现信息的传输。下面介绍声波通信的基本原理。在信息传输时，我们以不同频率的声音来表示不同的数据，一个频率就代表一个特定的数字。信息（数字）被编制成不同频率的声音，通过播放设备将声音传播出去；接收端在收到声音后，根据声音的频率分别进行处理；最后，接收端根据约定的编码方式，将接收到的信息（数字）恢复出来。整个处理过程包含 4 个步骤：

（1）用单频率声音对数字进行编码；

（2）播放这些单频率声音；

（3）接收端在收到声音后，识别出声音的频率；

（4）根据声音的频率解码，输出数字。

声波通信的处理流程如图 2-9 所示。首先，输入数字字符串，然后对字符串进行声波编码并发送编码，通过判断和不断循环，完成字符串的发送。

下面我们用一个例子来说明声波通信的实现框架。声波通信的载体是声音，软件部分包括编码和解码两个部分；硬件部分包括发送设备（扬声器）和接收设备（录音设备），它们主要完成声音信号的传输与数字信号和模拟信号之间的转换。

为了实现声音信号的编码和解码，我们首先要设置一个通信双方都认可的码本。表 2-2 给出了声波通信的码本，如"1132"由 3 个不同频率的声音组成。在传输时，代表每个数字的声音都将持续播放一段时间。

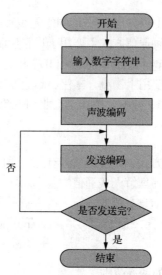

图2-9　声波通信的处理流程

表 2-2　声波通信的码本

正弦波频率	对应数字
1500Hz	1
1600Hz	2
1700Hz	3
1800Hz	4
…	…

现在，在手机上可以使用声波通信来实现支付功能。下面我们来看一个声波支付的操作过程。首先，客户通过声波通信的方式将自己的账号信息发送给商家；然后，商家将客户的账号和扣款信息发送给支付平台；最后支付平台将扣款的确认信息发给客户，这样客户与商家就完成了交易。声波支付的实现过程如图 2-10 所示。在整个实现过程中，声波通信主要用于通信双方的对接，并不会传送大量数据信息。

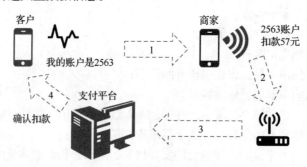

图2-10　声波支付的实现过程

声波很早就得到了应用。在古代战争中，击鼓和鸣金就是通过声波传递作战信息的通信方式。人们通过敲击不同的器具发出不同的声音，以此代表进攻、防御、撤退等不同作战指令。这些古代军事指挥的指令就是现代音频协议的雏形。现在，手机应用使用声波通信就像刷卡一样方便、简单。而且声波通信的应用场景也非常广泛，如我们可以使用声波支付、声波会员卡、声波优惠票、声音名片、声波签到、声波排队及 Wi-Fi 密码共享等。此外，声波通信还可用于文件/图片传输、App 分享、关注微博及发送微信消息等。声波通信的特点是：它不需要像使用二维码那样，要先打开摄像头、对准、拍照，然后完成处理，在通信时，直接播放声音就可以实现信息传输。

声波通信可以实现信息的点对点传输，但是还有一些问题需要解决：

（1）实现多个人同时进行声波通信需要更复杂的信号处理；

（2）手机发出的声音，周围都可以听到，如果有人截获声波信号，就会面临安全问题；

（3）如果周围的噪声比较大，就会对声波信号造成干扰，加大信号解码的难度。

2.2.2 蓝牙通信

现在，蓝牙通信是常用的一种个人无线通信方式。1994 年，Ericsson 公司开始研发蓝牙技术。据说蓝牙这个名字取自哈拉尔·蓝牙，一位 10 世纪的丹麦国王，他统一了王国。类似地，蓝牙技术也希望成为一项开放式标准，来统一无线通信协议，让各种产品可以连接在一起协同工作。1998 年，Ericsson 公司联合 IBM、Intel、Nokia 以及 Toshiba 等公司，成立了蓝牙特别兴趣小组（Bluetooth Special Interest Group，Bluetooth SIG），后来发展为蓝牙技术联盟，如今它的成员已超过上万个。

最初蓝牙技术是作为 RS232 数据线的替代方案。1999 年，蓝牙 1.0 发布，但并未得到广泛的应用。2004 年发布的蓝牙 2.0 是在 1.2 版本基础上的进一步优化，提高了多任务处理和多设备同时运行的能力，设备的传输速率达到 3Mbit/s。2009 年，蓝牙 3.0 发布，由于采用新的协议，其实现了高速数据传输，传输速率达到 24Mbit/s。2010 年，蓝牙 4.0 发布，在蓝牙协议的发展过程中，它是第一个综合性的蓝牙协议，包含 3 种蓝牙协议：传统蓝牙、高速蓝牙和低功耗蓝牙。2016 年，蓝牙 5.0 发布，其提升了低功耗设备的传输速率。另外，蓝牙 5.0 结合 Wi-Fi 能够更好地实现室内定位。

蓝牙由蓝牙主机（Bluetooth Host）和蓝牙模块（Bluetooth Module）构成，主机又分为 3 层，分别是：主机控制接口（Host Controller Interface，HCI）、高层协议（High Layer）和应用程序。蓝牙模块包括射频和基带与链路控制（Base band and Link Controller）单元，完成射频信号与数字信号或语音信号的相互转化，实现基带协议与其他底层模块的连接。在它们上面还有链路管理（Link Manager）、主机控制器（Host Controller）和蓝牙音频（Bluetooth Audio）。蓝牙结构如图 2-11 所示。

低功耗的蓝牙设备分为两类：单模设备和双模设备。单模设备只支持低功耗蓝牙，不支持头戴式耳机、立体声音乐和较高的文件传输速率，并且无法在大部分应用领域中使用。双模设备既支持经典蓝牙，又支持低功耗蓝牙。

蓝牙采用了大多数国家免费且无须授权的频段——ISM 频段。这个频段主要用于工业、科学和医疗服务，频段范围为 2.4～2.485GHz。蓝牙将这个频段划分为 79 个频点，相邻频点的间隔为 1MHz。蓝牙采用时分双工，接收和发送是在同一信道的不同时隙进行的。蓝牙设备分为 3 个功率等级，分别是 100mW（20dBm）、2.5mW（4dBm）和 1mW（0dBm），相应的有效工作范围为 100m、10m 和 1m。

由于 ISM 频段是对所有无线电系统都开放的频段，因此，如果在通信过程中，使用某些会产生该频段电磁波的电器或其他设备，都会对蓝牙通信造成干扰，如某些家电、无绳电话、汽车开门器、微波炉等，都可能是蓝牙通信的干扰源。在第二次世界大战期间，交战双方就已经遇到了这个问题。在海战场上，交战双方为了提高鱼雷命中率，通常会用无线电信号来引导鱼雷。引导鱼雷的无线电信号会使用一个单独的频段进行传输，而敌方可以通过扫描频段，来探察鱼雷引导频段，进而实施干扰。因此，解决信号的干扰问题，是确保鱼雷不偏离目标的关键。

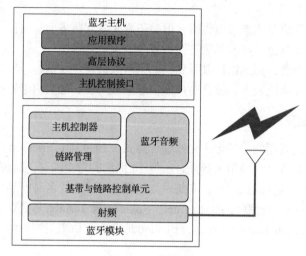

图2-11　蓝牙结构

这个问题怎么解决？好莱坞明星海蒂·拉玛和音乐家乔治·安泰尔给出了解决方案。海蒂·拉玛出生于奥地利首都维也纳，是好莱坞演员，也是发明家。基于同步演奏钢琴的原理，她和音乐家乔治·安泰尔一起发明了无线通信的"跳频技术"，为 CDMA、Wi-Fi（Wireless-Fidelity）等技术奠定了基础。1942 年，这项技术获得了美国颁发的"跳频技术"专利。2014 年，海蒂·拉玛入选美国发明家名人堂，被后世尊称为"CDMA 之母"。

受音乐家乔治·安泰尔的启发，海蒂·拉玛设想在鱼雷发送和接收两端，同时用数个窄频信道传播信号。信号通过随机的信道序列发送出去，接收端按相同的序列将接收到的信号组合起来。就像弹奏钢琴一样，每个音符有一个频率，弹奏的过程就是在这些频率之间不断地进行切换。乐谱就像发送信号的信道序列。信号按规定的信道序列发送出去。对于不知道信道序列的接收端来说，接收到的信号就是噪声。对通信的干扰，通常一次只能使一条信道失去作用。由于不停地、随机地改变发送信道的频率，敌人对信道的干扰影响就会减小很多；而其他信道上接收到的信号，足以保证鱼雷做出方向矫正，最终击中目标。

蓝牙采用广播的方式进行连接。首先，蓝牙通过广播发送报文。这些报文称为一个广播事件。通常，一个广播中的设备会每秒广播一次。接收端在扫描到广播后，就发出连接请求，与广播方进行连接；广播方接收到请求后，同意连接，双方就建立了通信信道。

蓝牙设备也可以通过寻呼方式让多个蓝牙设备一起加入通信，从而构成蓝牙的微微网。在一个微微网中，只存在一个主设备（Central），别的蓝牙设备都是从设备（Peripheral）。通常广播设备是从设备，扫描设备是主设备。每个微微网一次最多连接 7 个从设备。另外，在微微网中，从设备只能与主设备通信，从设备之间不能通信。

2.2.3　其他近距离通信

个域范围的近距离无线通信根据不同的用途和频段划分为很多种类型，其中包括蓝牙、

Infrared（IrDA）、ZigBee（IEEE 802.15.4）等多个无线网络技术标准。

1. 红外线

1800 年，威廉·赫歇尔（1738—1822 年）发现了太阳的红外辐射。他用温度计测量太阳光谱的各个部分，结果发现，当温度计放在红光的外侧时，温度上升得最高，而人眼却看不见，也就是说在太阳光中包含着处于红光以外的不可见光线。现在人们把它称作红外线或红外辐射。

赫歇尔是英国天文学家、古典作曲家、音乐家、恒星天文学的创始人，被誉为"恒星天文学之父"。赫歇尔对天文望远镜做出了重要的贡献，并且利用自己制作的天文望远镜研究银河系结构，第一个确定了银河系形状、大小和星数。1781 年，赫歇尔发现了太阳系中的第 7 颗行星——天王星，还发现了土星的两颗卫星和天王星的两颗卫星。

红外线通信是一种短距离的信号传播方式。现在，通常利用红外线实现点对点的通信。通信传输采用的红外线频率一般为 38kHz，波长为 0.76～400μm。红外设备通过红外发射电路，将信号调制为红外信号；红外信号作为信息的载体在空中传播；接收端在收到红外信号后，需要经过解调和解码来恢复发送的信息。

红外线的波长较短，因此它很容易被遮挡。如果传输过程中存在障碍或者发送方和接收方没有相互对准，那么红外信号的传输将会受到很大的影响。红外线通信设备体积小、功率比较低，并且不受无线电管制，任何人都可以使用。

红外数据联合会（Infrared Data Association，IRDA）成立于 1993 年，是第一个专门规范红外线通信的组织，它针对红外线通信系统、元器件、外部设备及传输方式制定红外标准。红外无线局域网（Infrared Wireless LAN）技术是一种无线局域网标准，它以红外线作为传输媒介，常用于室内多机通信。与有线局域网相比，它价格便宜，组网方便、灵活，并且不受无线电的干扰，具有保密性好等优点；它的主要缺陷是传输距离和覆盖范围较小，覆盖范围通常限制在室内。

2. RFID

RFID 技术又称为无线射频识别、非接触式自动识别技术。RFID 最早起源于英国，在第二次世界大战中用于辨别敌我飞机身份，从 20 世纪 60 年代开始商用。RF 是一种高频交流电磁波的简称；ID 是电子标签，用于身份识别。美国国防部规定 2005 年以后所有军需物资都要使用 RFID 标签。现在很多公司将 RFID 技术应用于身份证件、门禁控制、库存跟踪、汽车收费、防盗、生产控制及资产管理等。

RFID 类似于我们使用的条码。它通过无线电信号识别特定目标和读写相关数据，不需要机械或光学接触。其标签由天线、耦合元件和芯片组成。每个标签具有唯一的电子编码，将它附着在目标物体上，以此来标识目标对象。解读器（Reader）是读取（有时还可以写入）标签信息的设备，有手持式读写器和固定式读写器两种。标签能够接收解读器发出的射频信号，凭借感应电流获得能量，发送存储在芯片中的产品信息；解读器接收标签发送的信息并解码，同时将信息发送到中央信息处理系统进行识别和处理。

按照通信方式，RFID 标签分为被动标签（Passive Tag）、主动标签（Active Tag）和半主动标签（Semi-active Tag，也称为半被动标签）3 类。被动标签又称为无源标签，它本身没有电源，发送信号的能量来自解读器。当标签接收到解读器发射的无线电波时，获取能量，从而将电子标签信息回传给解读器。主动标签又称为有源标签，它有内部电源供应器，因此主动标签有较长的传输距离和较大的内存容量，可以存储一些附加信息。半主动标签又称为半有源标签，类似于被动标签，不过它多了一个小型电池，用以驱动标签发射信号，因此天线可以不用接收解读器发射的电磁波，只做回传信号之用。比起被动标签，半主动标签有更快的反应速度和更高的传输效率。

无源标签是发展最早，也是发展最成熟，使用范围最广的电子标签，如公交卡、银行卡、自助餐卡、酒店门禁卡、二代身份证等都是无源标签。它的工作频率主要有：低频 125kHz、高频 13.56MHz、超高频 433MHz 及超高频 915MHz。

有源标签有电源支撑，能够实现远距离数据传输，具有传输数据率高和可靠性好等优点。现在有源标签广泛应用于公路收费、港口货运管理、医院、停车场等。它的工作频率主要有：超高频 433MHz、微波 2.45GHz 和 5.8GHz。

3. NFC

NFC 是指近场通信技术，它是由 RFID 技术演变而来的。Philips 半导体（现 NXP 半导体公司）、Nokia 和 Sony 共同研发了 NFC 技术。NFC 在单一芯片上，融合了感应式读卡器和感应式卡片，能够在短距离内实现点对点通信功能，包括身份识别和数据交换。它的工作频率为 13.56MHz，传输速率有 106kbit/s、212kbit/s 和 424kbit/s 3 种。NFC 的安全性较高，如手机的 NFC 芯片就采取硬件加密和软件加密相结合的方式，能够在不到 0.1s 的时间内完成身份 ID 和密钥等数据的传输。在如此短的时间内，信息被截获并篡改的可能性非常小。

NFC 有 3 种工作模式，分别是卡模式、点对点模式和读卡器模式。卡模式类似于 RFID 的 IC 卡，可以用作商场购物卡、公交卡、门禁卡、车票、门票等。在点对点模式中，两个支持 NFC 的设备可以在近距离交换和传输数据，其特点是传输速度快、功耗低，能够实现下载音乐、交换图片或者同步设备地址等功能；而且多个设备之间也可以交换数据或者资料。读卡器模式与二维码类似，可以读取或写入电子标签上的数据。现在有的手机内置了 NFC 芯片，可用于电子货币支付，如用于公交、地铁的乘车支付。

NFC 与 RFID 相比，有很多相似之处，也存在一些差异。NFC 与 RFID 的对比如表 2-3 所示。NFC 将读卡器和感应卡片整合到一个芯片中；而 RFID 由解读器和标签两个部分构成。RFID 是一种通过无线方式对标签进行识别的技术；而 NFC 除了身份识别以外，还可以完成交互式通信。

表 2-3　NFC 与 RFID 的对比

对比	NFC	RFID
通信方式	双向识别和连接	设备具有主从关系
工作频段	只限于 13.56MHz	低频、高频、超高频
传输距离	小于 10cm	从几米到几十米
工作模式	将读卡器和感应卡片整合到一个芯片中	由解读器和标签组成
点对点通信	支持点对点模式	不支持点对点模式
应用	门禁、电子货币支付等	生产、物流、跟踪、资产管理等

从工作频段和传输距离来看，RFID 的传输距离更远。从工作模式来看，RFID 主要用于信息的读取和辨别；而 NFC 则强调信息的交互性。它们的应用方向也不相同，NFC 主要用于消费类电子设备的近距离通信；而有源 RFID 能实现长距离的目标识别。RFID 不能实现相互认证、动态加密和一次性密码（One Time Password，OTP），而这些都能通过 NFC 实现。尽管 NFC 和

RFID 有很多区别，但是 NFC 的底层通信技术完全兼容高频 RFID。

4. ZigBee

前文介绍的短距离无线通信主要用于日常生活。在工业现场中，由于环境更加复杂，受到的干扰更多，如果采用前文介绍的通信技术，很难满足大多数工业环境的要求。以蓝牙通信技术为例，蓝牙的配对方式比较烦琐，通信技术太复杂，而且功耗大、距离近、组网规模太小。而工业环境需要大量通信单元，并且通信方式要具备高可靠性，能够抵抗各种电磁干扰。针对这些要求，需要构建一种能满足工业环境、实现短距离通信的无线网络协议。

ZigBee 是一种传输范围为 10m～100m、标称速率为 250 kbit/s 的低功耗无线网络通信技术。它主要用于近距离无线连接，适用于自动控制、遥测和遥控等领域。就像很多蜜蜂通过跳舞的方式（Zig：抖动翅膀）来传递信息，工业环境也需要在大量"群体"（各种传感器）间构建通信网络，因此这项技术取名为 ZigBee。ZigBee 能实现成千上万个微小传感器之间的协调和通信。通过 ZigBee，无线传感器以接力的方式将采集的数据从一个节点传到另一个节点，具有很高的效率，适合用来组建无线传感器网络。总之，ZigBee 是一种便宜、低功耗、自组织的近距离无线通信技术。

ZigBee 的组成结构如图 2-12 所示。ZigBee 由多种设备构成，协调器节点作为网络中心，用来建立、协调和管理网络，如分配节点的网络地址；路由器节点实现路由发现、信息中转、网络节点接入等功能；终端节点一般是各种无线传感器，它们通过 ZigBee 协调器或路由器接入无线网络，主要负责采集数据或实现某些控制功能。

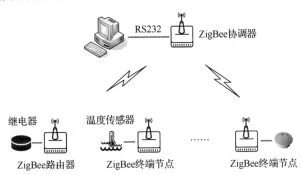

图2-12 ZigBee的组成结构

ZigBee 协议由高层应用、应用汇聚层（应用接口）、网络层、数据链路层及物理层组成，其协议栈如图 2-13 所示。其中，网络层以上的协议由 ZigBee 联盟制定，IEEE 802.15.4 负责物理层和数据链路层标准。IEEE 802.15.4 物理层协议定义了两个物理层标准，分别是 2450MHz（一般称为 2.4GHz）的物理层标准和 868/915MHz 的物理层标准。IEEE 802.15.4 的介质访问控制（Media Access Control，MAC）子层能支持多种逻辑链路控制（Logic Link Control，LLC）协议，并且通过与业务相关的汇聚子层（Service-Specific Convergence Sublayer，SSCS）协议来承载 IEEE 802.2 类型的 LLC 标准。ZigBee 还提供安全性支持，保证传感器的标识和传输的信息不会在远距离传输中被其他节点破坏或干扰。

相比前文介绍的各种无线通信技术，ZigBee 是功耗和成本最低的无线通信技术。同时，由于 ZigBee 技术的低数据传输速率和通信范围较小的特点，决定了 ZigBee 技术适合承载数据流量较小的业务。因此，ZigBee 的主要应用领域包括工业控制、消费性电子设备、汽车自动化、农业自动化及医用设备控制等。

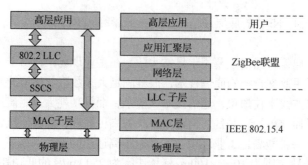

图2-13 ZigBee协议栈

5. UWB

UWB 又称为"无载波"无线电，或脉冲无线电，它用纳秒级甚至微微秒级的非正弦波窄脉冲传输数据。UWB 是 20 世纪 60 年代开发的军用技术。UWB 技术在 20 世纪 70 年代得到发展，多用于雷达系统，如探地雷达系统。20 世纪 80 年代后期，该技术开始用于民用。美国联邦通信委员会（Federal Communications Commission，FCC）开放了 UWB 技术在短距离无线通信领域的应用许可。现在，UWB 技术可用于精确测距、金属探测、无线局域网、室内通信以及安全检测等多个领域。

UWB 采用时间间隔极短（小于 1ns）的脉冲（短暂起伏的电冲击）信号进行通信。它在 10m 范围内能实现每秒数百兆位至数千吉位的数据传输速率。UWB 通过很大的频率带宽来换取高速的数据传输，并且不占用现有的频率资源。UWB 系统使用间歇的脉冲来发送数据，脉冲持续时间很短，系统耗电低。相对于其他无线通信技术，UWB 设备在电池寿命和电磁辐射上有很大的优势。在应用方面，UWB 适用于中短距离的信息传输，适合构建室内定位系统。UWB 定位的优点是具有较好的实时性。此外，UWB 信号具有很强的穿透力，能穿透树叶、土地、混凝土、水体等介质，因此在军事上 UWB 雷达可用于探测地雷，在民用上可查找地下金属管道、探测高速公路地基等。由于 UWB 系统占用很大的频率带宽，因此其可能会干扰现有其他无线通信系统。另外，受环境影响，UWB 技术在实际应用中施工较为复杂，成本较高。

2.3 局域网

无线通信从个域范围扩展到家庭和办公室，在扩大的空间范围内如何实现短距离通信呢？这就需要用到工作和生活中常见的 WLAN，也就是通常所说的 Wi-Fi。在一个办公环境中构建局域网，办公室需要配置服务器和多台个人计算机，这些终端通过有线网络接入互联网；而笔记本、手机等移动终端则通过无线方式接入局域网，如图 2-14 所示。

无线局域网主要由站（Station，STA）、接入点（Access Point，AP）、接入控制器（Access Controller，AC）、无线介质（Wireless Medium，WM）及分布式系统（Distribution System，DS）组成。STA 是 IEEE 802.11 网络的基本单元。AP 是移动终端接入有线网络的访问点，它作为无线工作站和有线网之间的网桥，实现了无线网与有线网的无缝集成，进一步拓宽了网络的覆盖范围。AC 负责汇聚不同的 AP 数据并接入互联网，同时具有 AP 设备配置管理、无线用户认证、宽带访问、安全控制等功能。

无线局域网有两种网络结构，分别是基本服务集（Basic Service Set，BSS）和扩展服务集（Extended Service Set，ESS），如图 2-15 所示。BSS 包含多个节点，节点之间进行对等通信。

每个节点称为一个站点,它们可以在 BSS 中自由移动。每个 BSS 都有一个标识符,称为 BSSID,长度为 6 个字节。BSSID 是 AP 的 MAC 地址,用来标识 AP 管理的 BSS。基本服务区(Basic Service Area,BSA)是指在一个 BSS 中, 所有成员可以相互通信的无线区域。

图2-14　局域网

ESS 主要用于解决单个 BSS 覆盖范围小的问题。它通过两个或多个接入点连接多个 BSS,多个 BSS 形成更大规模的虚拟 BSS。ESS 的标识符(ESSID)用于标识一个 ESS 网络,相当于网络的名称。在 ESS 中,移动节点可以从一个 BSS 漫游到另一个 BSS。

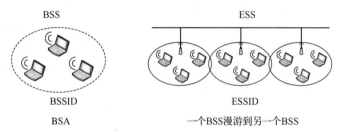

图2-15　BSS和ESS

2.3.1　Wi-Fi

Wi-Fi 是当今使用最多的一种无线网络传输技术,主要用于构建无线局域网,也有人直接把 802.11 系列协议称作 Wi-Fi。

1997 年,电气和电子工程师协会(Institute of Electrical and Electronics Engineers,IEEE)制定了 IEEE 802.11 标准规范,网络的工作频率为 2.4GHz。1999 年, IEEE 制定的 IEEE 802.11a 标准是在 IEEE 802.11 标准上的一个修订版本,它的工作频率为 5GHz,最大数据传输率为 54Mbit/s,拥有 12 条互不重叠的频道,8 条用于室内,4 条用于点对点传输。为了将便携式设备连接到网络中,随后制定了 IEEE 802.11b 标准,它的工作频率为 2.4GHz,最大传输速率为 11Mbit/s,并且提供多种传输速度。IEEE 802.11b 的后继标准是 IEEE 802.11g,其传输速率为 54Mbit/s。IEEE 802.11g 使用了正交频分复用(Orthogonal Frequency Division Multiplexing,OFDM)技术,并且向后兼容,让网络能平滑地向高速无线局域网过渡。为了进一步提高网络的传输速率,在 IEEE 802.11g 和 IEEE 802.11a 之上又发展了 IEEE 802.11n。IEEE 802.11n 充分利用空间资源,使用多输入多输出(Multiple-Input Multiple-Output,MIMO)技术,通过多个发射天线和接收天线实现多发多收,极大地提升了网络的传输速率。它的传输速率最高可达

600Mbit/s，可以在 2.4GHz 和 5GHz 两个频段上工作。

无线传输与有线传输的主要区别在于物理层和数据链路层。2.1 节介绍的无线信道主要涉及物理层的特性，下面我们主要介绍无线传输的数据链路层。数据链路层包括逻辑链路控制子层和介质访问控制子层。逻辑链路控制子层主要负责在无线传输条件下，将数据正确地发送到物理层，并实现与物理层无关的链路功能，如流量控制、差错恢复等。MAC 子层主要负责控制和连接物理介质，分配无线通信资源，并且采用与有线网络不同的共享方式来访问信道。MAC 子层定义了两种访问控制方式：点协调功能（Point Coordination Function，PCF）和分布式协调功能（Distributed Coordination Function，DCF）。

点协调功能提供非竞争服务，每个节点使用集中式 MAC 算法访问网络。AP 充当网络中心控制器，它依据内部的轮询表（Polling List）依次轮询与之连接的节点（STA）。点协调功能通常采用轮询的方式为每个终端提供服务，并且支持实时应用。

分布式协调功能采用载波监听多路访问/碰撞避免（Carrier Sense Multiple Access / Collision Avoidance，CSMA/CA）技术作为网络的基本接入方式，从而更高效地共享无线信道。在分布式协调工作方式下，实现无线信道共享将面临两个问题：

（1）如何知道当前是否有节点正在使用无线信道；

（2）如果有多个节点在信道上同时发送信息，就会产生碰撞，采用什么方法能减少碰撞。

无线通信建立在有线通信的基础上，它同样采用了 CSMA 技术，也就是载波监听多路访问的方式；但是对于通信中的碰撞问题，没有采用碰撞检测方法来处理。

我们先来回顾一下有线以太网的载波监听多路访问/碰撞检测（Carrier Sense Multiple Access/Collision Detection，CSMA/CD）技术。CSMA/CD 技术的工作过程就像很多人在一间黑屋子中举行讨论会，参加会议的人只能听到声音。每个人在发言之前必须先监听，在确定没有人说话时，才可以发言。在发言之前进行监听，以确定是否有人正在发言，称为"载波监听"（Carrier Sense）。当会场安静时，每个人都有相同的机会发言，称为"多路访问"（Multiple Access）。如果有两个人或两个以上的人同时发言，其他人就无法听清其中任何一个人的发言，这种情况称为"碰撞"（Collision）。发言人在发言过程中及时发现是否发生碰撞，称为"碰撞检测"（Collision Detection）。如果发言人发现碰撞已经发生，这时他需要停止发言，然后随机延迟发言时间，并且重复上述过程，直至发言成功。如果尝试发言的失败次数太多，发言人也许就放弃本次发言。

总的来说，有线网络采用分布式协调方式，由于网络中各节点地位平等，没有优先级，不需要集中控制。有线网络访问控制的核心问题是：在公共链路上，如何处理监听与发送和检测碰撞。CSMA/CD 技术解决了这些问题，其基本原理是：

（1）网络节点发送数据前先监听信道，如果信道空闲，就立即发送数据；

（2）如果信道忙碌，则等待一段时间，在信道传输信息结束以后，再发送数据；

（3）如果信道在空闲时，同时有多个网络节点提出发送请求，则判定为碰撞；

（4）如果网络节点监听到碰撞，就立即停止发送数据，等待一段随机时间，再重新尝试发送。

在无线传输中，用到了 CSMA 技术，但是不能采用碰撞检测方法来处理碰撞问题。这里主要有两个原因。

一是无线信号衰减导致网络节点无法检测碰撞，如图 2-16 所示。当 A 节点和 C 节点都向 B 节点发送信息时，A 节点和 C 节点的信号都能到达 B 节点。但是，由于信号不断衰减，A 节点和 C 节点都无法检测到对方，因此无法实现碰撞检测。

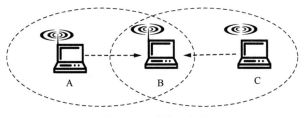

图2-16　无线信号衰减

二是隐藏终端问题，如图 2-17 所示。由于障碍物的遮挡，A 节点和 C 节点都不知道对方正在向 B 节点发送消息。

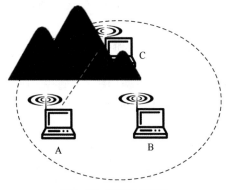

图2-17　隐藏终端问题

因此，使用碰撞检测方法不能发现传输中可能存在的碰撞。所以，无线通信采用另一种处理碰撞的方法——碰撞避免来解决碰撞问题。

为了解决碰撞问题，假设发送端和接收端要进行通信，如图 2-18 所示。首先需要预约信道，发送端 S 发送 RTS（Request To Send）报文，报文中包含收发地址、预约时间等；接收端 R 接收到 RTS 报文后，会广播一个 CTS（Clear To Send）报文。CTS 报文一方面向发送端确认发送许可，另一方面指示其他网络节点在 S 和 R 的预约时间内不要发送信息。通过这种方式，S 和 R 就完成了信道预约。接下来，S 和 R 就可以完成数据传输，传输过程中也采用确认字符（Acknowledge Character，ACK）机制来保证数据的正确传输。

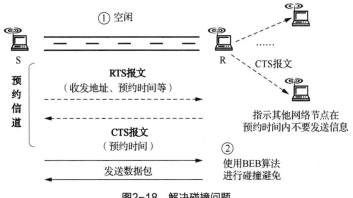

图2-18　解决碰撞问题

如果发送端 A 和发送端 B 同时向接收端 R 发送 RTS 报文，由于两个 RTS 报文发生碰撞，使得接收端 R 收不到正确的 RTS 报文，因此接收端 R 不会发送 CTS 报文。这时，发送端 A 和

B 引发竞争信道碰撞。通常采用二进制指数退避（Binary Exponential Back off，BEB）算法来避免碰撞。

为降低再次发生碰撞的概率，使用 BEB 算法时，碰撞节点将各自随机地等待一段时间，然后重新发送 RTS 报文。BEB 算法的退避时间与碰撞次数呈指数关系，也就是说碰撞次数越多，退避时间就越长；若达到限定的碰撞次数，节点将停止发送数据。BEB 算法的流程如下：

（1）确定节点的基本退避时间，一般为发送端到接收端的往返时间 $2t$，$2t$ 也称为碰撞窗口或争用时间；

（2）定义参数 k，k 是节点的重传次数，它与碰撞次数有关，$k = \min(\text{重传次数},10)$；

（3）从离散的整数集合 $\{0, 1, 2, \cdots, 2k-1\}$ 中随机抽取一个数 r，将等待时间设为基本退避时间的 r 倍，即 $T = r \times 2t$；

（4）如果碰撞次数超过 16 次，就丢弃传输报文，提示发送失败，并且将发送错误报告提交给高层协议。

下面来对比 CSMA/CA 和 CSMA/CD 这两种技术。首先，由于传输介质不同，两种技术的检测方式不一样。有线局域网通过电缆中电压的变化来检测信号，当数据发生碰撞时，电缆中的电压就会相应地发生变化；而无线网络采用能量检测、载波监听和能量载波混合检测 3 种方式，来检测信道是否空闲。其次，两种技术的信道利用率不同。由于无线传输的特性，信道利用率受传输距离和空旷程度的影响，当距离太远或者有障碍物影响的时候，会存在隐藏终端问题，极大地降低了信道的利用率；因此，CSMA/CA 的信道利用率低于 CSMA/CD 的信道利用率。

2.3.2 无线传感器网络

无线传感器网络由大量、微型的传感器组成，它们通过无线通信来构成自组织的网络系统。无线传感器网络的每个节点除了配置一个或多个传感器以外，还整合了机电、电子以及无线通信等多种技术，形成一个个感知节点。现在，无线传感器网络广泛应用于环境与生态监测、健康监护、智能家居以及交通控制等多个领域。

传感器网络始于 20 世纪 70 年代，最早用于战场监测等军事领域。在越南战争中，美军成功使用了"热带树"传感器。他们在丛林中散布了很多"热带树"传感器，当有车队经过时，传感器探测到振动和声响，然后向指挥中心发送感知信息。"热带树"传感器之间没有通信能力，无法组建网络。20 世纪 80 年代到 20 世纪 90 年代期间，美军还研制了综合多种信息的传感器网络，包括海军协同交战能力系统、远程战场传感器系统等。到 20 世纪 90 年代后期，出现了第三代传感器网络，网络系统更加趋向于智能化，综合处理能力也更强。到现在为止，智能化的传感器网络仍然在研发当中。

传感器网络通常采用无线通信模式，将大规模散布的传感器节点以无线自组织方式构建网络，最终实现节点间的信息传输。传感器节点用于数据采集。目前，大多数无线传感器网络采集标量数据，包括温度、湿度、位置、光强等。而在医疗、交通、工业监控、智能家居、智慧城市等领域中，往往还需要获取视频、音频、图像等多媒体信息，因此，随着技术的不断发展，在传统无线传感器的基础上又引入对多媒体信息的感知功能，建立了新型的无线传感器网络。

各类传感器可以测量各种物理量，包括温度、压力等常用感知数据，同时还可以采集化学量、生物量等专业数据。某些采集的数据还需要进行转换才能传输。现在，我们在生活中接触到越来越多的传感器，如手机上有各种各样的传感器。其中，三轴陀螺仪是一种用来感知方向的设备，它能够精确地定位运动物体的方位，常用于导航和定位系统。此外，三轴陀螺仪还运用在游戏控制上。现在，很多手机使用三轴陀螺仪来操控游戏，使游戏更真实，操作也更灵活。方向感应器用于检测手机的方向状态。通过方向感应器，手机系统可以确定当前手机处于哪种状态（竖、横、仰、卧）；同时，手机屏幕会相应地变化，并自动切换手机应用界面的长宽比例，而界面上的菜单、控件等元素也会相应地变化。

距离感应器通过发射光脉冲来测量手机到物体之间的距离，即根据光脉冲从发射到被物体反射所经过的时间，来计算距离。当我们接听电话时，脸贴在手机上，距离感应器能够检测出人脸与屏幕之间的距离，这时手机的屏幕会自动息屏；而当手机离开人脸时，屏幕又会自动亮起。通过距离感应器，还可以实现手机屏幕的自动锁屏和解锁。

光线传感器和距离传感器一般都放在一起。光线传感器可以根据手机所处环境的光线来自动调节屏幕的亮度。另外，手机上还有指纹传感器，它用于指纹的自动采集，包括电容指纹传感器、超声波指纹传感器等。

无线传感器的网络节点除了传感器单元以外，还包括处理单元、通信单元和电源部分。处理单元完成数据的操作与转换，它包括软件和硬件两个部分；通信单元由无线通信模块构成，用于实现数据传输；电源部分为网络节点提供能量支持，它也是节点各个功能单元的制约因素。而更复杂的网络节点还具有定位模块和运动装置，这样的节点需要有额外的能源支持。

现在我们进入网络节点的内部，来看看各个功能单元的连接情况。网络节点结构分为 3 个部分，分别是感知、控制和传输，如图 2-19 所示。

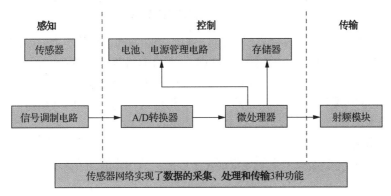

图2-19　网络节点结构

传感器采集数据以后，将信号发送给控制单元。控制单元完成信号的 A/D 转换，并且将转换后的数字信息提交给微处理器。微处理器不仅要完成数据的存储和处理，还要管理节点电源。最后，微处理器将采集的信息提交给传输单元，通过射频模块完成节点间通信。

无线传感器网络能够实现信息处理、任务管理以及数据通信等功能，它的结构如图 2-20 所示。多个传感器节点散布在一个特定的区域，它们采集各种数据，并传送给信息处理中心。传感器节点之间可以相互通信，并且通过自组织的方式形成网络。传感器采集的数据首先传送给汇聚节点，也就是 Sink 节点。Sink 节点也可以将信息处理中心发送的消息，传送给各个传感器节点。此外，Sink 节点还负责传感器网络与外部网络的连接（如连接互联网），将信息发送到控制中心和处理中心。因此，Sink 节点也可以看作一个网关节点。

网络节点有两种接入无线网络的方式，分别是单跳方式和多跳方式，如图 2-21 所示。采用单跳方式，所有网络节点与 Sink 节点（或固定基站）的距离要限定在无线电信号发射半径内，就像手机、笔记本电脑只能在办公室范围内连接 Wi-Fi。采用多跳方式，网络节点传送的信息不是通过一次传递就能到达 Sink 节点，而是需要将信息传送给相邻节点，通过接力的方式把信息传送出去，自组织网络大多采用这种方式。

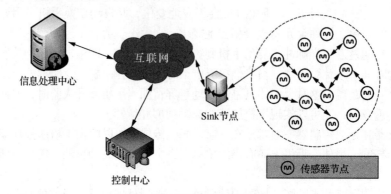

图2-20　无线传感器网络结构

图2-21　单跳方式和多跳方式

通过多跳方式建立的无线传感器网络，具有自组织和协同工作的能力。为了构建通信网络，传感器节点会自发地构建网络。网络构建好以后，所有网络节点都需要通过协作来完成信息的收集、处理和分析。每个节点除了感知、采集和处理信息以外，还要承担路由转发功能。

从网络的连接方式来看，无线传感器网络有多种结构，包括平面网络结构、分层网络结构、Mesh 网络结构等。

1. 平面网络结构

在平面网络结构中，所有节点的地位都是平等的。从网络的角度来看，它们具有一致的功能特性，如图 2-22 所示。

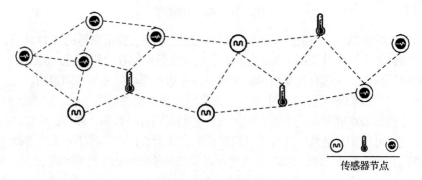

图2-22　平面网络结构

2. 分层网络结构

在分层网络结构中，下层是由一般传感器节点构成的平面网络；在上层，网络由骨干节点构成，每个骨干节点都具有路由、管理和安全保护等功能，它们主要完成信息的汇集、中转和传输，骨干节点之间采用的是平面网络结构，如图2-23所示。

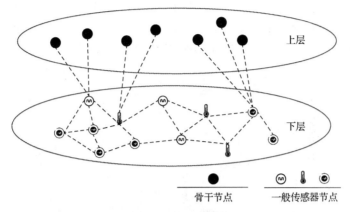

图2-23　分层网络结构

另外，还有混合网络结构。混合网络结构是由平面网络结构和分层网络结构混合而成的一种网络结构。它的功能更强，但所需硬件成本更高。

3．Mesh 网络结构

Mesh 网络又称为"无线网格网络"。Mesh 网络是规则分布的网络，如图 2-24 所示。不同于全连接网络，它通常只允许网络节点和自己最近的"邻居"进行通信。网络节点的功能都是相同的，因此 Mesh 网络也称为对等网络。

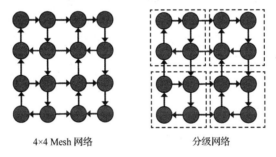

图2-24　Mesh网络结构

Mesh 网络结构是一种基于多跳路由和对等网络技术的新型网络结构，具有自组织、自管理、自修复以及自我平衡等特性。同时，它本身还可以不断地动态扩展。

在 Mesh 网络中，任何无线设备既是网络节点又是路由器。每个节点都可以发送和接收信号，与一个或多个对等的邻近节点直接进行通信。如果邻近节点由于流量过大而导致拥塞，那么数据可以自动地重新路由到一个流量较小的邻近节点进行传输。由于每跳的传输距离较短，传输数据所需要的功率较小，节点之间的无线信号干扰也较小，信道质量和信道利用率较高，因此提供了更高的网络容量。Mesh 网络适合覆盖大面积的开放区域，如在高密度的网络环境中，Mesh 网络能够减少邻近节点的相互干扰，从而提高信道利用率。

无线传感器网络搭建好以后，还需要用软件来控制和管理所有传感器节点。无线传感器网络的系统软件采用分层和模块化的体系结构，以适应不同领域的应用需求。在系统中，通过中间件技术，来提供满足个性化的应用解决方案，从而构成适用于无线传感器网络的支撑环境。无线传感器网络架构的灵活性和可扩展性提高了网络的数据管理能力和工作效率，减小了应用开发的复杂性，同时也保证了无线传感器网络的安全性。

无线传感器网络的系统软件由4个层次组成：底层是无线传感器网络操作系统；中间层包括各种应用支撑技术和中间件；上层是无线传感器网络应用程序；顶层是领域层，用于实现不同领域的业务逻辑。无线传感器网络的系统软件架构如图2-25所示。

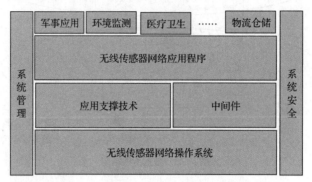

图2-25　无线传感器网络的系统软件架构

无线传感器网络操作系统对网络底层，即无线传感器网络的基础设施，进行封装。在其上面是基础软件层，包含各种应用支撑技术和中间件。中间件构成了无线传感器网络系统的公共基础模块，使系统具有高度的灵活性、模块性和可移植性。其中，网络中间件实现网络接入服务、网络生成服务、网络自恢复服务以及网络连通性服务等；配置中间件实现网络的各种配置工作，包括路由配置、拓扑结构调整等；管理中间件为网络应用业务提供各种管理功能，如目录管理、资源管理、能量管理、生命周期管理等；功能中间件实现各种业务共性功能，提供功能框架接口；安全中间件为网络应用业务提供各种安全功能，包括安全管理、安全监控、安全审计等。

无线传感器网络常用于监测和监控，网络节点大多散布在人很难触及或无法接近的地方。通常节点无法移动，并且难以更换电池。根据无线传感器网络的应用场景，下面列出了无线传感器网络所面临的主要问题。

（1）动态可扩展

在无线传感器网络的使用过程中，根据应用的需求会随时增加新的传感器节点。

（2）能量受限

传感器节点的能量有限，又无法更换电池，因此需要减少传感器节点不必要的能量消耗。

（3）鲁棒性较差

传感器节点容易损坏，当节点失效后会改变整个网络的结构，导致信息传输不稳定。

（4）拓扑变化

传感器节点损坏或故障，会引起网络拓扑结构的变化，从而造成信息传输中路由的改变。

针对以上问题，我们需要根据用户的需求设计适合无线传感器网络特点的系统软件架构，提供统一的网络协议、算法和标准化的技术规范。

无线传感器网络首要解决的问题是：在传感器节点能量受限的情况下，如何保证传输的有效性。首先我们来分析传感器节点的能量主要消耗在哪些地方。通过图2-26可以看出，传感器和处理器工作时，能量消耗较小；当节点发送信号、接收信号以及空闲监听时，节点消耗的能量较大；而当节点睡眠时，能量消耗较小。因此，考虑尽量减少信号发送、信号接收和空闲监听这3个部分的能量消耗。由于发送和接收是网络传输的必要操作，其能量消耗必不可少；因此，考虑设计良好的网络协议来控制信息的传输，减少不必要的空闲监听和重复通信，从而减少节点的能量消耗。

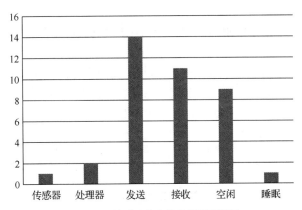

图2-26　传感器节点的能量受限问题

除了必要的能量消耗以外，主要有 4 种情况会造成传感器节点不必要的能量消耗。

（1）空闲监听

在节点空闲的时候，如果仍然监听消息，射频模块就处于活动状态，造成能量的浪费。空闲监听是能量消耗的最主要因素。因此，可以考虑通过睡眠的方式来减少能量消耗，如设计特定的睡眠和唤醒机制来减少空闲监听的时间。

（2）数据碰撞

当多个节点同时向一个节点发送数据包时，它们发出的信号会相互干扰，导致信号失真。接收节点收到干扰信号以后，无法分辨接收到的信息，只能丢弃。因此发送节点必须通过多次发送来完成信息传输，从而造成不必要的能量消耗。

（3）串扰

网络中，节点都是以广播的形式发送消息。所有在广播范围内的节点都可能接收到发往其他节点的数据包，这时会产生串扰。当节点密度很大或者传输的数据很多时，串扰会造成信息传输失败，从而消耗节点的大量能量。

（4）控制开销

网络的 MAC 子层协议需要节点之间交换控制信息，信息交换也会消耗一定的能量。当传输的数据量很少，如仅仅几个字节数据，而控制信息量远远大于传输数据量时，协议本身也会带来一定的能量消耗。

S-MAC（Sensor MAC）协议是针对无线传感器网络提出的一种 MAC 子层协议，它在 IEEE 802.11 MAC 协议的基础上，进行了改进和优化。S-MAC 协议主要解决的问题是：如何减少能量的消耗，并提供良好的可扩展性。在 S-MAC 协议中，主要考虑降低由空闲监听、数据碰撞、串扰及控制开销造成的能量消耗。S-MAC 协议也有一些限定条件，包括传输数据量的要求、通信延迟的容忍度，以及是否对数据进行融合处理以减少数据通信量。

S-MAC 协议采用以下几种方式来达到节能目的。首先，设计周期性监听/睡眠的低占空比工作方式，即当节点处于睡眠状态时，就自动关闭射频收发器以节省能量；需要处理消息时，通过定时器定时唤醒自己。其次，相邻节点形成虚拟簇，簇内采用一致的睡醒时间表，并且构造特定的调度机制让相邻节点能够同时唤醒和同时睡眠，以确保信息的传输。然后，采用虚拟载波监听、RTS/CTS 握手机制以及随机退避访问方式来避免碰撞和串扰。最后，由于信息长度不一致，会导致额外的控制信息开销，因此对信息进行规整化处理，通过信息分割减少控制信息开销。

在 S-MAC 协议中，采用周期性监听/睡眠机制减少空闲监听的能量消耗。首先，将时间分片，一个时间片也称为一帧。在一个时间片内，包含监听和睡眠两个阶段，如图 2-27 所示。它们的时间分配，可以根据网络的实际需要进行调整，其中监听时间相比睡眠时间要少得多。在睡眠状态下，节点会将通信模块关闭，以减少能量消耗。在监听阶段，节点收到数据后，不会马上就转发，而是会把数据先保存起来，以后集中发送。

图2-27　周期性监听/睡眠机制

为了保证相邻节点能交换信息，需要某种调度机制让相邻的网络节点能够同时睡眠和同时唤醒，也就是节点与自己的邻居节点要能够同步地进行睡眠和监听。为了实现同步，在每一个时间片内，引入了一个同步消息（SYNC），如图 2-28 所示。

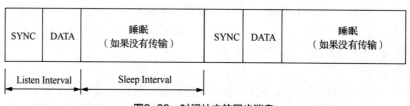

图2-28　时间片内的同步消息

发送节点告知邻居节点自己的睡眠时间和唤醒时间。同时，发送节点自身还维持一个调度表，以便知道邻居节点的作息时间。通过不断地交换同步消息，节点和自己的邻居节点在作息时间上达成一致，从而确保能完成信息传输。同步消息包括源节点的地址、下一次睡眠时间等信息。每个节点都使用同步消息来通告自己的调度信息（即睡眠时间和唤醒时间等信息），同时还维护一个调度表，保存所有邻居节点的调度信息。

在网络中，如何通过调度实现监听和睡眠的同步？S-MAC 协议利用同步消息来实现同步。假设节点 A 收到其他邻居节点的同步消息（也就是调度信息），它将根据邻居节点的作息时间对自己的作息时间进行调整，并且将自己的作息时间告诉所有邻居节点。如果节点与邻居节点的作息时间不一致，就需要进行调整，并且把调整的作息时间都记录下来。如果没有收到邻居节点的作息时间，节点就自己拟定一个作息时间，然后发送出去。同步调度的具体过程如下：

（1）节点在工作之前，先监听一段固定的时间；

（2）节点在监听时间内接收到其他邻居节点的调度信息，同时调整自己的调度信息，使其与其他邻居节点保持一致；然后，等待一段时间（随机）以后，广播自己的调度信息；

（3）当节点收到的各个邻居节点的调度信息不一致时，可选择将自己的调度信息调整为第一个接收到的邻居节点的调度信息，同时也记录其他邻居节点的调度信息；

（4）如果在监听的这段时间内，没有接收到任何邻居节点发送的调度信息，则节点自己产生一个调度信息，并广播该调度信息。

采用多跳通信和周期性睡眠会导致通信延迟的累积。为了减少延迟，需要对监听阶段进行适当的调节。流量自适应监听就是一种常用的调节方法。为了满足信息持续传输的需求，在一次通信过程中，相互通信的节点在监听阶段完成信息传输以后，并不会马上进入睡眠状态，而是会监听一段时间。如果在监听的这段时间内又收到通信请求，即收到 RTS 报文（帧），那么马上进行信息传输，而不需要再等到下一个监听周期，从而减少了传输延迟。

对于碰撞和串扰问题，IEEE 802.11 MAC 协议采用物理载波监听和虚拟载波监听两种方式来解决。通常采用物理载波监听防止信号的碰撞。由于无线信号的广播特性，会产生串扰问题，这个问题一般采用虚拟载波监听来解决。

虚拟载波监听通过 RTS/CTS 帧来处理碰撞和串扰。RTS 帧和 CTS 帧中包含一个字段，它表示本次数据交换还需要多长时间才能完成，这个字段称为"网络分配矢量"（Network Allocation Vector，NAV）。通过这个字段值，每个节点就能知道邻居节点的活动时间，即从发送节点的活动时间知道在多长时间内不能发送数据，从而避免和其他的节点发生碰撞。当某个节点收到 RTS 帧或 CTS 帧时，如果发现目的节点不是自己，该节点就马上进入睡眠状态，并且将此次通信的持续时间存储到本地的 NAV 中。NAV 也可以看作一个计时器。当 NAV 的值不为 0 时，则该节点处于睡眠状态；如果 NAV 的值为 0，该节点会被唤醒，并准备通信。这种方式很大程度上避免了碰撞和串扰，减少了节点的能量消耗。

网络传输中有各种控制信息开销，这里主要讨论 RTS 帧和 CTS 帧的传输开销。由于无线信道的特性，如果要传送一个长消息，传输过程中可能会出现丢失或误码的情况。在一次传输中，消息出现损坏的数据量可能很少，但是一个消息作为一个整体来传输，为了保证接收到正确的消息，需要重新发送（即重传）出错的消息，这就增加了能量消耗和网络延迟。如果把一个长消息划分成多个短消息，虽然重传的消耗少了，但是又会使用更多的 RTS 帧和 CTS 帧，从而增加控制信息开销。控制信息开销问题如图 2-29 所示。

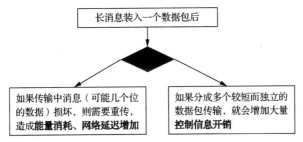

图2-29 控制信息开销问题

为了减少错误重传的代价和平衡控制信息开销，首先把一个长消息分割成多个分片，每一个分片作为一个整体进行传输，所有分片的传输只使用一个 RTS 帧和 CTS 帧控制分组。每收到一个分片，接收方就发送 ACK 进行确认。传输方式如图 2-30 所示。

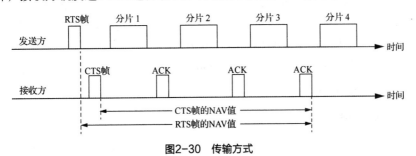

图2-30 传输方式

在传输之前，节点会预留信道，并确定预留信道时间。如果接收方没有收到某个分片的 ACK 响应，那么发送方需要重新发送分片，并且信道的预留时间将向后延长。在传输过程中，分片和 ACK 携带有整个长消息传输的剩余时间，邻居节点可以根据此时间信息进行调整，避免碰撞。

周期性监听/睡眠机制，具有明显的节能效果，能够适应大规模的节点扩展，并且对时间没有太多限制。其缺点是节点的活动时间与传输负载的变化很难协调一致；由于睡眠方式的引入，节点不一定能及时传送数据，可能存在传输延迟，造成网络吞吐量下降；而且，虚拟簇的边界节点需要处理不同簇之间的通信，因此可能存在多个时间调度表，这些边界节点相对于其他节点，睡眠时间更少，能量消耗也就更快。当边界节点能量消耗完，整个网络的连通性将受到影响。

无线传感器网络的特点可以归纳为以下几个方面。

1. 自组织

节点自己寻找邻居节点，通过邻居节点之间的通信，构建整个网络。节点可以自主加入和退出网络。虽然网络经常动态变化，但是它仍然能够稳定地运行。

2. 分布式

在物理上，节点散布在整个感知区域内，不需要中心节点来控制网络的运行。

3. 对等性

每个节点具有相同的硬件资源和通信距离，它只负责自己通信范围内的数据交换。

4. 可靠性和保密性

由于采用无线传输和多跳路由，信息传输容易受到干扰和窃听，因此对可靠性和保密性提出了更高的要求。

5. 资源限制

网络对节点的能量和通信能力、代码的存储空间以及算法的运行时间，都有较高的要求。

6. 网络规模大

大部分无线传感器网络的覆盖范围很大，并且传感器节点很密集。在一个单位面积内，可能存在大量传感器节点，因此无线传感器网络需要具有良好的可扩展性。

7. 时效性

节点采集的信息需要在规定时间内及时送到信息处理中心，以便对发生的事件和危险情况进行及时预报和告警。

无线传感器网络由大量、高密度分布的传感器节点组成。传感器节点具有可感知、微型化和自组织的能力，适用于恶劣的环境，尤其是无人值守的环境。无线传感器网络具有广泛的应用前景，其应用范围涵盖空间、军事、医疗、交通及物流等很多领域，如在工业领域，无线传感器网络可以用来监测和控制各种仪器和设备；在医疗领域，无线传感器网络可以用来监测病人和辅助残疾人；在商业领域，无线传感器网络可以用来跟踪产品质量等。典型的无线传感器网络应用有：美国国家航空航天局的 Sensor Web 项目，将无线传感器网络用于火星探测；美国海军研究办公室的可部署自治分布式系统（Deployable Autonomous Distributed System，DADS）项目，研究如何在近海水域部署水下无线传感器网络。

2.3.3 无线自组织网络

如何临时、快速、自动地组建无线自组织网络？常用的解决方案是构建 Ad Hoc 网络。Ad

Hoc 来源于拉丁语，是"特别"的意思。Ad Hoc 网络代表了一类具有特殊用途的无线网络，如在战场上部队要快速突进，战士们携带的各种设备要能快速、灵活地组建通信网络，以便对战场做出快速反应。在地震、水灾等自然灾害发生后，通信设施受到破坏，需要临时搭建通信网络，这种网络要具有快速自动组网的能力。Ad Hoc 网络能满足上述这些需求。

Ad Hoc 网络发展于 20 世纪 70 年代。早在 1972 年，美国国防部高级研究计划局（Defense Advanced Research Projects Agency，DARPA）就启动了分组无线网（Packet Radio NETwork，PRNET）项目，主要研究分组无线网在战场环境中的应用。1991 年，IEEE 的 802.11 标准委员会开始采用"Ad Hoc 网络"来描述这种自组织的无线移动网络。1994 年，DARPA 启动了全球移动信息系统项目，在已有研究成果的基础上，对移动信息系统进行了全面深入的研究。1996—2000 年，DARPA 启动了 WINGs 项目，主要研究移动环境下的实时多媒体传输，其目标是将无线移动自组网与互联网连接起来。

移动 Ad Hoc 网络是指节点具有移动性的 Ad Hoc 网络。它是由一组带有无线收发装置的移动节点组成的，是一个多跳、临时性的自治网络系统。因为采用自组织方式，所以网络不需要基础通信设施。在移动 Ad Hoc 网络中，由于无线覆盖范围有限，因此网络节点需要借助其他节点进行分组转发。每个网络节点既可以采集和处理数据，又可以作为一个路由器，用来发现和维护自己到其他网络节点的路由。

移动 Ad Hoc 网络和无线传感器网络的区别如表 2-4 所示。

表 2-4 移动 Ad Hoc 网络和无线传感器网络的区别

移动 Ad Hoc 网络	无线传感器网络
节点较少	节点比移动 Ad Hoc 网络多几个数量级
节点具有强大的计算能力	采用低成本设计，节点易于失效
具有高度移动性	不具有移动性
在能量、计算能力和内存上限制较小	在能量、计算能力和内存上严重受限

前文在介绍无线局域网 MAC 子层协议的时候，我们简要介绍了隐藏终端问题。在移动 Ad Hoc 网络中，隐藏终端问题更加复杂，接下来详细讨论这个问题。

首先，回顾隐藏终端问题。当一个终端位于接收端的覆盖范围之内，而位于发送端的覆盖范围之外时，称为隐藏终端。下面来看一个实际的例子，如图 2-31 所示。A 节点是发送端，它向 B 节点发送消息，这时 C 节点也向 B 节点发送消息，A 节点和 C 节点的消息同时到达 B 节点，信号发生碰撞。对 A 节点来说，C 节点处于 A 节点的覆盖范围之外（被隐藏了），因此称为隐藏终端。

把发送和接收情况进一步细化，隐藏终端又分为隐藏发送终端和隐藏接收终端。A 节点向 B 节点发送一个数据包，同时 C 节点也向 B 节点发送一个数据包，两个数据包就会在 B 节点上发生碰撞。由于 C 节点不在 A 节点的覆盖范围内，对 A 节点来说 C 节点被隐藏了，而且 C 节点是发送端，因此称 C 节点为隐藏发送终端，如图 2-32 所示。隐藏发送终端问题可以通过握手机制来解决。

隐藏接收终端如图 2-33 所示。A 节点向 B 节点发送 RTS 报文，B 节点广播 CTS 报文允许发送。C 节点接收到 B 节点的 CTS 报文，知道 B 节点将要接收其他节点的数据，因此它需要退避，不能发送任何信息。这时，D 节点向 C 节点发送 RTS 报文，请求传输数据。由于 C 节点受到 B

节点的影响不能发送数据，因此 D 节点就无法收到 C 节点的信息。对 D 节点来说，它无法判断是 RTS 报文发生碰撞，还是 C 节点没有开机，它只能认为传送超时，需要重传，从而导致信道资源的浪费。从 D 节点的角度来看，C 节点被隐藏了，C 节点又作为 D 节点的接收端，因此称 C 节点为隐藏接收终端。

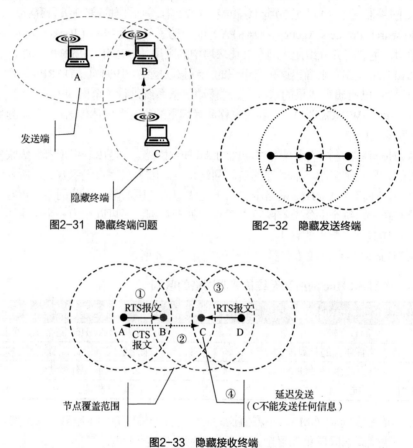

图2-31　隐藏终端问题　　　　　　图2-32　隐藏发送终端

图2-33　隐藏接收终端

　　在上面的场景中，当系统只有一个信道的时候，C 节点在收到 B 节点的 CTS 报文后，就不能再发送任何信息，因此隐藏接收终端问题在单信道条件下没有办法解决。

　　除了隐藏终端问题以外，在节点通信中还存在暴露终端问题。暴露终端是指在发送节点的覆盖范围内，而在接收节点的覆盖范围外的节点。暴露终端也分为暴露发送终端和暴露接收终端。暴露发送终端如图 2-34 所示。同样有 A、B、C、D 这 4 个节点。B 节点要向 A 节点发送数据，它首先发送 RTS 报文，B 节点是发送节点，A 节点是接收节点。C 节点收到 B 节点发送的 RTS 报文，知道 B 节点将要发送数据。对 C 节点来说，B 节点发送数据并不影响自己向其他节点发送数据，所以 C 节点向 D 节点发送 RTS 报文。D 节点收到 C 节点的 RTS 报文后，就向 C 节点发送 CTS 报文。这时，D 节点发送的 CTS 报文会与 B 节点发送的 RTS 报文碰撞，使得 C 节点和 D 节点无法握手，最终 C 节点无法给 D 节点传送数据。由于 C 节点得不到 D 节点的回应，不得不重复发送 RTS 报文给 D 节点，从而导致信道资源的浪费。

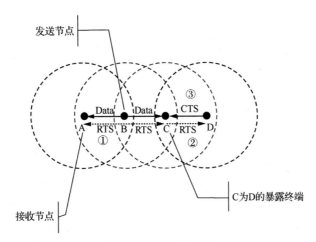

图2-34 暴露发送终端

因为 C 节点在发送节点 B 的覆盖范围内，但在接收节点 A 的覆盖范围外，所以 C 节点为 D 节点的暴露终端；又因为 C 节点本身也是发送端，所以称 C 节点为暴露发送终端。上述通信过程是在单信道条件下 B 节点向 A 节点发送数据，同时 C 节点向 D 节点发送数据带来的问题，其过程可归结为 4 步：

（1）C 节点只收到 B 节点的 RTS 报文；

（2）C 节点向 D 节点发送 RTS 报文；

（3）D 节点向 C 节点发送 CTS 报文；

（4）D 节点发送的 CTS 报文与 B 节点发送的 RTS 报文碰撞，C 节点无法和 D 节点成功握手，无法向 D 节点发送数据。

暴露接收终端如图 2-35 所示。与暴露发送终端类似，也是在单信道条件下，B 节点向 A 节点发送数据，同时 D 节点向 C 节点发送数据。

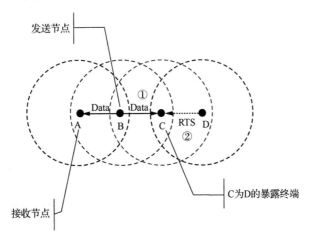

图2-35 暴露接收终端

D 节点为了发送数据，首先向 C 节点发送 RTS 报文。D 节点发送的 RTS 报文与 B 节点发送的 RTS 报文在 C 节点上碰撞。因此，C 节点收不到来自 D 节点的 RTS 报文，无法给 D 节点回复应答信号；D 节点也就收不到 C 节点回复的 CTS 报文。D 节点收不到应答信号就会不断重传控制信号。与前面一样，因为 C 节点在发送节点 B 的覆盖范围内，但在接收节点 A 的覆盖范围外，所以 C 节点为 D 节点的暴露终端；又因为 C 节点是接收端，所以称 C 节点为暴露接收终端。上述通信过程可归结为 4 步：

（1）D 节点向 C 节点发送 RTS 报文；

（2）D 节点发送的 RTS 报文与 B 节点发送的 RTS 报文在 C 节点上碰撞；

（3）C 节点收不到来自 D 节点的 RTS 报文；

（4）D 节点收不到 C 节点回复的 CTS 报文。

隐藏终端和暴露终端产生的原因主要是：网络节点的发射半径小，信号受噪声、信道和障碍物影响不断衰减，使得网络节点的通信距离受到限制。由于通信距离的限制，网络节点无法知道在它覆盖范围以外的情况，从而造成网络时隙资源的无序争用和浪费，增加了数据碰撞的概率，减少了网络的吞吐量，加大了数据传输延迟。隐藏终端使接收端无法正确接收数据，而暴露终端降低了信道的利用率。

如何解决隐藏终端和暴露终端问题？在单信道条件下，可以通过 RTS 和 CTS 报文来解决隐藏发送终端的问题，却无法解决隐藏接收终端和暴露终端问题。采用双信道方法，用单独的数据信道收发数据，而用专门的控制信道收发控制信号，这样就能解决隐藏接收终端和暴露终端问题。

Ad Hoc 网络是一个动态网络，网络节点可以随处移动，甚至可能离开网络，这样就会造成网络拓扑结构的动态变化。网络拓扑结构的变化会影响网络节点之间的信息传输。为了适应网络的这种动态变化，需要设计新的路由算法来构造网络节点之间的信息传输通路。

无线网络路由协议是在有线网络路由协议的基础上发展起来的，下面给出 3 种主要的路由协议设计思路。

（1）采用"时间驱动"或"事件驱动"的方式，在有线网络路由协议的基础上，根据自组网的特性进行修改。

（2）基于按需（On Demand）路由发现的原则，设计路由协议。Ad Hoc 网络经常动态变化，一旦网络节点发现路由节点失效，它就会主动发起路由请求，并重新建立信息传输通路。

（3）根据网络服务质量（Quality of Service，QoS）的需要，设计满足用户需求的路由协议。

Ad Hoc 按需距离矢量路由（Ad Hoc On-Demand Distance Vector Routing，AODV）协议是一种按需路由协议。1997 年，Nokia 研究中心的查里斯 E. 铂金斯和加利福尼亚大学圣塔芭芭拉分校的伊丽莎白 M. 贝尔丁-罗里尔以及辛辛那提大学的萨米尔 R. 达斯等人提出了 AODV 协议。2003 年 7 月，AODV 协议正式成为自组网路由协议标准。

AODV 协议综合了动态源路由（Dynamic Source Routing，DSR）协议和目的序列距离矢量路由（Destination-Sequenced Distance-Vector Routing，DSDV）协议。AODV 协议在 DSDV 协议的基础上，结合 DSR 协议的按需路由思想，加以优化和改进。AODV 协议采用了 DSR 协议中的路由发现和路由维护方式、逐跳（Hop-by-Hop）路由、节点序列号和路由周期更新等多种机制。另外，AODV 协议支持组播，并且能够与互联网连接。

AODV 协议的工作原理如图 2-36 所示。其目标是从源节点建立一条到目的节点的通路。首先，源节点发送路由请求（RREQ），通过中间节点将 RREQ 传送到目的节点。目的节点在收到 RREQ 后，向源节点返回路由应答（RREP）。通过 RREQ 和 RREP 的消息交换，源节点和目的节点之间能够找到一条信息传输的路径。

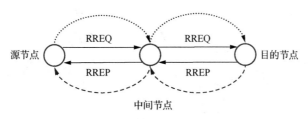

图2-36 AODV协议的工作原理

　　路由请求的传递过程如图 2-37 所示。首先，源节点要在网络中找到目的节点，它向邻居节点发送 RREQ；收到 RREQ 的邻居节点需要对各种情况进行判断。

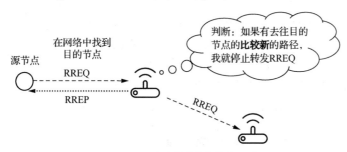

图2-37 路由请求的传递过程

　　从源节点与邻居节点交互的角度来看，如果邻居节点没有记录去往目的节点的路径，或者原有的路径已经失效，它就在自己的路由表中记录来自源节点的路径，并且将 RREQ 中的跳数加 1；然后，向自己的邻居节点广播 RREQ。如果邻居节点有去往目的节点的比较新的路径，它就停止转发 RREQ，并且产生 RREP，将 RREP 传送给源节点。

　　从邻居节点的角度来看，它收到源节点的 RREP 后，会根据自己的路由表来判断，看看以前有没有记录去往目的节点的路径。如果没有路径或路径陈旧，就增加 RREQ 中的跳数，表示经过了一个节点；然后，向所有邻居节点广播 RREQ。路由转发的传递过程如图 2-38 所示。

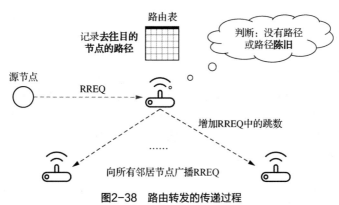

图2-38 路由转发的传递过程

　　上述过程分析了路由请求的传递方式。现在我们将视野放大，从整个网络层面分析：源节点如何将 RREQ 广播到目的节点。从图 2-39 可以看出，源节点通过广播的方式，总是可以找到一条到达目的节点的路径。

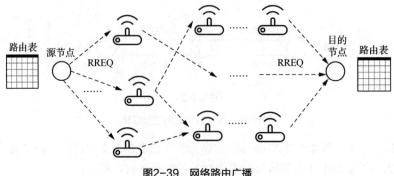

图2-39　网络路由广播

接下来，需要建立目的节点到源节点的路由，路由建立过程如图 2-40 所示。目的节点收到源节点发送的 RREQ 后会产生 RREP，并向源节点发送 RREP。收到 RREP 的中间节点开始建立目的节点到源节点的路径。如果中间节点收到多个针对同一源节点的 RREP，那么有两种情况需要更新中间节点的路由表，并且转发 RREP。一种情况是后来到达的 RREP 中包含更高的目的序列号；另一种情况是 RREP 有相同序列号，但是它的跳数较少。

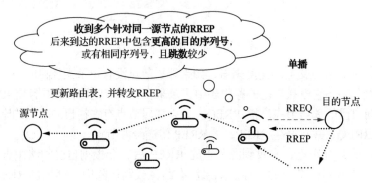

图2-40　目的节点到源节点的路由建立过程

目的节点的 RREP 通过单播的方式到达源节点，最终创建了源节点到目的节点的路径，完成了路由建立。

在 Ad Hoc 网络中，网络节点在不断地移动，它们随时都可能加入或退出网络。因此，网络的路由会随着节点的移动而不断进行调整，这个过程称为路由维护。下面来分析网络节点可能存在的 3 种移动情况。

（1）源节点在网络中移动，它的邻居节点会不断发生变化。如果源节点要保证和目的节点之间的通信，就必须重新建立与目的节点之间的路由。

（2）目的节点在网络中移动，那么它必须告诉那些与它通信的源节点，让它们知道目的节点已经不在原来的位置。因此，目的节点通过发送特殊的分组给受影响的源节点，让它们重新建立新的路由。

（3）承担路由的中间节点发生了移动。每个节点都要随时了解邻居节点是否能够连通。每个节点会周期性地广播 HELLO 报文。如果节点收到 HELLO 报文，它就知道自己的邻居节点目前还能连通。如果路由上的节点失效，就启动路由维护过程。

由于网络节点会随时移动，不同类型的节点（分为源节点、目的节点和中间节点 3 种）发生移动时，需要执行不同的路由维护。如果源节点发生移动，则重新启动路由建立；如果目的节点发生移动，则发送一个特殊的分组到那些受影响的源节点；如果中间节点发生移动，则通过周期性地发送 HELLO 报文确保路由的对称性，当检测到路由失效时，启动路由维护过程。

下面通过一个示例来分析中间节点的路由维护过程，如图 2-41 所示。源节点建立了一条到目的节点的通路。现在第 3 个节点移动到其他地方，第 2 个节点发现第 3 个节点无法连通，它将发送路由错误报文（RERR）给它的前导节点；前导节点收到路由错误报文后，再将报文向它的前导节点传递，直到传送回源节点。源节点收到路由错误报文后，知道路由出现了问题，它将重新广播 RREQ，启动路由重建过程。

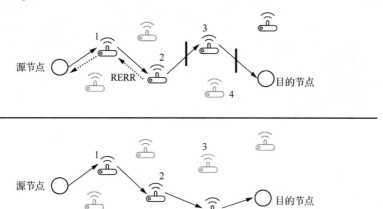

图2-41　中间节点的路由维护过程

总的来说，AODV 协议的特点是：

（1）AODV 协议采用距离矢量路由机制，简单、易懂；

（2）通过中间节点的判断，源节点能够快速创建通信路径，有效地减少了广播消息；

（3）节点按需存储路由信息，减少了对内存的要求和不必要的复制；

（4）采用按需路由方式，让路由的维护可以快速完成；

（5）通过序列号避免路由环路，并且能快速解决活跃路径上的断链；

（6）网络节点可以随时加入，方便网络的扩充。

2.4　广域网

前文讨论的个域网和局域网实现了短距离的无线通信。那么如何实现更远距离，甚至是全球范围的无线通信？蜂窝网络提供了解决方案。

2.4.1　蜂窝网络

蜂窝网络把移动电话的服务区划分为一个个正六边形的子区域，通过这种方式解决了信号的覆盖问题。蜂窝网络由 3 个部分组成，分别是移动站、基站子系统和网络子系统，如图 2-42 所示。

移动站是用户的移动终端，如手机或者蜂窝工控设备。移动站总是处于某个基站的信号范围内，并且可以在各个基站之间移动。基站子系统包括常见的移动基站、无线收发设备、专用网络（光纤）、无线数字设备等。每个蜂窝网络都有一个基站，基站负责这个局部区域内所有用户的通信。基站的各种硬件和软件系统构成了一个个子系统，即基站子系统。基站子系统也可看作无线网络与有线网络之间的转换器。所有基站通过地面有线网络连接在一起，构成网络子系统。

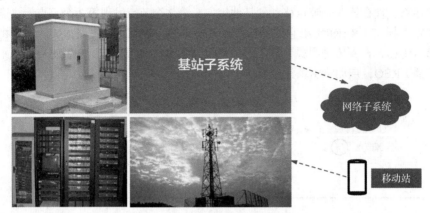

图2-42　蜂窝网络的组成

蜂窝电话网与市内公用电话网和国内、国际长途电话网相连，使移动用户不仅可以与网内的移动用户通话，还可以与其他网络的移动用户和固定用户通话。根据信息传输方式的不同，蜂窝网络又分为模拟蜂窝网络和数字蜂窝网络，常见的蜂窝网络有：GSM 网络、CDMA 网络以及 3G 网络等。

1978 年，美国贝尔实验室开发了 AMPS，并于 1983 年正式投入商用。同时欧洲和日本也建立了自己的蜂窝移动通信系统，包括英国的 TACS、北欧的 NMT 系统、日本的 NAMTS 等。我国也在 1987 年正式引入蜂窝移动通信系统。这一时期的蜂窝移动通信系统主要采用模拟传输的方式，也称为 1G 系统。1G 系统在技术和体制上存在很多局限，包括没有统一标准、业务量小、通话质量差、速度低等。

为了解决 1G 系统存在的问题，20 世纪 90 年代，开发了采用数字调制技术的 2G 系统，同时也标志着移动通信技术从模拟时代走向数字时代。这一时期主要的 2G 系统包括工作在 900/1800MHz 频段的 GSM 系统（欧洲标准）和工作在 800/1900MHz 频段的 IS-95 系统（美国标准）。GSM 系统采用 TDMA 技术，核心网的移动性管理协议采用 MAP 协议；IS-95 则采用 CDMA 技术。在 2G 系统中还引入了用户身份模块（Subscriber Identification Module，SIM）卡。2G 系统具有频谱利用率高、保密性强和语音质量好等特点，它既支持语音业务，又支持低速数据业务，并初步具备了多媒体业务能力。但是，随着数据业务，尤其是多媒体业务需求的不断增长，2G 系统在系统容量、频谱效率等方面的局限性也日益显现。

2.5G 是 2G 与 3G 之间的过渡技术。它引入分组交换技术，消除了电路交换技术对数据传输速率的制约，从而使数据传输速率有了极大的提升。2.5G 的代表技术有通用分组无线服务（General Packet Radio Service，GPRS）、高速电路交换数据（High-Speed Circuit-Switched Data，HSCSD）、WAP、增强型数据速率 GSM 演进（Enhanced Data Rate for GSM Evolution，EDGE）、蓝牙、EPOC 等技术。GPRS 是在欧洲 GSM 系统的基础上，建立的高速分组通信服务。它把 GSM 系统的最大数据传输速率从 9600bit/s 提高到 171.2Kbit/s。EDGE 是 GPRS 的延续，采用了多时隙操作和 8 相位偏移调制（8Phase Shift Keying，8PSK）技术。

3G 系统是指移动通信网络与互联网相结合的新一代移动通信系统。它不仅包含 2G 系统的所有业务类型，还提供网页浏览、电话会议、电子商务等多种信息服务，并且能获取文本、音频、图像、视频等多种媒体数据。1995年，国际电信联盟（International Telecommunication Unio，ITU）提出了国际移动通信-2000（International Mobile Telecommunication-2000，IMT-2000）规范。IMT-2000是支持高速数据传输的蜂窝移动通信技术。1998年，ITU推出了WCDMA和CDMA2000两种商用标准。2000年，我国提出了时分同步码分多址（Time Division-Synchronous Code Division Multiple Access，TD-SCDMA）标准，2001年被第三代合作伙伴计划（3rd Generation Partnership Project，3GPP）接纳。此外，IEEE组织制定的全球微波接入互操作性（Worldwide Interoperability for Microwave Access，WiMAX）标准也获准加入IMT-2000，成为3G标准。

4G系统能够传输高质量图像和视频，支持交互式多媒体业务、高质量影像、3D动画和宽带接入。4G系统的计费方式更加灵活，用户可以根据自身的需求选择所需的服务。4G系统的关键技术包括抗干扰性更强的高速接入技术、调制和信息传输技术、小型化和低成本的自适应智能阵列天线等，其核心技术是OFDM。OFDM技术具有良好的抗噪声性能和抗多信道干扰能力，能够提供高速率、低时延的信息传输服务，并且具有更高的性价比。

在3G到4G的发展过程中，3GPP制定的LTE标准和IEEE制定的WiMAX标准相互竞争，促进了移动通信技术的进步和商业化发展。LTE主要由Ericsson、Nokia等公司主导；而WiMAX则主要由Sprint、Clearwire和Intel等公司主导。

LTE技术是在早期的GSM语音技术、用于数据传送的GPRS和EDGE以及WCDMA和高速分组接入（High Speed Packet Access，HSPA）等3G技术的基础上发展起来的。它是3GPP组织制定的通用移动通信系统（Universal Mobile Telecommunication System，UMTS）技术标准的长期演进，2004年在3GPP多伦多会议上正式立项并启动。LTE技术是一种全IP无线宽带技术，支持基于IP的语音传输（Voice over Internet Protocol，VoIP）、手机和移动终端的互联网接入、多媒体服务、视频聊天、移动TV、高清电视（HDTV）以及其他IP服务。在理论上，LTE技术可以实现300Mbit/s的传输速率，其特点是更高的传输速率和频谱效率、更好的服务质量、对现有通信标准的兼容性以及内嵌的安全性等。

WiMAX又称为802.16无线城域网（使用IEEE 802.16协议），它是一种宽带无线访问技术，就像超长距离的Wi-Fi。WiMAX技术支持城域范围内无线宽带传输和网络接入。WiMAX技术的应用主要有两种，分别是固定式无线接入和移动式无线接入。IEEE 802.16d属于固定无线接入标准，而IEEE 802.16e属于移动宽带无线接入标准。WiMAX技术采用了OFDM/OFDMA、自适应天线系统（Adaptive Antenna System，AAS）、MIMO等先进技术，其目标是实现宽带业务的移动化，而LTE技术的目标是实现移动业务的宽带化。WiMAX技术具有网络覆盖范围广、QoS保障、传输速率高、业务丰富多样等优点。

2.4.2　远程通信问题

移动通信系统主要由两个部分组成：一部分为空中网络；另一部分为地面网络。空中网络是移动通信网络的主要组成部分，它涉及的相关技术包括多址接入、频率复用、蜂窝小区、切换及位置更新等。地面网络的主要作用是实现服务区内各基站的连接和基站与固定网络（公共交换电话网络、业务综合数字网、数据网等）的连接。

根据用户使用移动通信系统的场景，下面讨论移动通信系统需要解决的5个主要问题，如图2-43所示。

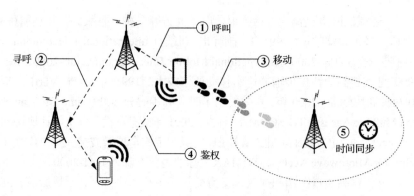

图2-43　移动通信系统需要解决的5个主要问题

① 手机如何找到基站（呼叫）？

② 移动通信网络如何找到目标手机（寻呼）？

③ 手机在移动中如何保持通信（移动）？

④ 移动通信网络如何保证鉴别合法用户（鉴权）？

⑤ 系统如何校对时间（时间同步）？

问题①，手机如何找到基站？

手机发起通话必须先和基站进行联系。那么手机如何找到基站并建立连接？就像跟团旅游，每个团员都要和导游联系。导游通过喇叭召集所有团员，然后发布各种游览信息。基站就像导游一样，要不断地发布广播信息，让手机可以随时联系到它。对手机来说，寻找基站就像收听广播一样，在收音机接听电台广播之前，需要搜索电台的频道，也就是要找到电台的发射信号频率；当收音机调到电台的频道，它就能接收电台发送的信号。基站就像电台，手机就像收音机。不同的基站就像不同的电台，它们使用不同的频率进行广播。手机像收音机一样自动地搜索所有可能的频率，直到找到一个信号强度满足通话需求的频率，然后与基站建立连接。

基站固定使用一个频率（就像特殊的固定电话号码，如 110）广播信息，手机收到基站的指引信息，找到基站系统的控制载频。基站广播的信息主要包括：频率校正信号、同步信号、基站的标识、空中接口的结构参数（使用哪些频率、属于哪个位置区、选取小区的优先级等）。手机和基站连接以后，它告诉基站自己想要通话对象的号码，基站需要借助整个通信网络来寻找该通话对象。

问题②，移动通信网络如何找到目标手机？

当手机发起通话时，需要找到通话目标，整个通话过程由移动通信网络的各个部分来配合完成。移动通信网络建立了一整套搜索机制来实现手机的通话连接，其中一个关键的思想是把整个网络覆盖范围划分为若干位置区，利用小区制将网络的通信范围局部化。每个手机都通过自己所在小区的基站进行通信，同时获取自己所在的位置。当手机发现自己所在的小区发生变化时，就主动联系移动通信网络，上报自己当前所在的位置。就像我们出差到其他城市，到了新的地方，我们总会给家里打电话报平安，让家里人知道我们所在的位置。

移动通信网络需要把每个手机的位置变更信息都记录下来。存储手机位置的数据库称为位置寄存器。一旦有人打电话联系，就能很快找到目标对象所在的位置。手机的位置具有时效性，也就是说即使手机的位置没有发生改变，但是当手机没电、SIM 卡拔出或者手机进入无网络覆盖的区域时，都会使移动通信网络找不到手机。为了随时了解手机的位置，移动通信网络通常要求手机每隔一定时间不管位置是否变化，都要向网络报告当前所在的位置。如果超时没有报告，网络就认为手机无法连通。

有了移动通信网络的支持，当基站收到手机的呼叫请求时，首先，通过位置寄存器查找目标手机的位置；找到后，将呼叫请求发送给目标手机所在的小区；最后，由小区所在的基站呼叫目标手机，完成双方的连接。

问题③，手机在移动中如何保持通信？

手机从一个基站的覆盖范围进入另一个基站的覆盖范围，这个过程称为切换。移动通信网络要确保在通信不间断的前提下，把手机通信的信道从一个无线信道切换到另一个无线信道，也就是手机与网络的连接从一个基站切换到另一个基站。

在移动通信网络的发展过程中，出现过两种切换方式，分别是硬切换和软切换。采用硬切换，当手机移动到另一个基站的覆盖范围时，它直接断开与原来基站的连接，切换到新基站，也就是手机通过更改通信频段，接入新基站。硬切换的主要缺陷是在切换过程中通信会有瞬间的中断，给用户带来不好的使用体验。

针对这一问题，移动通信网络又发展了软切换技术。使用软切换，手机在切换过程中同时与两个基站保持连接，直到它彻底进入新基站的覆盖范围后，才断开与原来基站的连接。采用软切换，手机在切换期间不会中断通信，用户完全感觉不到进入了另一个基站的覆盖范围。在切换过程中，手机与原基站和新基站都保持通信，当手机在新的小区建立了稳定的通信后，才断开与原基站的连接。

问题④，移动通信网络如何鉴别合法用户？

对移动通信网络来说，安全问题是一个需要重点考虑的问题。首先，它要判断接入手机的合法性，只有获得网络接入资格，并且已经付费的用户才能使用网络。合法用户的鉴别过程如图 2-44 所示。

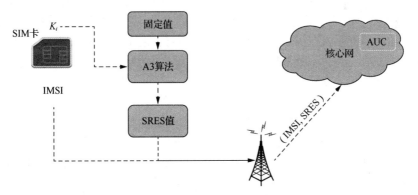

图2-44　合法用户的鉴别过程

每个手机的鉴别信息都存储在 SIM 卡中。SIM 卡中有一个编号可以唯一确定用户的身份，称为国际移动用户识别码（International Mobile Subscriber Identification Number，IMSI），它是用来区别移动用户的标志。

为了保证网络的安全性，在 SIM 卡内部，内置了一个参数 K_i。K_i 与 IMSI 相关联（不同的 IMSI 的 K_i 不一样）。在鉴别用户权限时，SIM 卡将 K_i 和一个固定值输入 A3 算法，A3 算法生成一个符号响应值（Sign RESponse，SRES），手机把 SRES 和 IMSI 这两个参数发送给基站；基站再将它们发送到核心网的鉴权中心（AUthentication Center，AUC），鉴权中心通过运算，验证这两个参数，最终确定用户身份的合法性。

SIM 卡通过 A3 算法生成 SRES 值，移动通信网络根据 SRES 值来判断用户的合法性，提供用户接入网络的安全性保障。但是，无线信号在传输的过程中可能会被拦截。一旦非法用户窃取了 IMSI 和 SRES 这两个参数，非法用户就可以用获取到的参数，伪装成合法用户来接入网络。为了解决信息窃取和伪造问题，移动通信网络要求手机的 SRES 值只能使用一次，下次接入网络的 SRES 值将发生改变，并且每次接入的 SRES 值都不一样。这样非法用户就算拦截了 SRES 值也没有用。

从算法上来说，就是把原来和 K_i 一起作为 A3 算法输入的固定值改为随机值。当手机鉴权时，AUC 通过伪随机码发生器产生一个不可预测的伪随机数（Random Number，RAND），并且将 RAND 发送给手机；手机用 K_i 和 RAND 来生成 SRES 值，然后把 K_i 和随机值传给 A8 算法来生成密钥，用密钥 K_c 对语音信号进行加密，这样就能防止信息泄露。手机鉴权的过程如图 2-45 所示。

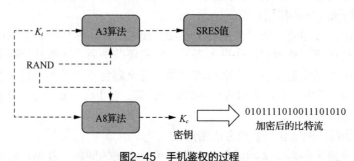

图2-45　手机鉴权的过程

问题⑤，系统如何校对时间？

基站和手机校对时间，又称为基站与手机的时间同步。在时分系统中，如 TD-SCDMA 系统，基站和手机使用相同的频段，它们在不同的时隙发送信息。移动通信网络规定基站在某个时隙发射下行信号，而手机在另一个时隙发射上行信号，通过这种方式，基站和手机进行通信。如果基站和手机的发送时间和接收时间不一致，如基站在发射信号，同时手机也在发射信号，这时就会造成干扰，双方都无法接收信息。

假设基站 A 正在接收来自手机的上行信号（手机在基站 A 的覆盖范围内），而相邻的基站 B 和基站 A 并不同步，那么基站 B 这个时候可能正在发射下行信号。如果手机和基站 B 都采用相同的频率发射信号，基站 A 就分辨不出收到的信号是否来自手机，因为它可能把来自基站 B 的同频信号当成来自手机的信号，这样就会对基站 A 造成强干扰。为了避免相邻基站的收发时隙交叉、减少信号干扰，时分系统要求所有网内基站之间必须同步。要实现基站间的时间同步，可以通过全球定位系统（Global Positioning System，GPS）的原子钟来校准基站的时钟。

2.5　移动IP

如何保证用户在移动的同时，移动终端还能够维持网络连接，并且保证移动终端的地址始终保持不变？

首先我们来观察用户的移动行为。用户在公司通过笔记本电脑连接到办公室的无线路由，下班以后，关闭笔记本电脑，带着笔记本电脑回到家里，然后通过家里的无线路由访问公司内部的信息。这是一种常见的移动行为。另外，用户也可以通过 3G 或 4G 接入移动通信网络，并且在高速行驶的汽车上访问公司内部的信息。汽车在不同的基站之间穿梭，甚至它可以离开所在的城市。但是，用户在上网的过程中不会感觉到接入网络的变化，用户可以照常访问网页、浏览信息。针对第二种情况，下面我们来讨论无线网络的移动 IP 技术。

2.5.1 通信方式

移动互联网为人们提供了广阔的网络漫游服务。如用户离开上海总公司，出差到成都，只要将移动终端连接到成都分公司的网络上，用户就可以像在上海总公司一样操作。用户在不同的地点，完全感觉不到上网的差别。20 世纪 90 年代，互联网工程任务组（Internet Engineering Task Force，IETF）成立了移动 IP 工作组，开展主机漫游研究工作，专门研究移动 IP。

移动 IP 的解决方法与生活中搬家的例子类似，如图 2-46 所示。如果我搬家了，那么其他人，如我的朋友和同学，他们通过什么方式才能找到我？通常我们有一个简单的解决方法：一旦我搬家了，我就把我新家的地址告诉我的父母；由于我父母的地址是固定的，如果有人要找我，就先和我父母联系，他们通过我父母就能知道我现在家的位置。移动 IP 技术就类似于这样一个过程。

图2-46 移动IP的解决方法

移动节点可以移动到任何位置，如果要在移动过程中仍然能够保持通信，首先移动节点需要确定一个固定的 IP 地址。IP 地址不仅标识一个主机，也代表这个主机的物理位置。此外，还需要一个转接服务。就像旅行，所有旅行事务都由旅行社来代理完成一样，代理服务帮助移动终端实现网络漫游。移动节点通过一个永久的 IP 地址连接到任何链路上，然后在全世界范围内漫游。即使移动节点切换到新的链路，它仍然能够保持正在进行的通信，如数据传输。所有移动节点与代理服务器之间都通过无线方式一跳互连。

移动 IP 的工作方式如图 2-47 所示。在网络中，移动节点归属于某个地域，如在成都办理的手机 SIM 卡，就表示该手机的归属地是成都。根据移动 IP 协议，在移动终端的归属地，会建立一个家乡代理（Home Agent，HA），它类似于本地旅行社。移动终端接入网络后，当它离开归属地时，如果要保持通信不中断，就需要有一个外地代理（Foreign Agent，FA）来帮忙中转信息。外地代理就像同一家旅行社在外地的分支机构；旅行社之间可以随时通信，同时也帮助客户和其他人保持联系。

在物理位置上，家乡代理和外地代理分别在不同的地方。当移动节点离开家乡网络，家乡代理把发给移动节点的信息通过外地代理转发给移动节点。外地代理要负责移动节点的注册工作，这样外地代理就能够找到移动节点。当家乡代理发来信息时，就把信息转发给移动节点。就像旅行时，有人要找你，他可以通过旅行社联系到你一样。

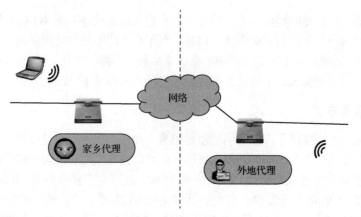

图2-47　移动IP的工作方式

家乡代理是指位于家乡（本地）链路（Home Link）上的路由器。当移动节点离开家乡网络时，负责把发给节点的分组通过隧道转发给移动节点。

外地代理是指位于外地链路（Foreign Link）上的路由器，为移动节点的注册过程提供路由服务。它把家乡代理通过隧道发来的报文拆封后转发给移动节点，并且为移动节点提供路由服务。

对等节点（Correspondent Node，CN）是指与移动节点通信的另一端对等实体，可以是移动节点，也可以是固定节点。

移动节点在不同的地方有不同的地址。在家乡链路上的 IP 地址是一个永久地址。当移动节点移动到外地以后，外地代理会给它设置一个临时性的地址。外地代理的 IP 地址是移动节点的一个临时通信地址。

家乡地址：每个移动节点在家乡链路上拥有一个"长期有效"的 IP 地址，它是移动节点的永久 IP 地址。

转交地址：移动节点离开家乡链路后，被赋予的当前链路接入点的临时地址，通常是外地代理的 IP 地址。

家乡链路是指与移动节点的家乡地址具有相同 IP 前缀的网络。发往家乡地址的 IP 分组会被标准的 IP 路由转发到家乡网络上。

外地链路是指节点移动到家乡网络以外的访问链路，它的网络 IP 前缀与家乡网络的 IP 前缀不同。外地链路描述了移动节点移动时所在的位置。

从网络层来看，家乡链路与移动节点的家乡地址有相同的 IP 前缀，如我们写信时，会先写上收信人所在的省、市、区，这些就是地址前缀。对于外地链路，移动节点通过外地网络接入时，很容易从网络的 IP 前缀来区分当前是在家乡还是在外地。

移动 IP 的准备工作分为两个部分，如图 2-48 所示。移动节点首先要知道自己在哪里。当移动节点到了外地，它需要找到外地代理，这个过程称为代理发现。接下来，通过外地代理，移动节点向家乡代理注册，告诉家乡代理自己现在新的网络地址。当移动节点回到家乡不再需要代理时，它在外地使用的地址也就作废了，因此它向家乡代理提出注销请求，表示自己已经回到了家乡。

移动节点到外地以后，需要找到外地代理。首先，家乡代理和外地代理都会不停地在网上发布代理通告（Agent Advertisement），以便让移动节点能找到自己。代理通告包括代理的网络地址、通告的有效期等信息。移动节点收到代理通告，就知道自己现在是在家乡还是在外地。

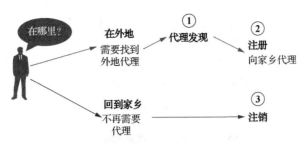

图2-48　移动IP的准备工作

如果在外地，就马上向家乡代理注册。移动节点发现代理的过程如下：

（1）移动代理周期性地在一条或多条链路上组播或广播代理通告；

（2）代理通告说明移动代理的网络地址、通告的有效期等信息；

（3）移动节点根据收到的代理通告，判断自己当前连接在家乡链路上，还是在外地链路上；

（4）如果是在外地链路上，就向家乡代理注册。

移动节点向家乡代理注册有4个步骤：

（1）当移动节点到了外地，它通过外地代理获取外地链路的转交地址，并且通过外地代理给家乡代理发送消息，注册较交地址；

（2）家乡代理确认后，将移动节点的家乡地址和对应的转交地址存放到缓存中；

（3）家乡代理完成移动节点的家乡地址和转交地址的绑定；

（4）家乡代理给移动节点发送应答消息，表示注册成功。

注销过程比较简单：首先移动节点判断自己是否已经回到家乡，如果已经回到家乡，马上向家乡代理注销自己的转交地址；注销后，家乡代理确定移动节点已经回到家乡。

2.5.2　三角路由

移动节点在外地期间如何访问网络？当移动节点到了外地，如果有其他节点向移动节点发送信息，这时通过三角路由的方式来找到移动节点，完成双方的通信。首先，其他节点把信息发送给家乡代理，家乡代理找到移动节点注册的转交地址；然后通过网络隧道技术，把信息转发给外地代理，外地代理再转发给移动节点；随后，移动节点就可以直接和发起通信的节点进行通信。这就构成了一个三角路由，如图 2-49 所示。

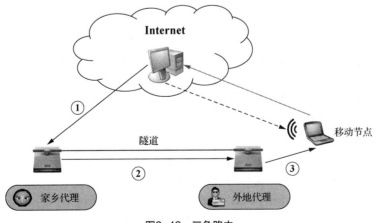

图2-49　三角路由

移动节点在外地时，家乡代理要向移动节点发送数据，数据需要穿越一个隧道。隧道的一端是家乡代理，另一端是外地代理。在隧道封包方式中，需要发送给移动节点的数据包要封装在另一个数据包中进行传输，如图2-50所示。数据包1是要发送给移动节点的数据包，数据包2是转发的IP数据包。外地代理收到家乡代理转发的数据包（数据包2），解除隧道，取出原始数据包（数据包1），并将原始数据包发送给移动节点。

图2-50　隧道封包方式

网络隧道技术是一种在网络间传递数据的方式，它能够利用一种网络协议来传输另一种网络协议的数据包。网络隧道技术实现了协议间的转发功能。当一个数据包A被封装在另一个数据包B的净荷中进行传输时，数据包A所经过的路径就是隧道。净荷是指一个帧（包）中的用户数据部分。在移动IP中，当移动节点处于外地链路时，家乡代理将那些要发送给移动节点的数据包通过隧道进行转发。

2.6　本章小结

在本章中，针对无线信道讨论了两个方面的内容：一是无线信道的各种特性，如路径损耗和多径传播；二是无线资源的独占与共享。根据信息传输距离的不同，首先介绍近距离的无线通信方式；然后进一步扩展无线通信的范围，讨论各种无线局域网；最后将通信扩大到全球范围，探究蜂窝移动通信系统需要解决的各种问题。

近距离的无线通信介绍了蓝牙、红外线等多种通信技术。针对办公和家庭环境的无线通信，IEEE 802.11系列标准协议是重点内容。无线传感器网络主要解决能源有限的问题，而无线自组织网络更关注移动节点临时组网。远程无线通信向着超高速传输、通信服务多元化和智能化的方向不断发展。移动IP技术解决节点移动造成无法维持网络连接的问题。

2.7　习题

1. 简述无线网络技术经历的几个发展阶段，说明各阶段的特点。
2. 分析和比较无线网络和有线网络，从传输方式、组网结构等方面进行比较。
3. 简述红外线数据传输技术和蓝牙数据传输技术的特点和优劣之处。
4. 简述CSMA/CA的碰撞避免机制，将其与CSMA/CD进行比较。
5. 在移动通信网络中，TCP存在什么问题，有哪些解决方法。
6. 简述无线自组织网络的特性。
7. 简述移动IP的家乡地址和转交地址的作用。
8. 阐述GSM系统中两种位置寄存器的功能及其协作过程。
9. 什么是小区制？小区制如何解决用户数不断增长的问题？
10. 简述第三代移动通信网络（3G系统）的3大标准，说明它们使用的主要技术。
11. 无线传感器网络的网络节点由哪几个部分组成？它们的作用分别是什么？

12. 简述 S-MAC 协议的需求、设计目标以及适用条件。

13. 简述自适应监听的工作原理。

14. 说明隐藏终端和暴露终端问题产生的原因。

15. 简述 Ad Hoc 网络路由的 3 种设计思路。

16. 简述移动 IP 的注册过程。

03 第3章 无线定位技术

本章首先介绍卫星定位系统和定位原理。随后讨论位置服务和室内定位。其中,基于测距的定位主要介绍 4 种定位方法;位置服务讨论 AGPS 定位、基站定位、RSSI 定位及 Wi-Fi 定位;室内定位分析各种无线定位技术,包括红外线、超声波、蓝牙等。最后,介绍几种非测距定位方法。

本章的重点是定位原理和各种定位方法,难点是运用各种定位技术来解决实际项目中的具体问题。从第 4 章开始,将从理论转向实践,着重介绍基于 Android 操作系统的移动应用开发技术。读者通过 Android 应用开发的学习和动手实践,能够进一步巩固和加深对移动计算理论知识的理解。

3.1 卫星定位系统

定位系统是为确定对象的空间位置而构建的多种设备集合。利用在地球表面或近地空间的多颗卫星,卫星定位系统能够计算出当前定位设备所在的位置,结合电子地图还能实现移动卫星导航功能。现在几乎每辆汽车上都配有卫星定位系统,方便人们定位和导航。

1. GPS

GPS 是现在最常用的一种卫星定位系统。GPS 最初是美国军方的一个项目,1964 年开始投入使用。从 20 世纪 70 年代开始,GPS 主要为军事领域提供实时的全球导航服务,同时也可以用来搜集情报、承担应急通信等。目前,GPS 在各个领域得到了广泛的应用,从根本上解决了设备的定位和导航问题。

1964 年,美国海军研制的"子午仪"导航卫星属于低轨道卫星,它为核潜艇等提供导航,同时兼有大地测量功能。1973 年,美国军方批准成立联合计划局,开始 GPS 的研究工作。到 1993 年 GPS 建成,该工程历时 20 年,耗资 300 亿美元。

GPS 的实施大体分为 3 个阶段。1973—1979 年是第 1 阶段,主要完成方案论证和初步设计,在这一阶段研制了地面接收机,建立了地面跟踪网。1979—1984 年是第 2 阶段,在这一阶段陆续发射了 7 颗试验卫星,研制了满足各种用途的接收机,GPS 的定位精度超过了预期。第 3 阶段是卫星组网阶段,1989 年 2 月 4 日第一颗 GPS 工作卫星发射成功,建成 GPS 卫星星座;正式组网的工作卫星为 Block II 批次,表明 GPS 进入工程建设阶段;1993 年建成了可实用的 GPS 网络，一共 24 颗卫星，包含 21 颗工作卫星和 3 颗备用卫星，然后将根据需要更换失效的卫星。

2. GLONASS

格洛纳斯（GLONASS）是"全球卫星导航系统"的俄语缩写，最早开始于苏联时期，后来由俄罗斯继续研制该系统。1993 年，俄罗斯开始独自建立 GLONASS。1995 年年初，GLONASS 已有 16 颗卫星进入轨道，后来 3 次卫星发射成功，再次将 9 颗卫星送入轨道。GLONASS 包括 24 颗工作卫星和 1 颗备用卫星。2003 年，俄罗斯研制的新一代卫星交付使用。2007 年，GLONASS 开始运营，但只开放俄罗斯境内卫星定位和导航服务。2009 年，GLONASS 的服务范围拓展到全球。在技术方面，GLONASS 的抗干扰能力比 GPS 要好，但它的单点定位精度不及 GPS。从 2010 年起，已有包括 iPhone、三星手机、魅族手机等部分手机和导航仪同时支持 GLONASS 和 GPS。

3. GSNS

伽利略卫星导航系统（Galileo Satellite Navigation System，GSNS）是由欧盟（European Union，EU）通过欧洲航天局（European Space Agency，ESA）和欧洲全球导航卫星系统管理局（European Global Navigation Satellite System Agency，GSA）建造的卫星定位系统。该系统有两个地面操控站，分别位于德国的慕尼黑和意大利的富齐诺。GSNS 的设计目标是在水平和垂直方向提供精度 1m 以内的定位，并且在高纬度地区提供比其他系统更好的定位服务。GSNS 的第一颗试验卫星（GIOVE-A）于 2005 年发射，第一颗正式卫星于 2011 年发射。2014 年 8 月，第二批卫星成功发射。到 2016 年 5 月，GSNS 已有 14 颗卫星进入轨道。2016 年 12 月，在布鲁塞尔举行了 GSNS 的启用仪式，该系统开始提供基本服务。GSNS 计划发射 30 颗卫星，包含 24 颗工作卫星和 6 颗备用卫星，卫星的轨道高度为 23 616km。

4. BDS

北斗卫星导航系统（BeiDou Navigation Satellite System，BDS）是我国独立自主建设的卫星导航系统。第一代 BDS 称为北斗卫星导航试验系统，由 3 颗卫星提供区域定位服务。第二代 BDS，称为北斗卫星导航系统（也称为北斗二号），它包含 10 颗卫星，从 2011 年开始提供定位服务。2012 年 11 月，BDS 开始在亚太地区为用户提供区域定位、导航和授时服务。2014 年，国际海事组织海上安全委员会通过了认可 BDS 的航行安全通函。2015 年，我国开始建设第三代 BDS（北斗三号），这一年发射了第 17 颗卫星，标志着 BDS 由区域运行开始向全球组网。到 2016 年底，已发射了 5 颗三代在轨验证卫星。BDS 计划由 35 颗卫星组成，包括 5 颗静止轨道卫星、27 颗中地球轨道卫星、3 颗倾斜同步轨道卫星。

GPS 是通过接收和解译多颗人造卫星发射的电磁波信号，来确定被测站点位置的卫星定位系统。整个系统由 3 个部分构成：轨道空间上的多颗卫星、地面上的多个监测站和接收卫星信号的接收设备。

卫星星座是发射入轨能正常工作的卫星集合。GPS 卫星星座由 24 颗卫星组成，其中 21 颗为工作卫星，3 颗为备用卫星。24 颗卫星均匀分布在 6 个轨道平面上，也就是每个轨道平面上有 4 颗卫星。卫星的布局能保证接收机在全球任何地点、任何时刻至少可以观测到 4 颗卫星，最多可同时接收到 11 颗卫星发射的信号。每颗卫星上均装有 4 台高精度的原子钟，称为卫星钟。在 GPS 中，卫星钟的精度越高，它的定位精度也就越高。1981 年，美国休斯飞机公司研制的氢原子钟（相对稳定频率为 $10^{-14}/s$）让 BLOCK IIR 型卫星的定位误差仅为 1m。

卫星星历又称为两行轨道数据（Two-Line Orbital Element，TLE），是用于描述太空飞行体位置和速度的表达式。它用 6 个轨道参数之间的数学关系（开普勒定律）来确定卫星的时间、坐标、方位、速度等各项参数，如卫星当前的位置，其他卫星的位置、时钟、延迟等。卫星的运行轨迹最终被编制成星历，并且通过地面系统将星历注入卫星，再由卫星发送给 GPS 接收机。接收机收到每颗卫星的星历，就能够知道当前卫星的准确位置。就像列车时刻表，如果我们想知道某列火车当前的状态，就查询列车时刻表。

GPS 的地面监控系统由主控站、监测站和注入站组成，分别设在美国的科罗拉多和三大洋岛上的美国军事基地。主控站在科罗拉多的法尔孔空军基地，它根据各监测站对 GPS 的观测，计算卫星星历、卫星钟的修正参数以及其他一些信息。同时，它还对卫星进行控制，向卫星发布指令，当工作卫星出现故障时，调度备用卫星，替代失效的工作卫星。监测站有 5 个，分别位于夏威夷、阿松森群岛、迪戈加西亚及卡瓦加兰。监测站接收卫星信号，监测卫星工作状态。注入站有 3 个，分别位于阿松森群岛、迪戈加西亚和卡瓦加兰，它们的作用是将主控站计算出的卫星星历和卫星钟的修正参数注入卫星中。

GPS 接收机包括天线单元和接收机单元两个部分。天线能跟踪卫星，接收和放大 GPS 信号。接收机记录 GPS 信号，对信号进行解调和滤波处理，并且还原 GPS 卫星发送的导航电文，获得位置、速度和时间等信息。处理器是 GPS 接收机的核心，承担整个系统的管理、控制和实时数据处理。显示器是接收机与用户进行人机交互的部件。

GPS 定位的优点是定位时间短、定位精度高，其定位精度通常在 10m 左右。如果采用差分定位，精度可达厘米级和毫米级。GPS 能够实现全球范围内的全天候工作。在野外观测时，不受天气条件和作业时间的限制，不需要考虑观测点之间的通视情况，并且操作简便，应用广泛。GPS 的主要缺点是在地下（如隧道、矿井内）、海底以及建筑物内不能使用，并且在高大建筑物附近信号会受到干扰，定位比较困难。

3.2 定位原理

通常所说的定位就是确定某个对象在地球上的位置。以 GPS 定位为例，GPS 的定位方式是通过 GPS 设备同时获取多颗卫星的信息来定位目标的。

3.2.1 卫星定位

卫星如何确定目标在空间上的位置？首先，我们来计算地面上接收机到卫星之间的距离，如图 3-1 所示。假设电波在空气中的传播速度为 c。卫星在 t_1 时刻发射一个信号，这个信号在 t_2 时刻到达接收机。信号传播经过的距离为 D。根据无线电波传播速度和信号收发时刻，可以很容易计算出接收机到卫星的距离，即 $D=c \times T$，其中 T 是 t_2 和 t_1 两个时刻的差值。

获取准确的信号传播时间，对计算接收机到卫星的距离非常关键。在卫星上有一个专门的卫星钟，用于确定信号发送时间。每颗 GPS 卫星不断地发送定位信号，定位信号中除了位置信息以外，还会附加发送的时间戳。GPS 接收机收到卫星信号以后，用接收时间减去信号发送时间（信号的时间戳），就得到信号在空中传播的时间。在计算接收机位置时，我们假定卫星钟和接收机上的时钟是对准的，也就是假设它们在时间上同步。

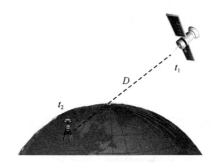

图3-1 计算地面上接收机到卫星之间的距离

在实际定位中，信号的传播时间通过卫星发送的伪测距码来计算。接收机收到伪测距码后，将根据伪测距码产生一个结构相同的码序列。通过延时器不断调整延迟时间，把复制的码序列与接收到的码序列进行相关性计算，当这两个码在某个延迟时间最接近时，就认为这个延迟时间是信号的传播时间。

在接收一颗卫星的信号时，接收机计算自己到卫星的距离，以这个距离为半径，可以得到一个以卫星为中心的球面，而接收机就在这个球面上，如图 3-2 所示。

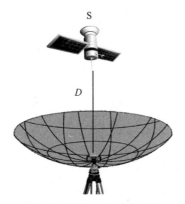

图3-2 接收一颗卫星的信号

如果同时从两颗卫星上接收信号，两颗卫星构成的球面相交得到一条圆弧，接收机就处于这条圆弧的某个位置上，如图 3-3 所示。

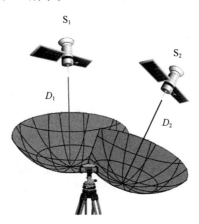

图3-3 同时从两颗卫星上接收信号

当同时接收 3 颗卫星的信号时，3 个球面就相交于一点，而这一点就是接收机所在的位置，如图3-4 所示。3 颗卫星 S_1、S_2、S_3 到接收机的距离分别是 D_1、D_2、D_3。根据这 3 个距离值和卫星在空间上的位置，就可以计算出接收机在空间上的坐标。

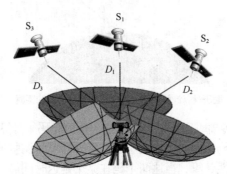

图3-4 同时接收3颗卫星的信号

接收机计算自己到 3 颗卫星的距离，并通过接收到的卫星星历知道 3 颗卫星的坐标。假设 (x, y, z) 是接收机的坐标，其中 x、y、z 是未知数。根据距离公式，可以得到 3 个方程，如下所示。

3颗卫星的坐标为(x_1, y_1, z_1)、(x_2, y_2, z_2)、(x_3, y_3, z_3)

$$\begin{cases} (x_1 - x)^2 + (y_1 - y)^2 + (z_1 - z)^2 = D_1^2 \\ (x_2 - x)^2 + (y_2 - y)^2 + (z_2 - z)^2 = D_2^2 \\ (x_3 - x)^2 + (y_3 - y)^2 + (z_3 - z)_2 = D_3^2 \end{cases}$$

测量接收机到3颗卫星的距离为 D_1、D_2、D_3

接收机的坐标为(x, y, z)

3 个方程有 3 个未知数，因此可以把 x、y、z 解出来。

在计算接收机的坐标时，还需要解决一个问题：用户钟与卫星钟的时间同步问题。卫星发送信号的时刻是以卫星钟为准的。接收机收到卫星信号以后，测定 GPS 信号的接收时刻则是以用户钟为准的。假设发射时刻是 t_1，接收时刻为 t_2，信号的传播时间为 $T = t_2 - t_1$。由于用户钟的测时精度远低于卫星钟，用户钟与卫星钟不可能在时间上同步，因此通过 t_2 和 t_1 计算的信号传播时间 T 并不准确，从而造成接收机到卫星的距离计算存在误差。实际距离 D_i' 应该等于 D_i 加上速度 c 乘以用户钟的测时误差 Δt_u，Δt_u 未知，如下所示。

$$D_i' = D_i + C \times \Delta t_u$$

Δt_u：用户钟的测时误差，未知

$$\begin{cases} (x_1 - x)^2 + (y_1 - y)^2 + (z_1 - z)^2 = D_1^2 \\ (x_2 - x)^2 + (y_2 - y)^2 + (z_2 - z)^2 = D_2^2 \\ (x_3 - x)^2 + (y_3 - y)^2 + (z_3 - z)_2 = D_3^2 \end{cases}$$

前面给出了 3 个方程，但是现在多了一个未知数 Δt_u，通过 3 个方程无法计算出接收机的坐标。因此，在实际定位过程中，需要同时观测 4 颗卫星，测出 4 个距离，然后通过 4 个方程求出接收机的坐标 (x, y, z)。

3.2.2 定位方法

GPS 接收机在接收卫星信号时，由于受到卫星和接收机时钟误差、大气传播误差、卫星广播星历误差、多径效应等因素的影响，计算出的距离不准确，因此又称为伪距。

从定位精度来看，采用不同的定位方法可以得到不同的定位精度。按定位方法的不同，GPS 定位分为单点定位和相对定位。单点定位只能采用伪距观测量进行定位，通常用于车辆和船只的粗精度定位和导航。相对定位既可采用伪距观测量进行定位，又可采用相位观测量进行定位。相对定位通过抵消或削弱大部分公共误差，极大地提高了定位精度。双频接收机就是根据两个频率的观测量来抵消大气中电离层引起的误差的。大地测量或工程测量都需要采用相位观测量进行相对定位。

1. 单点定位

单点定位又称为绝对定位，它采用一个接收机来确定当前的坐标，如图 3-5 所示。单点定位一般应用在导航和精度要求不高的场景中。由于定位信息误差、电波传播时间误差等，绝对定位的精度比较低，一般在几十米的范围内。普通 GPS 的信号有两种码，分别为粗（Coarse/Acquisition，C/A）码和精（Precise，P）码。一般的接收机利用 C/A 码定位，P 码则用于军用。20 世纪 90 年代中期，美国还在卫星信号上加入了干扰，让接收信号的误差增大，使得定位精度在 100m 左右。2000 年以后才取消了干扰。

图3-5 单点定位

现在，单点定位在汽车、船舶、飞机导航等领域有着极为广泛的应用。定位精度一般为 30m 左右，无法满足一般工程测量高精度定位的要求。

2. 相对定位

相对定位又称为差分定位，它通过两个或者两个以上的接收机来获取定位信息，以确定观测点之间的相对位置。在工程测量中通常采用相对定位。

GPS 定位受大气、卫星状况、云层厚度等多种因素影响，具有较大的误差。在相对定位中，通过对接收到的卫星信号进行处理，可以求出接收机之间的相对位置、地球坐标系的三维坐标差，或者是基线向量。如果把两个 GPS 接收机放在相距不远的两个点上，如图 3-6 所示，让这两个 GPS 接收机同时接收信号，那么它们的误差因素几乎相同，其中一个（放在已知点上）得到一个误差值，通过这个值来消除另外一个接收机的误差值，就能得到相对准确的定位信息。相对定位是利用两个 GPS 接收机同步观测相同的 GPS 卫星来进行精确定位的。

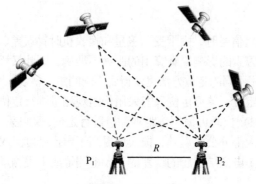

图3-6　相对定位

　　从测量方式来看，两个接收机相隔不能太远（距离小于10km），它们接收到的信号误差要大致相同（包括星历、时钟、传播等误差）。从效果来看，相比单点定位，相对定位的精度有很大的提高，可以达到厘米级，甚至毫米级定位，能够用于工程和大地测量。

　　利用多个接收机，可以构造更复杂的相对定位方法，如图3-7所示。首先，各接收机同时进行单点定位，将安装在已知位置上的GPS接收机作为基准站，基准站获取GPS卫星信号，计算出差分校正量。然后，基准站把差分校正量发送给其他接收机，以此来提高这些接收机的定位精度。通常采用数据链（由调制解调器和电台组成）将基准站的观测值和坐标信息一起发送给流动站。流动站不仅要获取基准站的数据，还要采集GPS观测数据，通过对比形成差分观测值，经过计算后给出定位结果。相对定位方法包括两种：一种是位置差分，另一种是伪距差分。

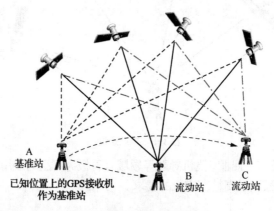

图3-7　更复杂的相对定位方法

3.2.3　测距定位

　　测距定位通过测量节点间的距离来计算未知节点的位置，常用的测距定位方法有到达时间（Time of Arrival，TOA）、到达时间差（Time Difference of Arrival，TDOA）、到达角度（Angle of Arrival，AOA）、接收信号强度（Received Signal Strength Indication，RSSI）等。

　　1. TOA

　　如果要确定手机所在的位置，可以通过测量无线信号从手机到达多个基站的时间，然后计算它们之间的距离，从而确定手机的位置。TOA定位方法如图3-8所示。

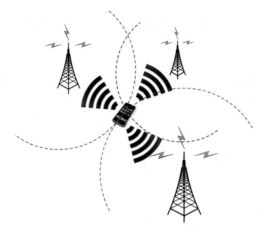

图3-8 TOA定位方法

TOA 定位方法要求手机和基站在时间上能精确同步。因此，它对系统的时间同步要求很高，任何很小的时间误差都会对定位带来很大的影响。在实际应用中，很少单独使用 TOA 定位方法。

2. TDOA

TDOA 是指通过手机发送信号到多个基站，然后检测信号到达各个基站的时间差来确定手机的位置，而不是由信号到达的绝对时间来计算手机的位置的。在计算过程中，根据 3 个不同基站发射的信号，可以测出两个到达时间差。以基站为焦点，距离差为长轴，可以在空间上画出一个双曲线，手机就位于双曲线（由两个到达时间差所决定）的交点上。基站分布的位置对 TDOA 的定位精度有很大的影响。TDOA 定位方法对时间同步的要求较低，通过计算时间差可以减小很大一部分由时间和多径效应带来的误差，因此可以大大提高定位精度。

3. AOA

除了时间，也可以通过角度来估计手机的位置。AOA 是指由两个或更多基站通过测量接收信号的到达角度来估计手机的位置。基站使用某些硬件，如定向天线，可以测量移动终端发射信号的到达角度。AOA 定位方法不需要每个接收天线都做到时间同步，其误差来源主要是角度解析的误差。在距离较远的时候，角度解析的误差较大。AOA 定位方法如图 3-9 所示。

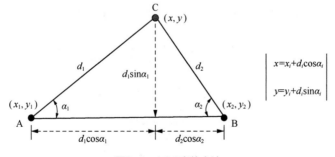

图3-9 AOA定位方法

C 点代表移动终端，A 点和 B 点代表基站。通过测量，可以得到信号到达 C 点的角度 α_1 和 α_2。已知 A 点和 B 点的坐标，可以计算出 C 点的坐标。相比基于时间测量的定位方法（TOA、TDOA 等），AOA 定位方法不需要时间同步，而且需要的基站（参考节点）数量少，如二维平面定位只需要两个基站；但是基站必须具备天线阵列。通常将 AOA 定位方法和 TOA 定位方法联合起来使用，以提高定位精度。

4. RSSI

RSSI 是指接收机输入的平均信号强度指示。手机距离基站越远，信号就越差。通过测量信号强度，结合信号衰减模型，可以估计出发射点与接收点之间的距离，然后测定物体的位置。由于受信号反射、散射、绕射以及障碍物遮挡等多种因素的影响，RSSI 定位方法的误差比较大。

通过前面介绍的 4 种定位方法，我们可以测量出移动终端到各个基站的距离。接下来，需要通过距离来定位移动终端的位置，定位方法主要有三边定位法和三角质心定位法。

1. 三边定位法

假设 D 是接收机，它的坐标为(x,y)。A、B、C 是 3 个基站，这 3 个基站到 D 的距离分别为 r_1、r_2、r_3。由于基站是固定的，因此能够得到它们的坐标。假设 A、B、C 的坐标为(x_1,y_1)、(x_2,y_2) 和 (x_3,y_3)，根据距离计算公式，建立圆周模型，如图 3-10 所示，3 个圆的公共交点就是接收机 D 的位置。由此，可以列出 3 个方程，然后求解出 x 和 y，从而计算出接收机 D 的位置。

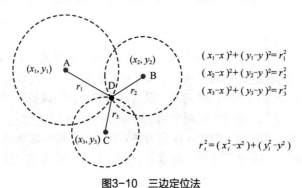

$$(x_1-x)^2+(y_1-y)^2=r_1^2$$
$$(x_2-x)^2+(y_2-y)^2=r_2^2$$
$$(x_3-x)^2+(y_3-y)^2=r_3^2$$

$$r_i^2=(x_i^2-x^2)+(y_i^2-y^2)$$

图3-10 三边定位法

2. 三角质心定位法

由于噪声和障碍物对电磁波信号的干扰，以及受测量误差的影响，一般接收机接收到的信号强度值会小于实际接收信号的强度值。如果还是采用三边定位法来计算接收机的坐标，测量误差通常会使 3 个圆的半径偏大，因此 3 个圆不可能相交于一点，从而造成计算出的坐标会产生较大的误差。对此，可以采用三角质心定位法来确定接收机的坐标，如图 3-11 所示。

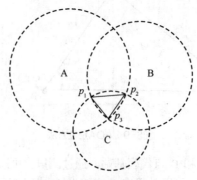

图3-11 三角质心定位法

接收机处于 p_1、p_2、p_3 这 3 个点所构成的三角形中，根据三角质心定位法，接收机的坐标

就是三角形 $p_1p_2p_3$ 的质心坐标。由于三角质心定位法没有反映参考节点（基站 A、B、C）对目标节点（接收机 D）位置的影响程度，从而可能影响目标节点的定位精度。在加权三角质心定位法中，通过加权因子来设置节点之间的内在关系和位置约束，体现了各节点对质心位置的影响程度，提高了定位精度。

3.3　位置服务

1994 年，美国学者舍利特提出了位置服务的 3 大目标："你在哪里"（空间信息）、"你和谁在一起"（社会信息）、"附近有什么资源"（信息查询）。现在，利用多种定位技术可以获取位置信息，把位置信息和数据处理技术相融合，能够开发出新的位置服务模式。

在移动通信网络和卫星定位系统的基础上建立的位置服务（Location Based Service，LBS）向终端用户提供位置信息，并且集成了各种与位置相关的业务。1995 年，美国联邦通信委员会（Federal Communications Commission，FCC）颁布的 E911 命令强制性要求，从 2001 年 10 月 1 日起，美国的无线运营商要提供自动位置识别业务。1999 年，欧洲颁布的通信法规定，从 2003 年 1 月 1 日起，有紧急呼叫发生时，要为紧急救援机构提供位置信息。

随着移动通信和移动地理信息技术的飞速发展，用户对位置服务的需求也在不断地增长，由此产生了手机导航、物流跟踪、个人位置定位等多种位置服务。另外，室内定位技术突破了位置服务只能用于室外的限制，促进了商场、医院、工厂等室内位置服务的发展。

3.3.1　AGPS定位

GPS 接收机启动后，它需要根据接收到的信号分析每颗卫星的频率、编号、运行轨迹等信息，才能最终锁定卫星。一般 GPS 接收机首次定位非常慢，在开阔的地方可能都要 10～20min。一旦 GPS 定位成功，在 GPS 芯片中，会保存最后一次定位的经/纬度、定位位置上空卫星的数量和轨迹等信息作为短效星历，一般保存时间不超过 4h。

辅助全球卫星定位系统（Assisted Global Positioning System，AGPS）是结合基站位置信息和 GPS 定位信息对接收机进行定位的技术。采用 AGPS 技术，不需要接收机计算和存储卫星信息，AGPS 的服务器保存了卫星完整的轨迹信息。由于基站和 AGPS 服务器相连，接收机可以通过基站获取基站的经/纬度信息和基站所在位置的星历数据，以此来更新接收机 GPS 芯片上的星历。由于接收机不必下载和解码来自 GPS 卫星的定位数据，因此能减少接收机首次定位的时间；同时 GPS 的定位速度和精度都会有很大的提升，在室内也能借助基站来定位，从而减小接收机对卫星的依赖度。

3.3.2　基站定位

基站定位以基站作为参考点，然后对基站信号覆盖范围内的接收机进行定位。通过位置服务器提供的电子地图，接收机能确定自身所在的位置。

每个基站覆盖的小区都有一个唯一的全球小区识别码（Cell Global Identity，CGI），它由 4 个部分组成：移动国家代码（Mobile Country Code，MCC）、移动网络代码（Mobile Network Code，MNC）、位置区代码（Location Area Code，LAC）、基站识别码（Cell ID，CI）。

中国的 MCC 是 460，中国移动的 MNC 是 00，中国联通的 MNC 是 01。

在基站定位时，首先通过移动终端所在小区的 Cell ID，确定移动终端的位置区域；然后，根据小区划分的多个扇区（Cell Sector），找到移动终端所在的扇区位置；最后，确定移动终端在扇区中所处的位置，如图 3-12 所示。

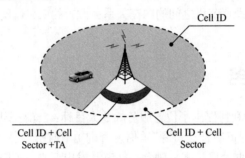

图3-12　小区标识

在定位时，还需要加入最大时间提前量（Time Advance，TA）来提高定位准确度。TA 是两个时间的差值，一个时间是移动终端信号到达基站的实际时间；另一个时间是当该移动终端与基站之间的距离为 0 时，移动终端信号到达基站的时间。

由于基站不会移动，因此可以将基站的位置信息存储在位置数据库中。手机在定位时，移动网络会获取基站的小区号，通过位置业务平台把小区号翻译成对应的经/纬度坐标，然后将其发送给手机来实现定位。这种方法的优点是实现简单，不需要使用 GPS；缺点是定位精度比较低，定位精度依赖于基站的分布密度和覆盖范围的大小。在市区定位时，精度一般可以达到 300～500m，郊区定位的精度可能是几千米。如果 CGI 结合 TA 使用，能进一步提高定位精度。

3.3.3　RSSI定位

RSSI 定位是一种常用的定位方法。接收机通过接收到的信息，能够获取发射站发射信号的强度，而且它也能确定自己接收信号的强度。根据无线信号强度与信号传输距离的关系，利用各种理论和经验模型，接收机可以计算出它与发射站之间的距离。最后，结合其他定位方法，如三边定位法，可以求出接收机的坐标。

RSSI 定位通过获取的信号强度和信号衰减模型来估计发射站与接收机的距离。无线信号传播的衰减模型如下。

$$\text{RSSI}(d) = \text{RSSI}(d_0) - 10\lambda \log_{10}\frac{d}{d_0} + \zeta$$

d 为发射站到接收机的距离；$\text{RSSI}(d)$ 是在距离 d 处的接收信号强度值；$\text{RSSI}(d_0)$ 是在距离 d_0 处的接收信号强度值；λ 是路径衰减因子，范围为 2～4；ζ 是正态随机变量。

RSSI 定位的步骤如下：

（1）接收机获取 RSSI 数据；

（2）通过去噪算法和滑动平均滤波算法对 RSSI 数据进行滤波处理；

（3）根据处理过的 RSSI 数据和信号衰减模型，计算接收机到发射站的距离；

（4）根据三角质心定位法计算接收机的坐标。

由于 RSSI 受信号反射、散射、绕射等多路径衰减和遮挡影响，信号强度与距离的对应关系不可能很准确，因此计算的定位结果会有较大的误差。对此，可以考虑采用加权三角质心定位法来估计接收机的坐标，进一步提升定位精度。

3.3.4　Wi-Fi定位

Wi-Fi 定位通常用于室内定位。每一个无线 AP，如无线路由器，都有一个全球唯一的 MAC 地址，并且一般无线 AP 在一段时间内都不会移动。无线 AP 会不断广播自己的 MAC 地址，移动终端在开启 Wi-Fi 以后，就可以扫描周围无线 AP 的信号。无论无线 AP 是否加密、是否与移动终端连接，甚至信号强度不足，无线 AP 都会显示在移动终端的无线信号列表中。因此，移动终端能够获取所有周围无线 AP 的 MAC 地址。

移动终端将标识无线 AP 的数据，如 MAC 地址、信号强度等，发送到位置服务器。位置服务器搜索每一个无线 AP 的位置信息，再根据每个信号的强度，计算出移动终端的位置。Wi-Fi 定位和基站定位的计算方式类似，也是使用三点或多点定位方法。位置服务器计算出位置后，再把位置信息返回给移动终端。位置服务商需要不断更新和补充无线 AP 位置数据库的信息，以保证数据的准确性。

使用 Wi-Fi 定位，需要用采集装置来收集周围无线 AP 发出的广播信息，获取它们的 MAC 地址和信号强度。无线 AP 信息采集以后，将这些信息上传到服务器。当采集的信息足够多时，就形成了一个 Wi-Fi 定位网络。无线 AP 信息采集有两种方式：一种是服务商主动采集位置信息，另一种是移动终端用户主动提供位置信息。如 Google 公司使用街景拍摄车采集沿途的无线信号，然后通过 GPS 定位，把 Wi-Fi 的位置信息回传到服务器。如果 Android 手机允许 Google 使用 Wi-Fi 定位服务，这样通过手机就能够收集 Wi-Fi 的位置信息。

其他的定位方法还有 IP 定位。IP 定位通过终端的 IP 地址来分析某些位置属性信息，从而确定终端的位置。属性信息可以是主机的名字、IP 地址、注册信息，也可以是终端之间的时延关系或者连接关系等。定位服务器收集 IP 地址完成定位估算，然后向用户提供定位服务。通常可以通过向 DNS 服务器查询或者挖掘隐含在主机名中的信息来估测主机位置。一些定位方法根据时延与地理距离之间的线性关系来估测主机位置，并通过拓扑信息来减小定位误差。

IP 定位需要较完备的 IP 地址数据库和与 IP 相关的属性信息，其缺点是定位精度较低、IP 地址数据库维护与完善困难。IP 定位还需要考虑减少测量开销，并注意保护用户的隐私。

3.4　室内定位

室内定位技术是室外定位技术的延伸。在室内环境无法使用卫星定位时，室内定位技术的发展解决了卫星信号不能穿透建筑物的问题。目前，常见的室内无线定位技术包括红外线、超声波、蓝牙、RFID、UWB、Wi-Fi、ZigBee 等。从定位方法来说，还有光跟踪、图像分析等技术。目前，很多技术还处于研究试验阶段，如基于磁场压力感应来定位。

1. 红外线室内定位

红外线室内定位通过安装在室内的光学传感器，接收目标物体发射的（调制的）红外线信号；然后，光学传感器将信号数据传送给数据库，通过对比和计算进行定位。另外，也可以通过多对光学传感器和发射器接发信号，形成红外线网络，覆盖整个待测空间，然后对运动目标进行跟踪和定位。

红外线室内定位精度较高，但是容易被荧光灯或者房间内的灯光干扰。由于红外线只有直线视距，不能穿过障碍物，传输距离较短，因此限制了室内定位的效果。红外线室内定位也适用于实验室对物体的轨迹跟踪和室内行走机器人的位置定位。

2. 超声波室内定位

这种方法通常把超声波发生器放在被定位的目标上，发生器按照一定的时间间隔发送超声波脉冲。在定位时，在周围 3 个固定位置上会接收到发送的脉冲信号，目标通过比较 3 个接收装置收到信号的时间，根据回波与发射波的时间差计算待测距离，然后通过三边定位法等方法计算出目标的具体位置。当目标移动的时候，通过不间断地测量，获取目标的运动轨迹。如在汽车驾驶考场，超声波可用来定位汽车，记录汽车行驶轨迹，从而自动判断汽车驾驶员是否合格，减少了监考人员的工作量。超声波室内定位的特点是：整体定位精度较高，结构简单，但是受多径效应和非视距传播影响较大，需要大量底层硬件设施，成本较高。

3. 蓝牙室内定位

采用蓝牙室内定位，需要在室内安装若干个蓝牙设备，然后通过测量信号强度计算蓝牙设备到基站的距离，再根据测定的多个距离对蓝牙设备进行定位。蓝牙设备体积小、功耗低，容易集成在手机等移动终端中，只要蓝牙功能开启，就能够对其进行定位。蓝牙传输不受视距的影响，但对于复杂的空间环境，蓝牙定位受噪声干扰影响较大，定位的稳定性较差。

蓝牙室内定位需要用到蓝牙信标（Beacon）的广播功能。在室内定位时，需要布置 Beacon 基站，定位的步骤如下：

（1）Beacon 基站不断发送广播报文；

（2）蓝牙设备收到广播报文后，测算自己到该基站的距离；

（3）蓝牙设备根据自己到多个基站的距离，实现多点定位。

iBeacon 是一种基于低功耗蓝牙的广播设备。2013 年，Apple 公司在美国 200 多家 Apple 商店开始使用 iBeacon。iBeacon 在一个区域内广播自己的信号，通过这种方式对一个特定区域进行标记。当手机进入 iBeacon 的信号范围时，手机中的 App 会被唤醒，手机就能感知用户现在所处的位置。如腾讯公司对 iBeacon 的场景体验进行了创新，实现了微信"摇一摇"周边功能。下面给出了一个 iBeacon 的购物场景，如图 3-13 所示。

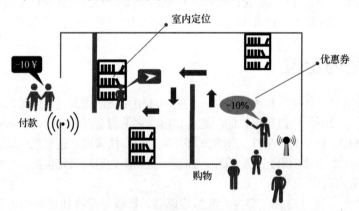

图 3-13　iBeacon 的购物场景

通常商场门口会形成人群聚集，当顾客到达商场门口，进入 iBeacon 的信号范围时，顾客的手机会收到商场赠送的全场通用电子优惠券。通过 iBeacon 可以实现手机导航，为顾客规划购买指定商品的行走路线。购物结束后，顾客不需要排队缴费，iBeacon 系统扫描到蓝牙信号后，顾客可以通过电子方式直接进行支付。

蓝牙定位的特点是功耗低，不需要配对，定位精度可达毫米级，最大可支持 50m 的范围。

蓝牙室内定位的主要缺点是需要用户主动开启蓝牙。

4. RFID 技术室内定位

采用 RFID 技术室内定位时，需要给每个物品附加一个电子标签。当物品处于阅读器天线的激发区时，电子标签被唤醒，并对外发射无线 RF 信号。阅读器接收无线 RF 信号，并将获取的信息传送给上层应用系统。应用系统分析采集到的数据，实现模糊定位；如果要实现更精确的定位，需要使用三点定位法。采用 RFID 技术室内定位，定位距离近，一般最远为几十米；虽然定位物品体积小，但定位准确，可以在几毫秒内得到厘米级定位精度。该定位技术目前主要在仓库、工厂和商场等场景中，用于货物和商品的定位。

5. UWB 技术室内定位

UWB 技术室内定位利用事先布置好的基站（已知位置）与新加入的节点进行通信，来获取节点的位置，如图 3-14 所示。在定位过程中，由 UWB 接收器接收标签的脉冲发生器发射的 UWB 信号，通过过滤各种噪声干扰等信号处理操作后获取数据。然后，通过中央处理单元完成测距计算和分析，通常采用三角质心定位法或"指纹"定位法来确定标签的位置。

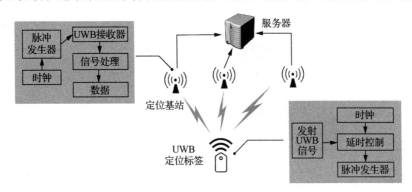

图3-14　UWB技术室内定位

在军事上，UWB 技术室内定位主要用于人员定位和设备追踪；在工业和汽车领域，UWB 技术室内定位用于实时追踪资产和库存；在医院，UWB 技术室内定位用于实时跟踪病人。UWB 技术室内定位的定位精度高，其应用范围比较特殊，当前主要用于对生命、财产保障有较高要求的行业，如矿下人员定位、养老院老人看护、大型仓储货物定位等。

6. Wi-Fi 室内定位

Wi-Fi 室内定位有两种方法，第一种方法是通过测量移动终端与 3 个无线 AP 的信号强度，对移动终端进行三角质心定位；第二种方法是把无线 AP 的信号强度和其他信号特征记录到数据库，然后用新加入移动终端的信号特征与数据库中的特征数据进行对比，进而确定移动终端的位置。第二种方法也称为"指纹"定位法。

在室内无线网络中，每个无线 AP 都有一个全球唯一的 MAC 地址。通常无线 AP 在一段时间内不会移动。移动终端在开启 Wi-Fi 的情况下，即可扫描并收集周围的无线 AP 信号，从而获取无线 AP 广播的 MAC 地址。移动终端将标示无线 AP 位置的相关数据发送到位置服务器。位置服务器搜索每一个无线 AP 的地理位置，并结合每个信号的强弱，计算出移动终端的位置并返回给移动终端。另外，由于无线 AP 的数量和位置可能会发生变化，因此位置服务器需要不断补充和更新自己的数据库，以保证数据的准确性。

Wi-Fi 室内定位可以达到米级定位，能实现复杂的大范围定位、监测和追踪，能够与其他用户共享网络，并且硬件成本较低。Google 公司把 Wi-Fi 室内定位和室内地图引入 Google 地图，其已经覆盖了北美和欧洲很多大型场馆。Wi-Fi 室内定位的特点是精度为 1～20m，适用于室内定位，成本较低，但容易受到其他信号的干扰。

7. ZigBee 室内定位

ZigBee 是一种短距离、低速率的无线网络技术，它是由很多微小传感器构成的网络，传感器以接力的方式将数据从一个节点传到另一个节点。网络中有若干个待定位的节点和已知位置的参考节点，在定位时，每个节点通过相互通信来获取位置信息，然后使用非测距定位方法来确定未知节点的位置。ZigBee 室内定位的定位精度取决于环境、节点密度等多种因素。目前，ZigBee 室内定位已经应用于工厂人员和物品的跟踪和定位。ZigBee 室内定位的特点是通信效率高、功耗低和成本低。

下面从定位精度和难易程度对目前常用的室内定位技术进行对比，如图 3-15 所示。从图 3-15 我们可以看出，定位精度高的技术，如红外线和 UWB，其使用也较难；由于 Wi-Fi 路由器和移动终端的普及，Wi-Fi 室内定位很容易实现，但是定位精度为米级，无法做到精准定位。

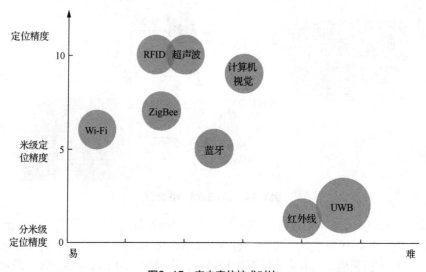

图3-15　室内定位技术对比

目前室内定位系统还没有统一的技术规范，各种定位技术也有较大差别，需要根据实际情况来选取使用何种技术以满足用户的需求。

3.5　非测距定位

在无线传感器网络中，传感器数量众多，由于成本等原因无法给每个传感器节点都配备一个 GPS 接收机；而且传感器散布在非常广的感知区域，无法用人工的方式来确定每个传感器节点的位置。因此，需要使用新的定位方法来对无线传感器节点进行定位。

在无线传感器网络中，某些节点，如 Sink 节点可以自己精确定位，然后作为参考节点，其他传感器节点利用参考节点和非测距定位方法来完成定位。

下面给出几种网络节点类型，如图 3-16 所示。

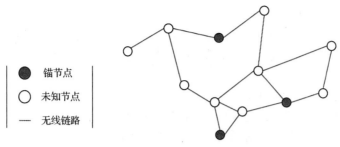

图3-16 网络节点类型

（1）锚节点也称为参考节点、Beacon 节点。这类节点的位置已知，它用来协助定位未知节点。

（2）未知节点就是需要定位的传感器节点。未知节点根据少数锚节点，按照某种定位方法计算自己的位置。

前文已经介绍了基于测距的定位方法。无线传感器网络通常采用非测距定位方法。非测距定位方法不需要测量节点间的距离，而是根据网络的连通性和其他一些与距离无关的信息来计算节点的位置。下面主要介绍 3 种非测距定位方法，分别是质心定位算法、距离矢量跳数（Distance Vector-Hop，DV-Hop）定位算法以及近似三角形内点测试（Approximate Point-in-triangulation Test，APIT）定位算法。

3.5.1 质心定位算法

质心定位算法是一种粗定位算法，它通过网络连通性对未知节点进行定位，并且不需要参考节点与未知节点的协同操作，是一种简单而且易于实现的定位算法。质心定位算法的主要缺点是定位精度不高。

假设网络中有固定数量并且通信区域相互重叠的一组参考节点，它们构成规则的网状结构，如图 3-17 所示。质心定位算法通过计算这些参考节点所组成的多边形的质心，以多边形的质心作为未知节点的坐标。

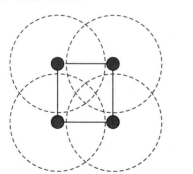
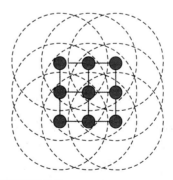

图3-17 参考节点构成规则的网状结构

如果网络的拓扑结构变化，就可以利用节点之间的连接测度来定位，其基本思想是：利用参考节点与未知节点的连接测度，来确定用于辅助定位的参考节点；然后，通过多个参考节点来估算未知节点的坐标。首先，参考节点把自己的位置信息广播出去，$N_{\text{sent}}(i, t)$ 是参考节点 i 在时间间隔 t 发送的 Beacon 消息数。未知节点在一个给定的时间间隔内，收到多个参考节点发来的信息。未知节点对每个参考节点 R_i，统计在这段时间内收到的 Beacon 消息数 $N_{recv}(i, t)$。接下来，计算参考节点与未知节点的连接测度 CM_i。最后，根据连接测度来判断有哪些参考节点在未知节点的通信范围内，选取与未知节点可以连通的参考节点，通过它们来计算未知节点的坐标。

质心定位算法的实现步骤如下：

（1）参考节点周期性地发送包含自身位置信息的 Beacon 消息；

（2）未知节点在一个给定的时间间隔 t 内接收 Beacon 消息；

（3）未知节点对每个参考节点 R_i，计算连接测度 CM_i，$CM_i=N_{recv}(i,t)/N_{sent}(i,t)\times100\%$；

（4）未知节点选择 CM_i 大于指定阈值的 n 个参考节点，通过这些参考节点计算未知节点的坐标估计值。

通过上面的算法，可以找到与未知节点连通的所有参考节点。n 个参考节点构成 n 边形，通过计算这个 n 边形的质心坐标来得到未知节点的坐标估计值。质心坐标是各个参考节点坐标的平均值。

采用质心定位，需要满足两个假设条件：

（1）网络节点发射的射频信号均匀地向四周发散，即射频信号的传播遵循理想的圆球模型；

（2）所有网络节点的通信范围相同，且不发生改变。

3.5.2　DV-Hop定位算法

质心定位算法通常要求无线网络中参考节点分布比较密集。但是，有的无线传感器网络参考节点比较少，分布的范围又广，因此参考节点在单位面积内的分布比较稀疏。对于这种网络又如何定位网络中的未知节点？

DV-Hop 定位算法能够定位稀疏网络中的未知节点。DV-Hop 定位算法通过节点间相互交换信息、相互协作来完成位置定位。在确定节点之间的距离时，DV-Hop 定位算法不直接进行测量，而是使用距离矢量路由和跳数来间接计算节点间的距离。DV-Hop 定位算法包括以下 4 个步骤：

（1）通过距离矢量路由获取未知节点与参考节点之间的最小跳数；

（2）计算所有参考节点的每跳平均距离，并且在网络上进行广播，让所有其他节点都知道参考节点在网络中的每跳平均距离；

（3）以每跳平均距离与最小跳数的乘积作为未知节点与参考节点之间的估算距离；

（4）根据估算距离，用三边定位法估算未知节点的坐标。

在 DV-Hop 定位算法中，计算节点间的距离又分为两个阶段。

第一阶段，计算未知节点与每个参考节点的最小跳数。参考节点向其邻居节点广播 Beacon 消息（即自身位置信息的分组）。接收节点收到 Beacon 消息以后，记录自己到每个参考节点的最小跳数，并且将跳数加 1，然后转发给自己的邻居节点。所有节点保存自己到每个参考节点的最小跳数。

下面通过一个示例来说明最小跳数的计算方法。在图 3-18 中，A、B、C 节点是 3 个参考节点，M 节点是未知节点。

首先，参考节点向自己的邻居节点发送广播消息，告知自己的位置。M 节点在收到 A、B、C 节点的位置信息时，同时记录自己到 A、B、C 节点的最小跳数。接下来把接收到的跳数（分别来自 A、B、C 这 3 个参考节点）加 1 以后，进行转发。最终，所有节点都记录了自己到每个参考节点的最小跳数。

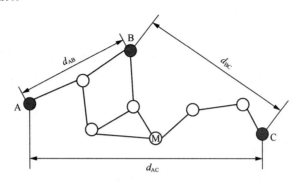

图3-18　最小跳数的计算方法

第二阶段，计算参考节点 i 的每跳平均距离。经过第一阶段的路由，每个参考节点都知道了其他参考节点的坐标，如参考节点 i 知道参考节点 j 的坐标，并且它知道到达参考节点 j 的最小跳数。根据参考节点的坐标和节点间的最小跳数，计算参考节点 i 的每跳平均距离 d_i，计算公式如下。

$$d_i = \frac{\sum \sqrt{(x_i - x_j)^2 + (y_i - y_j)^2}}{\sum h_{i,j}}, i \neq j$$

x_i、y_i 是参考节点 i 的空间坐标，h_{ij} 是参考节点 i 到参考节点 j 的最小跳数。

下面通过一个例子来说明如何计算参考节点的每跳平均距离。在图 3-19 中，假设 A 节点和 C 节点之间的距离为 100 m，A 节点和 B 节点之间的距离为 50m，B 节点和 C 节点之间的距离为 80 m。

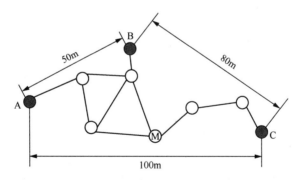

图3-19　计算参考节点的每跳平均距离

从图 3-19 可以看出，A 节点到 B 节点的最小跳数为 3，A 节点到 C 节点的最小跳数为 6。经过计算，节点 A 的每跳平均距离 $d_A \approx 16.67m$，类似地可以计算出 d_B 和 d_C，如下所示。

$$d_A = (50+100)/(3+6) \approx 16.67m$$
$$d_B = (50+80)/(3+5) = 16.25m$$
$$d_C = (100+80)/(6+5) \approx 16.36m$$

根据参考节点的每跳平均距离，最后计算未知节点的坐标。首先，未知节点把接收到的所有参考节点的每跳平均距离记录下来；然后，把每跳平均距离乘以最小跳数，计算出未知节点到每个参考节点的距离；最后，通过三边定位法或者其他方法（极大似然估计法）计算出未知节点的坐标。

DV-Hop 定位算法在计算未知节点的坐标时，也存在以下一些问题。

（1）在通信范围内无论参考节点之间相距多远，都将其跳数计为一跳，这就造成跳数与距离之间没有直接的对应关系，如参考节点的一跳有时候很远，有时候又很近。

（2）跳数和每跳平均距离的计算单一，直接用跳数乘以每跳平均距离得到参考节点与未知节点的距离，会偏离节点之间的实际距离，造成节点定位出现较大的误差。DV-Hop 定位算法的适用条件是网络结构分布各向同性，并且没有太大的每跳距离偏差。

3.5.3 APIT定位算法

APIT 是一种非测距定位方法，它包括以下 3 个步骤：

（1）未知节点选取 3 个参考节点，判断自己是否在这 3 个参考节点所组成的三角形的内部；

（2）未知节点再选取 3 个参考节点，并做同样的判断，直到穷尽各种参考节点的组合，或者达到某种设定的精度；

（3）把所有包含未知节点的三角形放到一起，这些三角形相交形成一个多边形，相交多边形的质心坐标就是未知节点的坐标。

在 APIT 定位算法中，需要解决一个关键问题，即如何判断未知节点在参考节点所组成的三角形的内部。通常判断一个点是否在一个三角形的内部，需要知道这个点和三角形各个顶点的坐标，或者知道这个点到三角形顶点的距离。在无线传感器网络中，既不知道未知节点的坐标，又没办法测量未知节点到参考节点的距离，那么用什么办法来判断未知节点与参考节点所组成的三角形之间的关系？

最佳三角形内点测试（Perfect In Triangulation Test，PIT）定位算法能够检测出点与三角形之间的位置关系，其基本原理如图 3-20 所示。

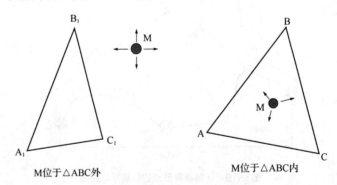

M位于△ABC外　　　　　　M位于△ABC内

图3-20　PIT定位算法的基本原理

未知节点 M 沿着某个方向移动，移动时，如果它会同时远离或接近三角形的 3 个顶点 A、B、C，则 M 位于△ABC 外，否则 M 位于△ABC 内。

在无线传感器网络中，由于节点处于静止或移动非常缓慢的状态，因此通常采用 APIT 定位算法来完成三角形内点测试。在测试时，未知节点通过自己的邻居节点与参考节点之间交换信息，来仿效 PIT 定位算法中的节点移动，从而判断未知节点是否远离或接近参考节点。一般采用信号强度值来确定是否远离或接近参考节点。

```
if (未知节点 M 的邻居节点中没有同时远离或同时接近 3 个参考节点 A、B、C)
then
       M 在 ΔABC 内
else
       M 在 ΔABC 外
```

所有包含未知节点的三角形相交就构成了一个多边形，如图 3-21 所示，中间的圆点是未知节点。多边形的质心是多边形的几何中心，它的坐标是多边形顶点坐标的平均值，把它作为未知节点的坐标。

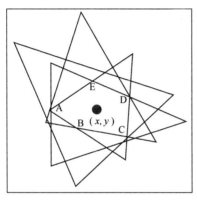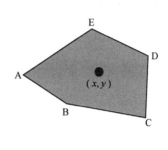

图3-21　多边形

多边形的质心坐标为：$\left(\dfrac{x_1 + x_2 + x_3 + x_4 + x_5}{5}, \dfrac{y_1 + y_2 + y_3 + y_4 + y_5}{5} \right)$。

APIT 定位算法适用于无线信号传播方式不一致、传感器节点随机散布的环境。它的特点是定位精度高，性能稳定，对参考节点的数量和分布没有过多的要求，而且计算的结果不会有太大的偏差。

APIT 定位算法存在以下两个问题。

（1）有时在网络中参考节点很多，但是无法构成三角形，这时未知节点不能确定与参考节点之间的位置关系，因此无法使用 APIT 定位算法来完成定位。

（2）有时未知节点周围的参考节点太少（少于 3 个），也没有办法定位。这种未知节点通常是处于网络边缘的节点。

3.6　本章小结

本章首先介绍了常用的卫星定位系统,包括美国的 GPS、俄罗斯的 GLONASS、欧盟的 GSNS 及我国的 BDS。随后，着重讨论了室外和室内定位的原理、方法和特点，以及基于不同定位系统的位置服务。最后，根据测量方法和定位模型的不同，介绍了各种测距定位方法和非测距定位方法，讨论了测距与非测距定位的区别。

卫星定位系统通过多颗卫星来确定接收机的位置，而在室内定位中，可以使用各种无线通信技术来实现目标定位。位置服务通过无线定位技术获取移动终端的位置信息，从而提供各种与位置相关的业务。测距定位和非测距定位分别利用不同的信息来估计节点之间的距离关系，通过距离关系估算出未知节点的位置。

3.7　习题

1. 简述 GPS 的定位原理和特点。
2. 简述单点定位和相对定位的概念，说明它们之间的区别。
3. 简述三角质心定位法的基本原理。
4. 说明蓝牙室内定位的基本原理。
5. 什么是测距定位，什么是非测距定位？
6. 简述非测距定位方法中质心定位算法的步骤。
7. 说明 APIT 定位算法的基本思想。

第二部分

移动应用开发技术

本部分的内容包括移动开发环境、界面开发、资源管理、数据存取、消息与服务、感知与多媒体及操作系统与通信，共 7 章。

移动开发环境讲解如何搭建开发环境、如何创建应用项目、如何使用项目工具，以及如何管理应用权限。

界面开发介绍 Android 操作系统的活动、事件、视图、布局、意图以及各种界面控件等内容。

资源管理讨论与界面相关的各种资源，包括字符串、颜色、数组、主题、样式和 Assets 等。

数据存取介绍文件、小批量数据、数据库、共享数据的存取方式，以及 XML 和 JSON 数据的解析方式。

消息与服务重点讲解广播机制、通知管理、异步消息处理机制、异步任务 AsyncTask 及后台服务处理。

感知与多媒体涉及传感器、定位、音/视频、拍照等知识。

操作系统与通信讨论 Android 操作系统的架构和通信，让读者能深入地理解操作系统的运行机制。

在这部分内容中，移动应用开发流程、服务推送和移动定位等内容与移动计算理论部分的移动计算环境、无线网络技术和无线定位技术等核心内容相对应，可以相互参考学习。

针对移动开发环境、界面开发、数据存取、消息与服务及感知与多媒体的相关知识，本书在附录 A 中给出了 5 个实验。读者在完成实验时，需要仔细分析实验要求、给出实验方案、完成实验设计，以及编程实现各个功能模块。

04 | 第4章 移动开发环境

　　本章开始介绍移动应用开发技术。首先，介绍 Android 应用的开发环境搭建，包括编程语言、IDE 工具以及手机模拟器。然后，通过演示项目介绍移动应用开发常用的快捷键、任务管理功能以及日志工具。最后，讨论了 Android 应用的权限管理。

　　本章的重点是掌握移动应用开发框架和熟练使用开发工具，难点是理解移动应用开发框架的运行方式。第5章将主要介绍移动应用的界面开发。

　　Android 是 Google 公司开发的一个开源移动操作系统，主要用于手机、平板电脑、智能手表等移动终端。Android 操作系统具有开放、免费、易于开发、可定制以及丰富的硬件支持等特点。下面给出了 Android 操作系统的主要发展阶段。

　　2007 年，Google 公司展示了 Android 操作系统，并且在 2008 年正式发布了 Android 1.0。

　　2009 年，Google 公司推出了 Android 1.5。同年，Google 公司还发布了 Android 2.0。Android 2.0 改良了用户界面（User Interface，UI），使用新的浏览器接口，并支持 HTML5。

　　2011 年，Google 公司发布了 Android 4.0，其引入了全新的 UI 和 Chrome Lite 浏览器。Android 4.4 首次引入了 ART 虚拟机。与之前的 Dalvik 虚拟机 JIT 相比，ART 虚拟机通过预编译将字节码转换为机器码存放在本地，从而减少了 JIT 对计算资源的浪费，提高了应用程序的运行效率。

　　2014 年 Google 公司发布了 Android 5.0，其使用了新的质感设计（Material Design）风格来实现移动应用界面。Material Design 的核心思想是把物理世界的体验带进屏幕，配合虚拟世界的灵活性，还原最贴近真实的体验，以达到简洁和直观的效果。另外，在 2014 年的 Google I/O 大会上，Google 公司还发布了 Android Wear（智能手表系统）、Android TV（电视系统）以及 Android Auto（汽车系统）。它们与 Android 操作系统共同构成了全方位的移动应用生态圈。

　　2015 年，Google 公司发布了 Android 6.0，其在软件体验和运行性能方面进行了大幅度优化。此外，Android 6.0 还引入了新的权限模式——运行时权限，让用户可以在软件运行时管理应用权限。

　　2016 年，Google 公司发布了 Android 7.0，随后还发布了第一个更新版本 Android 7.1。

4.1　搭建开发环境

在开发移动应用之前，需要搭建开发环境。由于 Android 应用主要使用 Java 来开发，因此要在操作系统上安装 Java 运行时环境（Java Runtime Environment，JRE）和 Java 开发工具包（Java Development Kit，JDK）。对于 JRE 和 JDK，可以在 Oracle 的官方网站上下载对应的安装包。JRE 是运行 Java 程序的环境，它遵循 Java 虚拟机（Java Virtual Machine，JVM）标准，包含 Java 核心类库。JRE 并不是一个开发环境，不包含编译器和调试器等开发工具。JDK 是 Java 应用开发的核心，它包括 JRE、Java 工具（javac/java 等）和 Java 基础类库。

早期 Android 应用的 IDE 有 Eclipse。Eclipse 是一个通用的 IDE，开发人员通过在 Eclipse 上安装 Android 开发插件（Android Development Tools，ADT）来开发移动应用程序。2013 年，Google 公司发布了专门针对 Android 应用开发的 IDE——Android Studio。本书中的 Android 应用都是在 Android Studio 3.0 上开发的。如果读者使用其他版本的 Android Studio 进行开发，它们的操作方式类似。另外，也有其他的 IDE 支持 Android 开发，如 Visual Studio、IntelliJ IDEA 等。

Android 应用可以使用 Java 开发，也可以使用其他编程语言开发。2017 年，Google 公司宣布 Kotlin 为 Android 开发的官方支持编程语言。Kotlin 是 JetBrains 公司开发的一种基于 JVM 的编程语言。使用 Kotlin 编写的代码可以编译成 Java 字节码，也可以编译成 JavaScript 代码，并且能够在任何拥有 JVM 的终端上运行。Kotlin 能够与 Java 实现互操作，并且它的语法相对于 Java 来说更简洁。另外，Kotlin 更安全，它能够检测代码中可能出现的错误，如引用空指针；同时 Kotlin 还提供函数式编程支持。在 Android Studio 3.0 中，开发人员可以使用 Kotlin 来编写移动应用程序。

本书中的 Android 应用使用 Java 进行开发。首先，在操作系统上安装 JVM、JRE 和 JDK 等与 Java 相关的类库，这些类库可以在 Oracle 的官方网站上下载。然后，从 Google 的官方网站上下载 Android Studio 安装程序，接着运行安装程序，选择安装路径，安装完毕以后，就可以启动 Android Studio 来开发应用。

4.2　创建应用项目

开发环境搭建好以后，我们来创建第一个 Android 应用项目。首先设定项目命名规范，如图 4-1 所示。

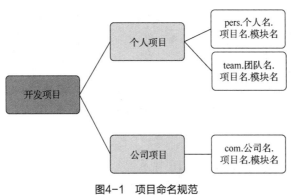

图4-1　项目命名规范

通常，我们将开发项目划分为个人项目和公司项目两类。个人项目又分为由个人完成的项目和由团队完成的项目两种。项目名称的第一个前缀用来区分是个人项目还是团队项目，然后依次是个人名或团队名、项目名以及模块名。

接下来，遵循项目命名规范，我们创建第一个 Android 应用项目。

4.2.1 创建Android应用项目

打开 Android Studio，单击 File 菜单的 New Project，打开 Create New Project 对话框然后在该对话框中输入项目的名称、公司的域名或个人的名称，以及项目存放的位置，如图 4-2 所示。

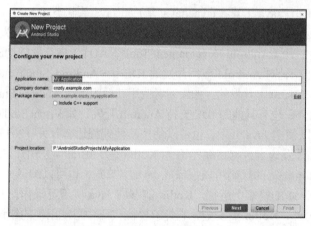

图4-2 新建项目

接下来，单击 Next 按钮，进入下一个设置对话框。在对话框的 Minimum SDK 下拉列表框中，选择项目支持的最低软件开发工具包（Software Development Kit，SDK）版本，如图 4-3 所示。随后，一步步按照提示操作，创建项目。

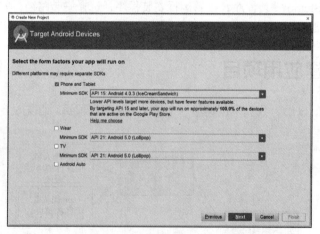

图4-3 选择项目支持的最低SDK版本

4.2.2 项目信息

在 Android Studio 左边的 Project 窗口里显示了多个项目的目录结构，如图 4-4 所示。
Project 窗口列出了多个文件夹，其中在 manifests 文件夹下，可以看到应用的全局配置文件 AndroidManifest.xml。这个文件负责应用中各个组件的配置。在 java 文件夹下是项目各个包的源代码。我们选取以项目名称命名的包（pers.cnzdy.tutorial），展开后，可以看到 Android Studio 自动生成的 MainActivity 文件。另外，在开发过程中还经常要用到资源文件夹，也就是 res 文件夹，它主要用来存放应用的各种资源文件。

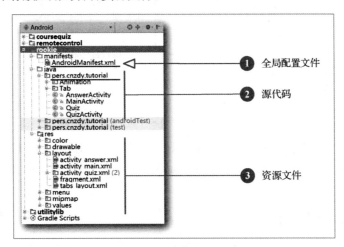

图4-4 整个项目的目录结构

全局配置文件 AndroidManifest.xml 会告诉 Android 操作系统，应用（App）的各种配置信息，如使用的运行环境、所需要的权限以及 Android 的各种组件（活动、服务、广播、内容提供者等）。打开全局配置文件，首先看到的是应用的配置信息，包括应用的图标（icon）、应用的名称（label），以及主题样式（theme）等，如图 4-5 所示。

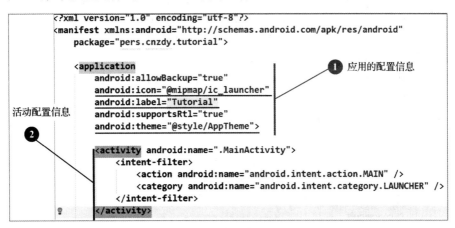

图4-5 应用的配置信息

应用标签（<application>）的下面是应用的活动（Activity 配置信息）。它是移动应用最重要的部分，也是应用的 4 大组件之一。

项目中还有一个文件非常重要，它是存放资源编码的 R 文件，如图 4-6 所示。应用程序通过 R 文件，可以引用各种资源，如字符串、图标、样式等。每一个资源在 R 文件中都有唯一的编码（ID）。当程序要引用资源的时候，就通过这个 ID 进行访问。R 文件不需要手动构造，它由 Android Studio 自动生成。

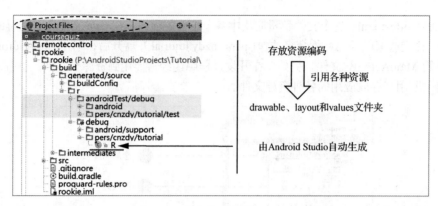

图4-6　R文件

R 文件中对应的资源都存放在 res 文件夹下，不同的资源又存放在不同的文件夹下，如图片存放在 drawable 文件夹下、布局存放在 layout 文件夹下等。这些文件夹的名称都是 Android 操作系统规定好的。

4.2.3　项目构建工具

项目代码生成好以后，需要将源代码打包成可执行的形式，也就是生成 Android 应用程序包（Android Application Package，APK）文件，然后安装到移动终端上运行。完成这一系列任务需要一个专门的工具，即构建工具。

构建工具是一个把源代码生成为可执行应用程序的过程自动化程序，其中包括编译、连接、代码打包、生成可执行文件等步骤。在 Android Studio 中，使用 Gradle 来构建项目。Gradle 是一个开源的自动化构建工具，它不仅限于构建 Android 应用程序，还可用于其他应用程序的构建，如用于 Java 或 C++等项目。在 Android Studio 的 Project 窗口中有一个名为 build.gradle 的文件。通常 Android 项目有两个.gradle 文件：一个是整个项目的.gradle 文件，另一个是模块的.gradle 文件。两个.gradle 文件分别存放在不同的文件夹下。

首先，我们打开项目构建文件 build.gradle 可以看到，文件中主要包括两个部分：

（1）应用的远程代码仓库，指定为 JCenter；

（2）项目的依赖库（dependencies）。

项目构建文件如图 4-7 所示。

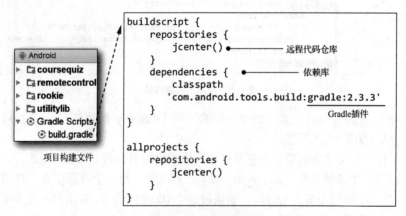

图4-7　项目构建文件

在 build.gradle 文件中，两处 repositories 都声明了 JCenter。JCenter 是一个远程代码仓库，很多 Android 开源项目都会将代码托管到 JCenter 上。Android 应用可以通过访问远程代码仓库 JCenter 来获取各种插件。如在依赖库 dependencies 中，使用 classpath 声明一个 Gradle 插件 "com.android.tools.build:gradle:2.3.3"（最后面的数字部分是插件的版本号），这样 Android Studio 就会在依赖库中自动加入 Gradle 插件，应用项目可以直接使用它，非常方便。

在一个 Android 项目中，可以包含多个模块，每个模块都有一个.gradle 文件，它们分别存放在各模块的文件夹下，如图 4-8 所示。

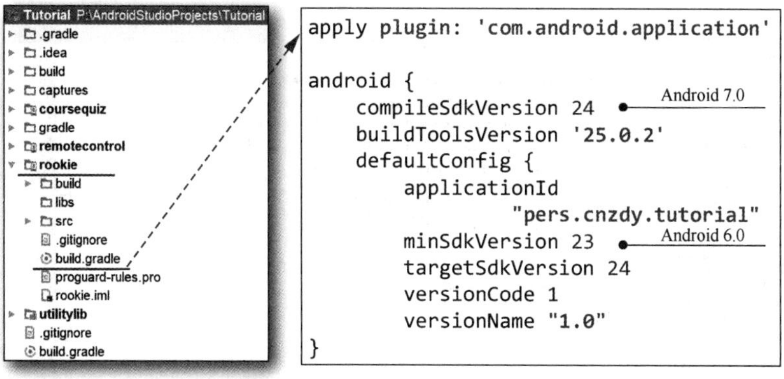

图4-8 每个模块都有一个.gradle文件

模块的.gradle 文件包含的基本信息有：各种版本信息、自定义构建类型（buildTypes）和依赖库。图 4-8 中的.gradle 文件列出了模块使用的 SDK 版本，如 compileSdkVersion 24 代表应用项目支持 Android 7.0，minSdkVersion 23 代表最低支持 Android 6.0。

.gradle 文件里有一项是 buildTypes，它包含 debug 和 release 两种构建类型。在每种构建类型中，还可以设定应用是否需要混淆代码，以防止反编译，如图 4-9 所示。

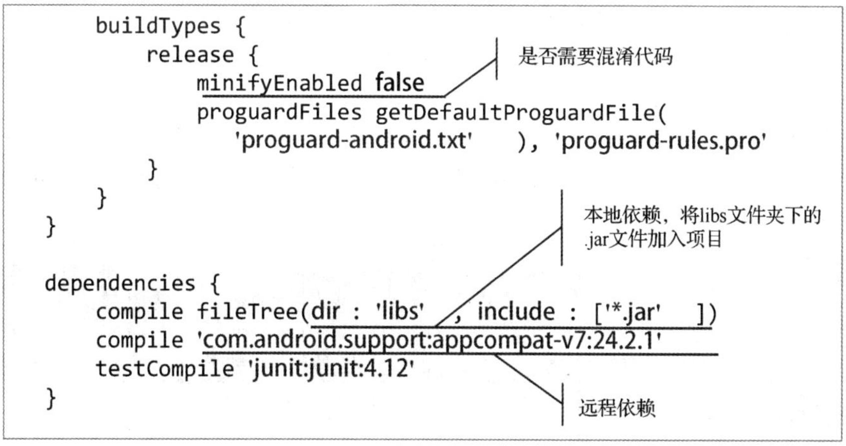

图4-9 .gradle文件的构建类型和依赖库

buildTypes 的下面是依赖库 dependencies，它可以声明本地依赖或者远程依赖。远程依赖的格式是先给出域名，如 com.android.support；然后是冒号；随后是组名，如 appcompat-v7（appcompat_v7 是 Android 的向下兼容包）；最后是版本号，如 24.2.1。Gradle 在构建项目时会首先检查本地是否已经有这个库的缓存，如果没有就会自动联网下载，然后将它添加到项目的构建路径中。

4.2.4 配置SDK和创建模拟器

接下来，我们需要设置移动应用开发所使用的 Android 版本，也就是配置 SDK 版本。首先，单击 File 菜单下的 Settings，打开 Default Settings 对话框，在左侧选择 Android SDK；然后，设置 Android SDK 在本地的存储路径，如图 4-10 所示。在 SDK Platforms 中，我们也可以选取使用某个特定的 Android 版本。

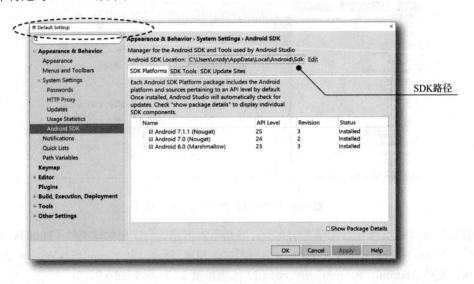

图4-10 设置SDK在本地的存储路径

最后，为了调试和运行应用程序，我们还需要创建 Android 应用的模拟器（如果采用真机调试则不需要）。首先，我们选择 Android Studio 中工具（Tools）菜单下的 Android，并选择 AVD Manager 选项，打开 Android Virtual Device Manager 对话框；然后，单击对话框上的 Create Virtual Device（创建模拟器按钮），打开 Virtual Device Configuration 窗口，选择 Phone（也可以选择创建其他类型的移动设备，比如：可穿戴设备、平板等）创建手机模拟器。创建窗口列出了各种类型的手机，选择一个类型，比如 Nexus 5X，单击 Next 按钮，完成配置，如图 4-11 所示。

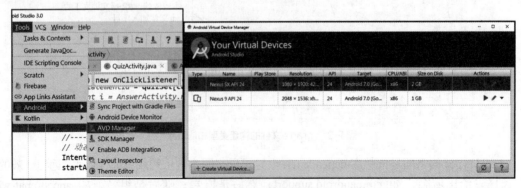

图4-11 创建模拟器

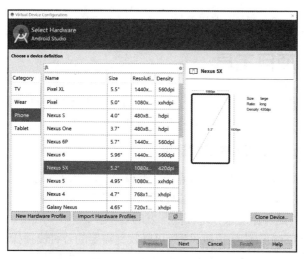

图4-11　创建模拟器（续）

　　模拟器创建好以后，单击 Android Virtual Device Manager 对话框上的启动按钮 ▶，即可启动模拟器，如图 4-12 所示。

图4-12　启动后的模拟器

　　如果你不使用 Android Studio 提供的模拟器，也可以使用第三方模拟器。通常有两种类型的模拟器可以选择：一种基于 Bluestacks，另一种基于 VirtualBox。Bluestacks 把 Android 底层的 API 翻译成 Windows API，它对计算机的硬件本身没有要求，在硬件兼容性方面有一定的优势。VirtualBox 是 Oracle 旗下的开源项目，它在 Windows 内核中直接插入驱动模块，创建一个完整的虚拟计算机环境运行 Android 操作系统。第三方模拟器 Genymotion 就基于 VirtualBox，它的个人版可以免费使用。

　　通过以上操作，我们了解了 Android 项目的基本结构，同时完成了 Android 应用开发环境的搭建，接下来正式进入移动应用项目开发。

4.3　使用项目工具

在开发过程中经常要用到一些工具，这些工具能够辅助项目管理、提升工作效率。本节主要介绍 Android Studio 中的快捷键、任务管理功能和日志工具。

4.3.1　Android Studio中的快捷键

在 Android 应用的开发过程中，经常需要在源程序、全局配置文件（AndroidManifest.xml）、资源文件等不同窗口之间进行切换；在编码过程中，要完成大量增、删、改、查等代码编辑工作，因此掌握必备的快捷操作能极大地提高开发的效率。

通过查看 Android Studio 的快捷键设置，可以找到需要的各种快捷操作。在 Setting 窗口（打开 Setting 窗口的快捷键为：Ctrl+Alt+S）中找到 Keymap，可查找和设置需要的快捷键，即通过点击鼠标右键，打开右键菜单来定义某些特定操作的快捷键。如图 4-13 所示。

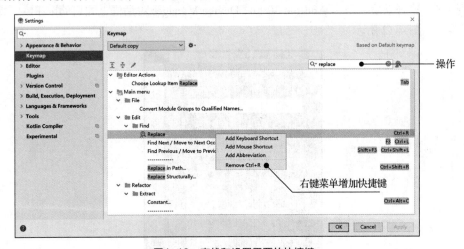

图4-13　查找和设置需要的快捷键

表 4-1 列举了 Android Studio 中常用的快捷键，你可以根据自己的习惯进行增加和修改。

表4-1　Android Studio 中常用的快捷键

操作	快捷键	操作	快捷键	操作	快捷键
返回声明	Ctrl+B	布局文件和活动跳转	Ctrl+Alt+Home	各个窗口切换	Alt+数字（1/2/3 等）
切换窗口或文件	Ctrl+Tab	隐藏窗口	Shift+Esc	重命名	Shift+F6
查找	按两次 Shift	替换文本	Ctrl+R	注释代码	Ctrl+/
复制整行	Ctrl+D	删除整行	Ctrl+Y	包裹代码	Ctrl+Alt+T
剪切整行	Ctrl+X	代码格式化	Ctrl+Alt+L	折叠/展开代码	Ctrl+Shift+-/+

4.3.2 任务管理功能

在软件开发中，经常需要将整个项目分解成多个小任务，然后逐步完成每个小任务。Eclipse 和 Android Studio 都提供了任务管理功能。该功能可以把项目中一些留待以后处理的任务都记录下来。如为了快速实现程序功能，使用了链表数据结构，然而考虑到后续可能加入更复杂的数据结构，我们可以通过任务管理功能，将代码标识为"TODO 设计新的数据结构"。在下一次打开 Android Studio 时，通过 TODO 窗口就可以很快地查找和定位有哪些需要完成的任务和待解决的问题，如图4-14 所示。

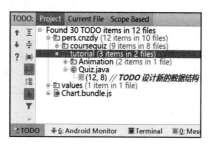

图4-14　TODO窗口

在源代码中，为了记录待完成的任务，我们首先输入注释符号（两个斜杠）；然后，在注释符号后面输入 TODO，并简单描述以后需要完成的任务，如"TODO 以后添加新的题目"，如图 4-15 所示。

```
// TODO 以后添加新的题目
Quiz[] quizSet = new Quiz[] {
        new Quiz("Activity生命周期设计了若干个阶段，每个阶段
        new Quiz("Service是一个独立的可以与用户交互的Android
        new Quiz("RelativeLayout布局中的视图组件以层叠方式显
        new Quiz("IntentFilter组件既可以响应显式Intent请求,
        new Quiz(R.string.quiz_handler,  answer: true),
};
```

图4-15　在源代码中记录待完成的任务

通过这种规范的书写格式，我们在 TODO 窗口中可以查看所有任务记录，用鼠标双击某项记录，可以直接跳转到该项任务所在的文件位置。

除了 TODO 以外，在 Android Studio 中还设置了 FIXME 任务。TODO 通常表示留待以后实现的功能；FIXME 表示这部分代码存在问题，以后需要修复。在 Android Studio 的 Settings 菜单中我们还可以添加其他自定义的任务标签。

4.3.3 日志工具

日志工具主要用来显示程序运行中的各种信息，如显示程序运行中某个变量的取值。通过查看这些信息可以了解程序的运行状态，便于发现问题和调试程序。在 Java 中，一种最简单的日志输出方式是采用 System.out.println()函数来输出各种日志信息。而在 Android 开发中，我们一般不使用这个方式，主要是因为 System.out.println()函数输出的日志信息不可控制，输出的时间无法确定，输出的信息没有根据问题的严重程度划分不同的等级，并且也不能对各种不同的信息进行筛选和过滤。Android 提供了日志输出的替代方案——日志类 Log（Android.util.Log）。

下面我们在 MainActivity 类的 onCreate()函数中加入日志输出代码，如下所示。

```
protected void onCreate(Bundle savedInstanceState) {
    super.onCreate(savedInstanceState);
    setContentView(R.layout.hello_world_layout);
    Log.d("主程序", "执行到当前位置");  ———— 日志信息
}                        用于信息过滤
```

接下来，我们运行程序，并且在 Android Studio 的 View 菜单中选择 Tool Windows，接着选择 Logcat。在 logcat 窗口中，我们可以看到各种日志信息，如图 4-16 所示。

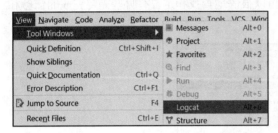
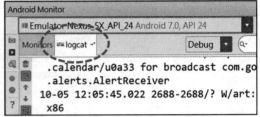

图4-16 logcat窗口

日志信息的级别由低到高排列，一共有 5 种类型的日志信息，分别是 Verbose、Debug、Info、Warn 及 Error。Log.v()函数用于输出 Verbose 类型信息，它是最琐碎、意义最小的日志信息。Log.d()函数用于输出 Debug 类型信息，它对调试程序和分析问题有帮助。Log.i()函数用于输出 Info 类型信息，它对开发人员分析用户行为有帮助。Log.w()函数用于输出 Warn 类型信息，它提示程序中可能存在的潜在风险。产生 Warn 类型信息的地方开发人员需要认真检查并加以修改。Log.e()函数用于输出 Error 类型信息，它提示程序中可能存在的错误，如提示程序中存在的异常情况。Error 类型信息通常表示程序中存在比较严重的问题，需要修复才能正常运行。以上 Log 类提供的 5 个函数主要用到两个参数，如：

```
Log.e(TAG, "找不到保存下载文件的目录");
```

函数的第一个参数用来过滤那些不想查看的信息，第二个参数是显示在 logcat 窗口中的信息。

如果要查看过滤后的信息，我们还需要在 logcat 窗口中设置过滤的内容。首先，在程序中定义过滤标签 TAG，将 TAG 设置为 Log 类函数的第一个参数。接着，在 logcat 窗口中选择 Edit Filter Configuration，打开 Greate New Logcat Filter 对话框，并在该对话框的 Filter Name 中设置一个过滤器名，如 MainTAG。最后，在 Log Tag 中设置过滤字符串，该字符串对应程序中定义的静态变量 TAG。操作过程如图 4-17 所示。

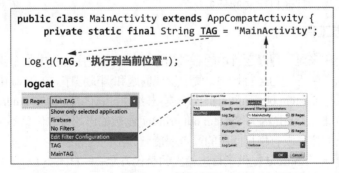

图4-17 操作过程

过滤器设置完成以后，我们运行程序，可以看到过滤后的信息；也可以在 logcat 窗口中选取要查看日志的级别，这样能够对信息进行分类过滤，如图 4-18 所示。

图4-18 过滤后的信息

除了通过日志工具查看各种信息以外， Android 还提供了运行时查看程序信息的方式——Toast。通过编写 Toast 代码，可以在 Android 应用的运行界面上弹出一个提示窗口来显示信息。提示信息通常只显示一段时间，然后就消失了，它不会影响程序的运行。使用 Toast 时，我们首先调用 Toast 类的 makeText()函数创建一个 Toast 对象，然后调用 show()函数将信息显示在界面上，如图 4-19 所示。

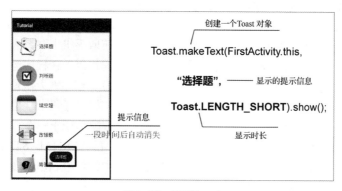

图4-19 使用Toast

makeText()函数有 3 个参数。第 1 个参数是提示信息显示的上下文环境（Context），如FirstActivity 界面，由于活动本身就是一个 Context 对象，因此直接传入 FirstActivity.this。第 2个参数是要显示的提示信息。第 3 个参数有两个选项，一个是 LENGTH_SHORT，另一个是LENGTH_LONG，分别表示提示窗口显示的时长。

4.4 管理应用权限

当 Android 应用要完成某种敏感的操作时，如拨打电话、发送短信、使用摄像头等，应用需要向用户申请使用权限。这种方式确保了系统安全。在早期的 Android 操作系统中，如果应用程序要使用某项需要权限的功能，需要在全局配置文件（Android Manifest.xml）中进行设置。如要获取网络状态信息，需要在全局配置文件中进行声明：

```
<uses-permission android:name="android.permission.ACCESS_NETWORK_STATE" />
```

当 Android 应用安装好以后，用户可以在系统设置的"应用程序"中查看每个应用的权限，如图 4-20 所示。

在全局配置文件中申请权限，称为静态权限申请。采用静态权限的管理方式，Android 应用在使用过程中会存在一些问题：如果通过全局配置文件申请权限，用户在安装应用时，就必须同意各种权限申请；如果用户不同意，应用就无法安装。这使得很多应用在安装时就向用户申请过多的权限，而有的权限可能是应用完全不需要的。这样就会强迫用户在安装时必须同意应用的权限申请。

为了解决这个问题，Google 公司在 Android 6.0 以后加入了动态权限管理——运行时权限。采用动态权限的管理方式，Android 应用会在用户使用的过程中，申请需要用到的敏感权限。用户可以拒绝某些敏感权限的申请，虽然不能使用需要敏感权限的功能，却不会影响使用其他功能。而对于已经授权过的权限，用户也可以在系统设置中关闭授权。这种方式可以防止一些应用恶意访问用户数据，增强了系统的安全性。

Android 6.0 将应用的所有权限分为两类：一类是普通权限，另一类是危险权限。普通权限通常不会直接威胁到用户的安全和隐私。这类权限只需要通过静态注册的方式提出申请，用户在安装应

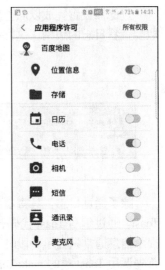

图4-20　应用的权限

用时进行确认。确认后，系统会对应用授权，以满足程序的运行需求。危险权限是那些可能会涉及用户隐私，或者对移动终端造成安全隐患的权限，如获取手机上联系人电话号码、定位手机的地理位置等。这类权限不能用静态方式注册，必须编写代码，在程序运行的时候，弹出权限申请对话框，然后由用户选择是否授权。如果用户不同意，程序就无法使用相应的功能。

危险权限一共有 9 组，共 24 个权限，分别是日历、相机、通讯录、位置信息、麦克风、电话、传感器、短信以及存储，如表 4-2 所示。每个危险权限都属于一个权限组，如存储权限组就包括 READ_EXTERNAL_STORAGE（读）和 WRITE_EXTERNAL_STORAGE（写）两个权限。在编写动态权限申请代码时，开发人员根据表 4-2 中的权限名申请授权。如果程序在运行过程中需要使用某项权限，这时就会弹出权限申请对话框，提示用户授权；如果用户同意授权，那么这个权限同组的所有其他权限也会被同时授权。

表 4-2　危险权限

权限组	权限名
日历	READ_CALENDAR WRITE_CALENDAR
相机	CAMERA
通讯录	READ_CONTACTS WRITE_CONTACTS GET_ACCOUNTS
位置信息	ACCESS_FINE_LOCATION ACCESS_COARSE_LOCATION
麦克风	RECORD_AUDIO
电话	READ_PHONE_STATE CALL_PHONE READ_CALL_LOG WRITE_CALL_LOG

续表

权限组	权限名
电话	ADD_VOICEMAIL USE_SIP PROCESS_OUTGOING_CALLS
传感器	BODY_SENSORS
短信	SEND_SMS RECEIVE_SMS READ_SMS RECEIVE_WAP_PUSH RECEIVE_MMS
存储	READ_EXTERNAL_STORAGE WRITE_EXTERNAL_STORAGE

每当应用需要申请一个权限时，就可以先查询表 4-2。如果申请的权限在表 4-2 中，那么需要编写代码，在运行时申请权限；如果申请的权限不在表 4-2 中，那么只需要在 AndroidManifest.xml 文件中添加权限声明就可以了。

下面以 CALL_PHONE（拨打电话）权限（危险权限）为例，我们来编写权限申请代码。当用户每次拨打电话时，应用程序都要判断是否已被授予拨打电话权限，我们通过调用 ActivityCompat.checkSelfPermission() 函数来进行判断。如果函数返回 PackageManager. PERMISSION_GRANTED，则表示已经授权；如果没有授权，则需要调用 ActivityCompat requestPermissions()函数来申请授权。这时应用会弹出一个权限申请对话框，用户可以选择拒绝或总是允许权限申请。不论是哪种结果，程序最终都会回调 onRequestPermissionsResult()函数返回授权结果，其中 requestCode 表示权限申请的编号，用来判断当前申请的是哪一个权限；而授权结果则会封装在 grantResults 参数中。相关代码如下所示。

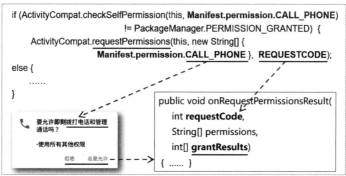

在 onRequestPermissionsResult()函数中，程序将根据用户的授权结果进行判断：如果用户同意，就调用 call()函数来拨打电话；如果用户拒绝，就放弃操作，并且弹出一条操作失败的信息提示。示例代码如下。

```java
@Override
public void onRequestPermissionsResult(int requestCode, String[] permissions,
                                       int[] grantResults) {
if (requestCode == 1) {
    if (grantResults[0] == PackageManager.PERMISSION_GRANTED) {
        calling();
```

```
        } else {
        Toast.makeText(this, "权限被拒绝", Toast.LENGTH_SHORT).show();
        }
    }
}
```

4.5　本章小结

本章首先介绍了如何搭建 Android 应用开发环境；接下来，讨论 Android 开发的目录结构和项目构建工具 Gradle。在项目开发中，日志工具是应用程序调试的必备项。本章介绍了 Android 日志工具的使用方法，Android Studio 内置的日志查看工具 Logcat、快捷键以及项目管理工具 TODO。

除了上述介绍的工具以外，Android Studio 还提供智能代码助手、代码自动提示、重构、单元测试、代码审查及版本管理等功能。

4.6　习题

1. 简述移动应用的开发过程。
2. 说明客户端/服务器结构和浏览器/服务器结构有何特点？
3. 简述 Android 项目的目录结构。
4. 说明 Android Studio 中"project"与"module"的区别。
5. R.java 是什么文件？它有什么用？
6. 在 Java 和 Android 中如何使用日志？它们有什么不同？
7. 列举出 Android Studio 中使用的 3 种项目管理工具，说明它们的特点。
8. Android 操作系统提供了哪些权限申请方式？如何申请？
9. 根据 Android 操作系统的动态权限管理，编写运行时授权类。
10. 当前有哪些流行的移动应用开发平台？说明它们的特点。
11. 简述 Android 应用程序的结构。

05 第5章 界面开发

本章重点介绍 Android 开发中最基本的开发模块——活动，以及它的堆栈管理方式和生命周期。界面设计部分探讨视图结构和布局模型。界面交互部分分析活动的事件处理模型和消息传递方式（Intent）。最后，重点介绍常用的几种控件：列表控件（ListView 和 RecyclerView）、碎片（Fragment）和视图翻页控件（ViewPager）。

本章的重点是掌握活动的堆栈管理方式和生命周期、Android 的视图结构、界面常用的布局模式、界面上的各种常用控件，以及组件之间的交互方式；难点是理解任务与活动的工作模式、事件的回调模型、IntentFilter 的过滤方式，以及 Fragment 在界面上的共享与重用。第 6 章将讨论应用程序中各种资源的管理。

5.1 界面设计

下面我们以一个答题应用为例来构建第一个 Android 应用项目。图 5-1 所示为答题应用的主界面，它包括题干和交互答题两部分。

图5-1 答题应用的主界面

首先，我们来了解 Android 应用界面的构成。在 Android 操作系统中，应用界面由 Activity 类来负责。把一个活动拆解，最上面是界面的视图（View），它包含两种控件，一种是按钮（Button），另一种是文本框（TextView）。控件按一定的顺序和方式放置在界面上。为了确定各个控件的位置，Android 采用布局（Layout）作为容器，来放置各个控件，如图 5-2 所示。

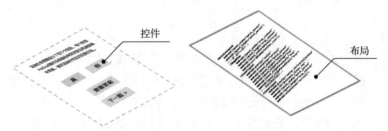

图5-2　Android应用界面的控件和布局

然后，用户在界面上还要完成各种交互操作，如点击按钮、滑动等。交互操作的代码主要在 Activity 类中实现。以上 3 个部分就构成了 Android 应用的界面，如图 5-3 所示。

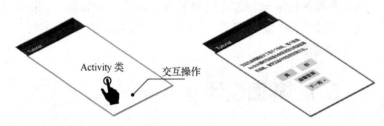

图5-3　Android应用的界面

5.1.1　布局与交互

在 Android Studio 中，我们一步步来创建答题应用的主界面。首先创建布局文件，如图 5-4 所示。在 File 菜单中选择 New，接着选择 Android resource file，打开 New Resource File 对话框，在该对话框中填写布局文件名称，创建布局文件。

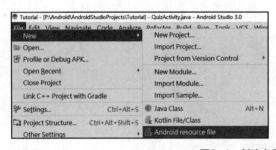

图5-4　创建布局文件

布局文件创建好以后，显示答题界面窗口，如图 5-5 所示。接下来，我们在界面上添加文本框，用来显示题干，同时再添加 4 个按钮："真""假""查看答案"及"下一题 >"。在 Android Studio 中，布局文件的界面显示包括 Design（设计）和 Text（文本）两种显示方式。单击 Design 可以切换到图形化的界面显示，它的左边是控件树，用来显示界面上放置的 Text View 控件和按钮，右边显示整个界面的样式。单击 Text 可以打开界面的文本描述（XML 格式），其中第二行设置界面的布局类型为 FrameLayout。

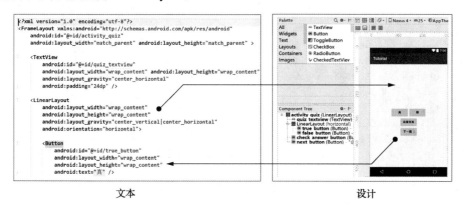

文本　　　　　　　　　　　　　　　设计

图5-5　界面的布局

在布局文件中，每个按钮都对应了一个标签<Button>，我们可以在标签<Button>中设置按钮的各种属性：按钮的编号（android:id）、宽度（android:layout_width）、高度（android:layout_height）、显示文本（android:text）等信息。布局可以看作一个容器，我们可以在容器中存放各个控件。控件按我们指定的要求排列。另外，布局也可以相互嵌套。在图 5-5 中，最外层是 FrameLayout 布局，在它的里面又嵌套了一个 LinearLayout 布局。

布局和控件的文本描述存储在 res\layout 文件夹下的 activity_quiz.xml 文件中。这个文件就是答题界面的布局文件。布局文件只用来实现界面的静态结构，而界面的动态交互部分需要活动来实现，也就是需要在 Activity 类中通过编码来实现界面的交互操作。通常自定义的活动都继承 AppCompatActivity 类。

答题界面活动 QuizActivity 的代码如下。

```
/**
 * 演示课堂练习
 * @author cnzdy
 * @date 2017/1/19 19:01
 */
public class QuizActivity extends AppCompatActivity {
    static final String TAG = "QuizActivity";
    static final String CURRENT_INDEX = "quiz_index";
    static final int REQUEST_ANSWER_CODE = 0;

    Button trueBtn;         // 判断题，选择"真"
    Button falseBtn;        // 判断题，选择"假"
    Button nextBtn;         // 下一题
    Button checkAnswerBtn;
    TextView quizTextView;
    ...
}
```

在活动 QuizActivity 中，需要实现各种事件的监听和处理，如在程序中监听用户的单击事件，并且根据单击事件做出响应，代码如下。

```
@Override
protected void onCreate(Bundle savedInstanceState) {
```

```
super.onCreate(savedInstanceState);
setContentView(R.layout.activity_quiz);

quizTextView = (TextView) findViewById(R.id.quiz_textview);
trueBtn = (Button) findViewById(R.id.true_button);
falseBtn = (Button) findViewById(R.id.false_button);
nextBtn = (Button) findViewById(R.id.next_button);
checkAnswerBtn = (Button) findViewById(R.id.check_answer_button);
// 监听单击事件
trueBtn.setOnClickListener(new View.OnClickListener() {
    @Override
    public void onClick(View v) {
            checkAnswer(true);  // 检查答题是否正确
    }
});
```

5.1.2 界面设计模式

Android 应用的界面设计采用了流行的模型-视图-控制器（Model-View-Controller，MVC）模式。MVC 模式将表示层（视图）与业务层（模型）分离，降低了耦合性，便于开发和维护。用户与界面的交互过程在 MVC 模式中得到了完整的展现，如图 5-6 所示。

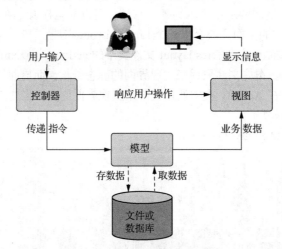

图5-6　用户与界面的交互过程

在 MVC 模式中，活动根据用户的指令，完成处理并给出响应。如用户答题时，在选择"真"或"假"以后，可以选择"下一题 >"或"查看答案"。如果用户选择"下一题 >"，活动将指令传递给数据存取模块（模型），数据存取模块从文件或数据库中读取下一道测试题目；然后发送给界面，最终将题目信息显示在活动界面上。如果用户选择"查看答案"，类似地，活动将在题库中查询正确结果，并且将题目的正确结果显示在活动界面上。

采用 MVC 模式设计答题功能模块时，将模块划分为 3 个部分，如图 5-7 所示。控制器部分包含实现交互的 QuizActivity 类和布局文件 activity_quiz.xml。视图上用文本框显示测试题目，用按钮完成答题操作。QuizActivity 中包含一个指向测试题目集合的引用。测试题目集合 quizSet 是一个 Quiz 类数组，保存了多个测试题目。Quiz 是测试题目类，其中暂时加入两个成员变量，分别是题目的编号（statementId）和答案（answer）。

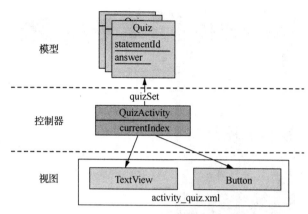

图5-7　采用MVC模式设计答题功能模块

5.1.3　活动配置

创建 QuizActivity 和对应的布局文件（activity_quiz.xml）以后，我们还需要在全局配置文件（AndroidManifest.xml）中对它进行设置：给活动添加一个标签，标签的 android:name 属性设置为 ".QuizActivity"。接下来，还要把 QuizActivity 设置为答题应用的启动界面，这样在每次启动答题应用时就直接进入 QuizActivity 界面。要设置启动活动，需要在<activity>标签下面增加<intent-filter>标签，并且还需要设置<action>和<category>两个标签。活动的配置信息如下。

```xml
<?xml version="1.0" encoding="utf-8"?>
<manifest xmlns:android="http://schemas.android.com/APK/res/android"
    package="pers.cnzdy.tutorial">
    <application
        android:allowBackup="true"
        android:icon="@mipmap/ic_launcher"
        android:label="@string/app_name"
        android:supportsRtl="true"
        android:theme="@style/MDesignAppTheme">

        <activity android:name=".QuizActivity">
            <intent-filter>
                <action android:name="pers.cnzdy.tutorial.ACTION_START" />
                <category android:name="android.intent.category.DEFAULT" />
            </intent-filter>
        </activity>
    </application>
</manifest>
```

配置好以后，在 Android Studio 中运行答题应用程序，单击运行按钮▶，启动并安装该应用，就可以在真机或模拟器中看到答题应用运行效果，如图 5-8 所示。

在全局配置文件中，除了设置活动以外，我们还需要配置 Android 应用要用到的各种组件，通常需要配置的内容有服务（Service）、广播接收器（BroadcastReceiver）、内容提供器（ContentProvider）及 Permission（权限）等，其中活动、广播接收器、服务及内容提供器被称为 Android 应用的 4 大组件。

图5-8　答题应用运行效果

5.2　界面组件——活动

一个 Android 应用有多个界面，如答题界面、查看答案界面、答题情况统计界面等。一个界面就是一个活动，而所有这些活动都由 Android 操作系统统一进行管理。由于手机屏幕的限制，通常屏幕上一次仅显示一个界面。而且，由于手机的各种资源（内存、电源等）有限，Android 操作系统在内存不足的时候，往往会"销毁"当前没有使用的活动（不显示或不能响应的界面）。在操作系统中，活动将不断经历从创建到销毁的周期。我们需要了解活动如何生存，以及活动整个生命周期的状态变迁，这样才能更清楚地知道如何实现活动。

5.2.1　任务与返回栈

从系统的角度来看，当 Android 应用启动运行时，应用会创建一个任务。任务用来存放当前运行的活动，所有活动都归属于这个任务。任务采用栈结构来保存活动，这个栈通常又被称为返回栈（Back Stack）。一旦某个活动被创建，就会被压入返回栈中。而只有在栈顶的活动才可见并且可以和用户进行交互操作，也就是说位于栈顶的活动在前台运行。当返回栈中的所有活动都被清除出栈（弹出栈）时，返回栈会被销毁，应用退出。任务和返回栈的结构如图 5-9 所示。

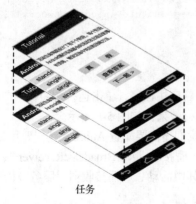

任务　　　　　　　　　　　　　返回栈

图5-9　任务和返回栈的结构

从用户的角度来看，用户在使用 Android 应用的时候，经常打开多个界面（活动），完成一系列的操作。如用户要在浏览器中查看新闻就需要单击新闻列表，打开新闻浏览界面；如果想把刚才看到的新闻分享给微信中的朋友，单击分享就会打开微信的界面。所有这些操作的序列就称为"任务"。任务将一组相互关联的活动组织在一起，形成一个操作集合，每一个活动就代表一个用户操作。

任务通过栈结构来控制所有活动的跳转和返回。在堆栈中，只有栈顶的活动可以操作，也就是说一个任务中只有一个活动处于运行状态，其他的活动都转入后台暂停运行。Android 操作系统会保存这些活动的状态，以便它们在转入前台时可以恢复运行。系统采用这种界面管理方式，确保了每次都只有一个活动在前台运行，减少了整个系统的内存开销。

在默认情况下，当一个活动启动另一个活动时，两个活动都被放置在同一个任务中，即压入同一个返回栈。当用户单击返回按钮后，压入的活动将从返回栈中弹出，前面压入的活动又显示在屏幕上。而当一个应用启动其他应用中的活动时，如用户拍照以后把照片分享给 QQ 好友，这时将打开 QQ 应用界面，这两个应用（拍照应用和 QQ）界面对用户来说好像属于同一个应用程序；而在系统内部，任务与任务之间是相互独立的。

我们再来看另一个使用场景。在运行微信时，用户按 Home 键回到主屏幕（Android 的系统界面）；然后，用户又启动支付宝。在这个过程中，微信的任务将被转移到后台，而支付宝的界面将被转移到前台。随后，用户又按 Home 键回到主屏幕，再次单击微信时，因为系统仍然保留着微信内的所有活动，所以之前微信的界面将被转移到前台，而支付宝的任务将被转移到后台。如果这时用户再执行返回操作，就会针对微信的界面执行返回操作。

总的来说，对于一个活动序列，Android 操作系统采用返回栈进行管理，每个应用都有一个与之对应的返回栈。当用户连续打开多个界面时，系统将不断执行压栈操作；而当用户单击返回按钮时，系统将不断执行出栈操作。下面用一个例子来说明两个任务中活动的变化情况，如图 5-10 所示。

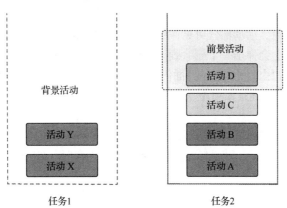

图5-10　两个任务中活动的变化情况

当启动一个新的应用的时候，Android 操作系统为这个应用创建任务 1。用户先打开一个活动 X，然后又打开一个活动 Y。当操作完成以后，用户按 Home 键返回系统主界面，这时任务 1 转到了后台，不再显示到屏幕上，它的活动也变成了背景活动（Background Activity）。接下来，用户又启动另外一个应用，Android 操作系统为这个新启动的应用创建任务 2。随着用户的操作，任务 2 的返回栈中放入多个活动，最上面的活动称为前景活动（Foreground Activity）。

我们从返回栈的角度再来了解一下活动的状态变迁。应用首先启动活动 A，然后启动活动 B，接着启动活动 C。当单击返回按钮或者调用 finish()函数后，活动 C 被销毁，栈顶切换到活动 B，如果继续返回，应用将销毁活动 B，最后活动 A 又重新回到栈顶。返回栈中活动的变迁过程如图 5-11 所示。

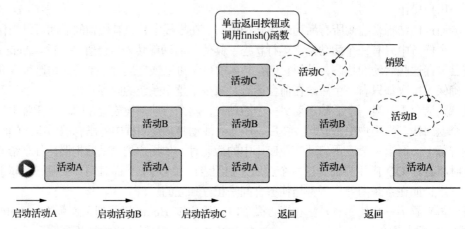

图5-11　返回栈中活动的变迁过程

5.2.2　活动的生命周期

根据栈的行为和活动的周期变化，Android 将活动的运行分为 4 种生存状态：运行状态、暂停状态、停止状态及销毁状态。

1. 运行状态

活动处于运行状态时，将位于栈顶，表示用户当前正在与该活动进行交互操作，即用户正在使用该活动。在资源紧张的情况下，系统通常不会销毁处于运行状态的活动。

2. 暂停状态

活动处于暂停状态时，活动部分可见，用户不能够对它进行操作。如当我们单击删除图片按钮时，在图片显示界面上会弹出一个删除确认对话框，让用户确认是否删除图片；这个对话框通常只占据部分屏幕空间，因此图片显示界面仍然部分可见。但是这时用户无法控制图片显示界面，图片显示界面就处于暂停状态。处于暂停状态的活动仍然存活，系统通常不会销毁这种活动。

3. 停止状态

当活动被压到返回栈的下面，在屏幕上完全不可见，这个时候活动就处于停止状态。系统会保存活动的状态和成员变量。但是，当其他地方需要内存时，处于停止状态的活动可能会被系统销毁。

4. 销毁状态

如果活动被弹出返回栈，活动就被销毁了，系统会回收它所占用的内存和资源，这时活动就处于销毁状态。

将活动的 4 种生存状态连接起来就形成了活动的生命周期。活动的生命周期涉及的调用函数和对应的活动状态如图 5-12 所示。

首先，系统创建活动。通常应用在活动的 onCreate()函数中完成一些初始化操作，如加载布局、获取控件对象等。然后，活动开始运行，调用 onStart()函数。接下来，调用 onResume()函数让活动获得焦点，这时活动准备和用户进行交互，活动也就进入运行状态。

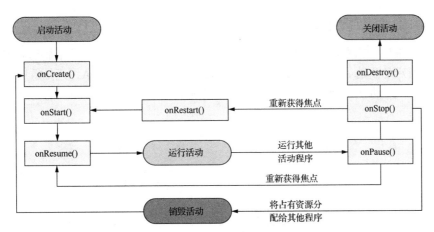

图5-12 活动的生命周期

如果用户启动其他活动，如对话框式的活动，原来的活动就转为暂停状态。活动转移到暂停状态时，可以在 onPause()函数中释放一些不用的资源，保存一些关键的数据。如果活动只是暂停，它可以重新获得焦点，从而恢复到运行状态。

如果启动新的活动，原来的活动完全不可见，这时会调用 onStop()函数。通常在 onStop()函数中释放一些不用的资源，关闭一些耗时的操作，如向数据库里面写入数据。如果活动停止后，又重新启动它，它会再次进入运行状态。这时活动由后台切换到前台，会调用 onRestart()函数，这时可以在 onRestart()函数中做一些必要的恢复操作。

最后，在活动被销毁之前，系统会调用 onDestroy()函数，用于释放活动所占用的内存和资源。活动销毁后它的整个生命周期也就结束了。

活动在 onCreate()函数和 onDestroy()函数之间所经历的状态变迁，就是一个完整的生命周期。把活动在生命周期中调用的函数进行配对，我们可以更容易理解如何使用这些函数。首先，onCreate()函数和 onDestroy()函数对应。通常活动在 onCreate()函数中完成各种初始化操作，对应地，在 onDestroy()函数中释放所占用的内存和资源。其次，onStart()函数和 onStop()函数对应，它们分别使活动可见和不可见。一般在 onStart()函数中对资源进行加载，而在 onStop() 函数中对资源进行释放，从而保证处于停止状态的活动不会占用过多的内存。最后，活动在 onResume()函数和 onPause()函数之间所经历的是前台生存期。在前台生存期内，活动总是处于运行状态，这时活动可以和用户进行交互。活动的 6 个函数的对应关系如图 5-13 所示。

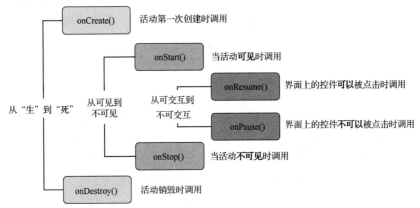

图5-13 活动的6个函数的对应关系

5.2.3　活动的启动模式

系统使用堆栈结构来管理活动，会存在活动重用的问题。如先启动一个活动 A，然后启动活动 B，接着启动活动 A，那么在返回栈的顶部是创建一个新的活动 A，还是重用原来的活动 A？也就是说，活动 A 已经处于堆栈的底部，系统是否会将它移到栈顶？活动重用的问题如图 5-14 所示。

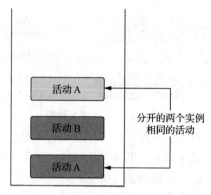

图5-14　活动重用的问题

除此以外，一个应用启动另一个应用的活动，如在拍照后，我们将图片分享到微信，系统将启动微信界面，那么微信界面是否会保存在原来拍照应用的返回栈中？不同应用之间是否可以共用一个返回栈？以上问题的关键是：系统能否重用活动。

针对以上问题，Android 提供了 4 种不同的启动模式来管理返回栈中的活动，实现了活动的重用和共享。这 4 种启动模式分别是：standard 启动模式、singleTop 启动模式、singleTask 启动模式及 singleInstance 启动模式。

1．standard 启动模式

standard 启动模式是系统默认的启动模式。每次应用程序调用 startActivity()函数，系统都会创建一个新的活动放在栈顶。如果启动同一个活动，活动将被重复创建，并置于栈顶；如果要退出程序，需要连续单击返回按钮才能退出。这种启动模式的缺点是浪费内存。

2．singleTop 启动模式

采用 singleTop 启动模式，能够部分消除创建重复活动的问题，其执行方式如图 5-15 所示。

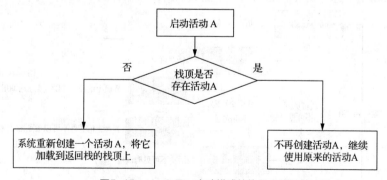

图5-15　singleTop启动模式的执行方式

在 singleTop 模式下，启动活动 A 时，系统首先判断栈顶是否存在活动 A。如果栈顶不存在活动 A，系统就创建一个活动 A，并放到栈顶；如果栈顶存在活动 A，系统就继续使用原来创建的活动 A，也就是说在 singleTop 模式下，栈顶不会有两个相同的活动。如果某个活动已经在栈顶，那么再次跳转会直接使用原来那个活动而不会重新创建一个同样的活动。通过这种方式，系统减少了内存的浪费。

下面给出一个使用 singleTop 启动模式的例子。首先，启动活动 A，然后启动活动 B，接着启动活动 C，最后又启动活动 B。这时活动 B 已经有一个实例在返回栈中，但是它被压在活动 C 的下面。如果采用 standard 启动模式（如图 5-16（a）所示），系统将会创建一个新的活动 B，放到栈顶上。如果采用 singleTop 启动模式，启动活动 A，接着启动活动 B，现在再启动活动 B，系统将不再创建活动 B，而是直接使用栈顶的活动 B（如图 5-16（b）所示）。

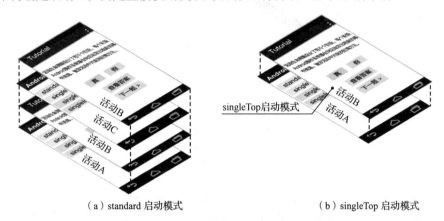

（a）standard 启动模式   （b）singleTop 启动模式

图5-16　standard启动模式与singleTop启动模式

在重复启动栈顶活动时，虽然使用 singleTop 启动模式，可以减少内存的浪费。但是，如果活动不在栈顶，又重复启动活动，返回栈仍然会存在重复的活动。那么有没有办法让系统中只有一个活动？Android 操作系统通过 singleTask 启动模式来解决这个问题。

3. singleTask 启动模式

singleTask 启动模式的执行方式如图 5-17 所示。启动活动 A 时，系统首先判断返回栈中是否存在活动 A，如果不存在活动 A 就会创建它；如果存在活动 A，那么把活动 A 上面的所有其他活动都销毁，这样活动 A 就处于栈顶位置了。这时在返回栈中只有一个活动 A 存在。

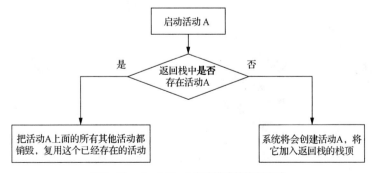

图5-17　singleTask启动模式的执行方式

我们再来看一个例子。系统首先启动活动 A，再启动活动 B，接着启动活动 C 和活动 D。现在要再次启动活动 B，需要从活动 D 跳转到活动 B。由于采用 singleTask 启动模式，这时活动 D 和活动 C 依次被销毁，活动 B 就处于栈顶位置。其执行过程如图 5-18 所示。

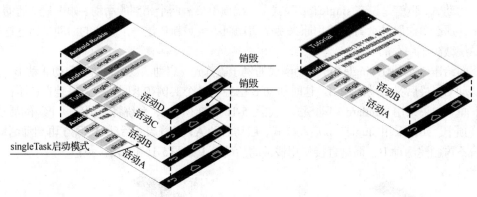

图5-18　执行过程

从上述的执行过程可以看出，如果某个活动采用 singleTask 启动模式，那么在返回栈中将只有这一个活动。

4. singleInstance 启动模式

在 Android 操作系统中，各个应用之间可以共享活动，如分享功能通常会打开其他应用程序的界面。接下来，我们需要了解 Android 操作系统如何在应用之间共享活动？当应用提供了一个活动，如果希望其他应用也能共享该活动，那么应该如何实现？

采用前面 3 种启动模式无法实现跨应用的活动共享，因为每个应用都有自己的返回栈，它们启动活动 A 的时候，将会在不同的返回栈中创建多个活动 A。为了在不同任务之间复用活动，Android 提供了 singleInstance 启动模式来解决这一问题。如果活动 A 采用 singleInstance 启动模式，系统就会在首次启动活动 A 时，创建一个新的返回栈来存放它，并且保证不会将其他活动放入这个返回栈；如果活动 A 已经存在，无论它位于哪个应用程序、哪个任务中，系统都会把活动 A 所在的任务转到前台，从而让活动 A 显示在屏幕上。总之，采用 singleInstance 启动模式，无论从哪个任务启动目标活动，都只会创建一个活动。图 5-19 给出了一个 singleInstance 启动模式示例。

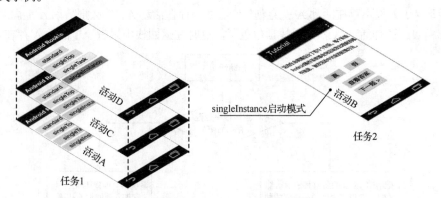

图5-19　singleInstance启动模式示例

任务 1 先启动活动 A，然后启动活动 B。因为活动 B 设置为 singleInstance 启动模式，所以系统把它放入一个新创建的返回栈任务 2 中。接着系统启动活动 C 和活动 D，这两个活动仍然存放在任务 1 的返回栈中。需要注意的是，在点击返回按钮，进行活动回退的时候，系统会依次销毁活动 D 和活动 C，然后销毁活动 A，最后才销毁活动 B。

5.3 事件处理机制

　　活动构成了 Android 应用的显示界面，接下来需要实现用户与界面之间的交互操作。在界面上，各种交互操作通常定义为各种事件，如点击按钮、通过各种滑动来显示或切换界面等。所有这些操作都通过系统提供的事件处理机制来实现。事件、事件触发以及事件的处理，构成了界面交互的事件模型。

　　下面以一个生活中常见的例子来说明事件模型的处理机制。为了保证学校的安全，消防局在学校安装了警报装置，一旦发生火灾，就会触发警报，消防局马上就能够接收到消息，然后派遣人员，组织灭火。消防事件的处理机制如图 5-20 所示。

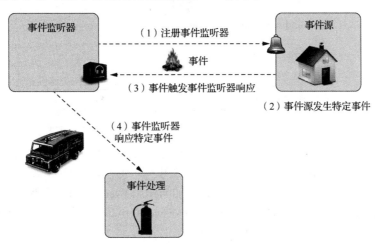

图5-20　消防事件的处理机制

　　与消防事件处理类似，界面的交互方式也采用了事件处理机制。首先，界面上的各个组件注册事件监听器，即对界面上的点击、滑动等操作进行监听。当用户在界面上操作时，系统把各种操作以事件方式通知界面上的各个组件；这些界面组件在接收到事件以后，将对不同的事件做出相应的处理。

　　通常将事件源和事件监听器分离。事件监听器负责监听事件，对不同的事件做相应的处理，如监听登录按钮点击事件，实现登录处理逻辑。特定事件的具体信息存放在 event 对象中，并通过它将事件信息传递给事件监听器。

　　我们可以用 3 种不同的方式来处理事件：

　　（1）采用监听处理方式，界面控件需要绑定一个特定的监听模块；

　　（2）采用回调处理方式，需要重写 Android 已经定义好的回调函数；

　　（3）采用轮询处理方式，主要通过 Handler 来实现消息处理。

　　有关 Handler 的内容将在 8.3 节中介绍。

5.3.1 采用监听处理方式

　　监听器事件处理有 5 种实现方法：

（1）设置界面控件属性，并在活动代码中实现相应的方法；

（2）使用 Java 的匿名类来实现；

（3）使用内部类来实现；

（4）所有在活动上发生的事件，不管是在哪个控件上发生的，都由活动来处理；

（5）使用外部类来统一完成事件处理。

下面通过答题界面（QuizActivity）的例子来说明这 5 种实现方法。

1. 界面控件属性

在活动 QuizActivity 的布局文件中设置按钮（UI 组件）的 android:onClick 属性，然后在 QuizActivity.java 文件中实现对应的处理函数。布局文件的代码如下所示。

```
<Button
    android:layout_width="368dp"
    android:layout_height="wrap_content"
    android:text="启动答案Activity"
    android :onClick= "startAnswerActivity"
/>
```

QuizActivity

```
public void startAnswerActivity(View view){
    String message = "显示登录信息";
    Toast.makeText(LifeCycleActivity.this,
            message, Toast.LENGTH_SHORT).show();
}
```

必须

我们在 layout 文件夹下找到活动 QuizActivity 对应的布局文件 activity_quiz.xml，打开后在 <Button>标签下设置 onClick 属性（按钮触发的点击事件）的处理函数为"startAnswerActivity"。设置好以后，切换到 QuizActivity.java 文件，添加 startAnswerActivity()函数。注意按钮点击事件的处理函数需要遵循 Android 的规范，即 startAnswerActivity()函数必须是公有函数且没有返回值，函数的输入参数类型必须是视图类 View。

2. Java 的匿名类

在活动 QuizActivity 的 onCreate()函数中，我们通过调用按钮 checkAnswerBtn 的 setOnClickListener()函数来设置 onClick 监听器。onClick 监听器通过 Java 的匿名类来实现，代码如下所示。

```
@Override
protected void onCreate(Bundle savedInstanceState) {
    ......
  checkAnswerBtn = (Button) findViewById(R.id.check_answer_button);
  checkAnswerBtn.setOnClickListener(
    new View.OnClickListener() {
      @Override
      public void onClick(View v) {
          Log.i(TAG, "UI setOnClickListener");
      }
  }
}
```

匿名类

3. 内部类

采用内部类方式，按钮的监听器类位于 QuizActivity 类的内部。监听器类需要实现 View.OnClickListener 接口。所有事件的处理代码都在这个类中实现，代码如下所示。

```
private Button btn_login;

@Override
protected void onCreate(Bundle savedInstanceState) {
    ……
    btn_login = (Button) findViewById(R.id.btn_login);
    btn_login.setOnClickListener(new LoginListener());
}

class LoginListener implements View.OnClickListener {
    @Override
    public void onClick(View v) {
        Log.i(TAG, "内部类处理事件响应");
    }
}
```

4. Activity 类

如果我们在 Activity 类中对事件进行监听，那么可以把活动上的所有事件都汇总到一起来处理。Activity 类需要实现 View.OnClickListener 接口，并且各个控件调用 setOnClickListener()函数，将自己的事件监听器设置为活动本身。另外，在活动中还需要实现对应的事件处理函数。如在 onClick()函数中处理按钮点击事件，处理时需要根据控件的 ID 来判断事件源，然后针对不同的控件进行处理，代码如下所示。

```
public class LifeCycleActivity extends AppCompatActivity
        implements View.OnClickListener {

@Override
protected void onCreate(Bundle savedInstanceState) {
    ……
    btn_answer.setOnClickListener(this);
}

@Override
public void onClick(View v) {
    Log.i(TAG, "UI setOnClickListener  " +
            String.valueOf(R.id.btn_answer == v.getId()));
}
```

5. 外部类

采用外部类方式，我们需要创建一个在 Activity 类外部、专门处理各种事件的监听器类，如我们用外部的 LoginListener 类来处理登录界面的所有触发事件。外部类要关联到活动和各个控件，因此需要在LoginListener类的构造函数中传入当前活动对象和响应触发事件的各个控件，如输入用户名和密码的 EditText 对象，代码如下所示。

```
public class LoginListener implements OnClickListener {

/*通过事件监听器的成员变量及构造方法，事件源可以传递信息给事件监听器*/
private Activity activity;
private EditText username;
private EditText passwd;

public LoginListener(Activity activity, EditText username,  EditText passwd) {
    this.activity = activity;
    this.username = username;
    this.passwd = passwd;
}
```

5.3.2　采用回调处理方式

Android 操作系统在控件的内部已经定义了事件处理的回调函数。每个视图中都有处理事件的回调函数。通过重写视图中的这些回调函数就可以响应特定事件，如重写 onKeyDown()、onKeyUp()、onTouchEvent()回调函数可以处理键的点击、弹起以及触摸操作。在下面的例子中，为了处理触摸事件，AnswerButton 按钮继承了 Android 操作系统提供的按钮类（AppCompat Button），并且重写了 onTouchEvent()回调函数，代码如下所示。

```java
public class AnswerButton extends AppCompatButton {
    private static final String TAG = "EventCallBack";

    public AnswerButton(Context context,
            AttributeSet attrs) {
        super(context, attrs);
    }
    @Override
    public boolean onTouchEvent(MotionEvent event) {
        Log.i(TAG, "触碰了按钮:  " + event.getAction());
        return false;                    触碰事件的回调方法
    }
}
```

在基于回调的事件处理模型中，事件源和事件监听器是统一的，因此看不到事件监听器。采用回调处理方式就是把事件监听器放置在事件源上，当用户在控件上触发某个事件时，控件（事件源）指定的函数将会负责处理该事件。在上面的例子中，按钮类就实现了对触摸事件的处理。用户触发事件所产生的信息由事件（event 对象）表示，它包含事件编码和事件本身的信息。开发人员可以在控件的回调函数中获取 event 对象，并根据事件信息完成对事件的处理。

为了加深对基于回调的事件处理模型的理解，下面我们通过一个生活中的例子来说明如何使用回调函数。假设用户 A 有一个无法解决的问题需要请教别人，她打电话给一个认识的用户 B；问题可能比较困难，用户 B 不能马上解决。这时，用户 A 把自己的电话号码告诉用户 B；当用户 B 解决了问题以后，再给用户 A 回电话。以上的事件处理过程就是一个回调过程，如图 5-21 所示。

图5-21　回调过程

对应界面上的事件处理方式，用户 A 告诉用户 B 电话号码就是注册回调函数，如系统给按钮设置了 onTouchEvent()回调函数；用户 B 给用户 A 回电话就是进行回调操作，对按钮来说就是触发触摸事件，调用 onTouchEvent()回调函数；双方的约定"问题解决，电话联系"就是回调函数的接口。从开发人员的角度来说，回调机制把调用者和被调用者分开，调用者不关心谁是被调用者，实现了模块之间的解耦。

5.4 视图组件结构

在 Android 操作系统中,界面上的控件和布局都统一在一个视图结构中。View 类是 Android 操作系统中所有控件的父类,不管是 TextView、Button、EditText、ListView 等控件,还是 LinearLayout、FrameLayout 等布局,它们的共同基类都是 View 类。View 类本身代表了界面控件的一种抽象。除了各个控件以外,View 类也可以作为容器包含其他控件。ViewGroup 类是存放控件的容器,它也继承 View 类。而各种布局继承 ViewGroup 类,用于设置控件在界面上的摆放方式。

View 类的设计采用了组合模式,也就是用树形结构组织对象,用以表示对象之间"部分与整体"的关系。View 类的继承结构如图 5-22 所示。采用组合模式,让开发人员对单个对象和组合对象的使用具有一致性。

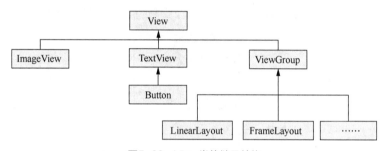

图5-22 View类的继承结构

在 Android 应用窗口(Window)上的可见内容,就是"一层一层"的 View 对象;而 Window 里的 View 对象通过 setContentView()函数进行设置,这里的"ContentView"就是 Window 中处于最根部的 View 对象。

View 对象代表了用户界面组件的一块可绘制的空间块。每一个 View 对象在屏幕上占据一个长方形区域。在这个区域内,这个 View 对象负责图形绘制和事件处理。View 对象的位置由它的 4 个顶点决定,分别对应 View 对象的 4 个属性,即 top、left、right、bottom,如图 5-23 所示。

通过使用 getLeft()、getTop()、getRight()、getBottom()、getWidth()、getHeight()等函数,可以获取 View 对象的位置信息。

View 对象的绘制流程是按照视图树的顺序来执行的,在绘制时会先绘制子控件。如果视图的背景可见,View 对象在调用 onDraw()函数之前绘制背景。如果要强制重绘,可以调用 invalidate()函数。

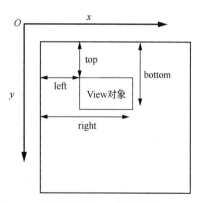

图5-23 View对象的位置

View 对象的绘制事件处理流程如下:

(1)系统将触发事件分派给对应的视图,视图通过监听器处理触发事件;

(2)在操作过程中,如果触发视图大小变化事件,则调用 requestLayout()函数,向父控件请求再次布局。

(3)在操作过程中,如果触发视图外观变化事件,则调用 invalidate()函数,请求重绘。

（4）如果 requestLayout()或 invalidate()函数有一个被调用，系统会对视图树进行相关的测量、布局和绘制。

在界面操作中经常需要转移焦点，以响应用户的输入。isFocusable()函数用来确定视图是否能接受焦点。setFocusable()函数用来改变视图能否接受焦点。如果应用是在触摸屏模式下，则使用 isFocusableInTouchMode()函数和 setFocusableInTouchMode()函数。

5.5　界面布局管理

在生活中，搬到一个新家，我们要考虑购买哪些家具和电器，接着考虑以什么样的方式在不同的房间放置这些家具和电器。创建 Android 应用界面也是类似的过程。首先，我们选取构造界面需要的控件，接着设置布局，最后根据不同的布局方式来摆放各个控件。下面以计算器的界面为例，来说明如何完成界面的布局设置。计算器的界面如图 5-24 所示。

图5-24　计算器的界面

计算器的界面上的文本框（TextView）用来显示输出结果，文本输入框（EditText）用来输入计算表达式，按钮（Button）用来操作数字和运算符，图片（ImageView）用来显示一些图标。选好控件以后，这些控件不能胡乱地堆放在一起，它们要按照一定的规范在界面上排列好，并设置相关的属性，如大小、字体、背景、颜色等。

在 Android 操作系统中，所有界面的布局设置都存放在一个专门的.xml 文件（布局文件）中。通过 Android Studio 菜单创建好布局文件以后，切换到设计模式，可以看到界面的显示效果，并且可以通过手动拖动的方式来摆放各个控件。切换到文本模式后，我们可以看到布局文件的详细内容，直接修改布局文件的标签，如修改<LinearLayout>标签，同样也可以对控件进行设置。布局文件的设计模式和文本模式如图 5-25 所示。

布局就像一个可以摆放很多控件的容器，控件就摆放在这个容器中。只是不同的布局，提供了不同的摆放方式。在生活中，用到的容器可以一个套一个，同样布局也可以多层嵌套。在布局文件中摆放好界面控件以后，我们接着在活动的创建函数中调用 setContentView()函数来设置界面的布局。通过这种方式，我们把界面的表示层与交互的逻辑层联系在了一起。

Android 操作系统提供了多种布局方式。随着 Android 新版本的发布，还会提供更多、更灵活的布局方式。下面主要介绍 5 种最基本的布局，分别是线性布局（LinearLayout）、相对布局

（RelativeLayout）、帧布局（FrameLayout）、表格布局（TableLayout）及网格布局（GridLayout）。

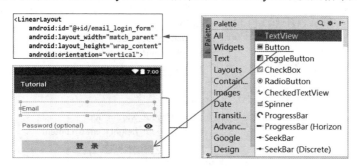

图5-25　布局文件的设计模式和文本模式

5.5.1　线性布局

线性布局按照水平方向或垂直方向依次摆放控件的方式来设置布局。在布局标签（<LinearLayout>）中可以设置布局本身的各个属性，如 android:orientation 表示布局的方向，以水平摆放为例，android:orientation="horizontal"，这样控件就会从左到右进行排列。线性布局默认为水平方向，垂直方向需将其设置为 vertical。线性布局代码如下所示。

```
<LinearLayout
    xmlns:android=http://schemas.android.com/APK/res/android
    android:layout_width="match_parent"
    android:layout_height="match_parent"
    android:orientation="horizontal">
```

设置布局的宽度（android:layout_width）和高度（android:layout_height）为 match_parent，它表示让布局和整个窗口的大小一致，这样就可以让控件摆放在整个界面上。如果线性布局的排列方向是 horizontal，我们又要摆放多个控件，那么不能将控件的宽度指定为 match_parent，因为这样会让一个控件把整个水平方向占满，其他的控件没有可摆放的位置。同样，如果线性布局的排列方向是 vertical，摆放的控件就不能将高度指定为 match_parent。按水平方向排列多个控件如图 5-26 所示。

图5-26　按水平方向排列多个控件

有时候，我们希望在一行中的两个控件，能够按照比例大小来显示，图 5-27 所示的布局中，文本输入框和按钮的宽度是一样的。这时我们可以使用 android:layout_weight 属性来设置两个控件的大小比例。

在上面的设置中，两个控件的 android:layout_weight 属性值都指定为 1，表示文本输入框和按钮的宽度一样，都占窗口宽度的 1/2。系统会先把线性布局中的所有控件指定的 android:layout_weight 属性值相加，得到一个总值，然后每个控件所占大小的比例就用该控件的 android:layout_weight 属性值除以刚才算出的总值。如果想让文本输入框占据窗口宽度的 3/5，按钮占据窗口宽度的 2/5，只需要将文本输入框的 android:layout_weight 属性值改成 3，按钮的

android:layout_weight 属性值改成 2 就可以了。

图5-27　设置两个控件的大小比例

为了把控件摆放整齐，Android 提供了对齐属性，主要给出了两种对齐方式，一种是在布局上各个控件的对齐(android:layout_gravity)，另一种是在控件上文字的对齐(android:gravity)。图 5-28 所示为在布局上对齐的例子，其中，布局设置为水平方向，第 1 个按钮在顶部，第 2 个按钮在中心位置，第 3 个按钮在底部。

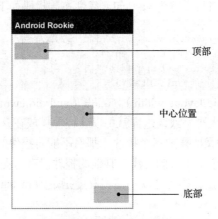

图5-28　在布局上对齐的例子

在控件对齐时，我们要注意控件的排列方向。当线性布局的排列方向是 horizontal 时，必须在垂直方向上进行对齐。因为每添加一个控件，水平方向上的宽度都会改变，水平方向上的宽度是不固定的，所以无法指定水平方向上的对齐方式。同样，当线性布局的排列方向是 vertical 时，只有水平方向上的对齐方式才会生效。

5.5.2　相对布局

如果采用相对布局来设置控件的对齐方式，需要有一个参考点，布局的时候都相对它来完成控件对齐，如图 5-29 所示。

相对布局的参考点就是布局本身。图 5-29 表示把多个按钮按照不同的对齐方式分别放在左上角、右上角、左下角、右下角和布局的中央。如果按钮要放置在布局的特定位置，需要设置相应的属性，如按钮要放在左上角，需要设置两个属性：android: layout_alignParentLeft 和 android: layout_alignParentTop。

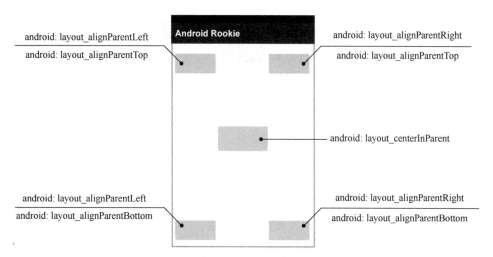

图5-29　使用相对参考点来完成控件对齐

　　就像在客厅里，先摆放好电视机的位置，那么其他的家具就可以围绕电视机来摆放。相对布局也可以把一个控件作为参考点，然后根据它来摆放其他控件。在图 5-30 中，四周的图片控件都是围绕中间的图片控件来摆放的，它们根据中间的图片来设置上、下、左、右 4 个方向的摆放位置。

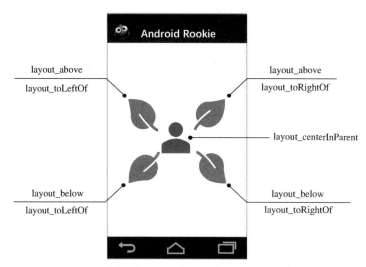

图5-30　围绕中间的图片控件来摆放

　　android:layout_above 属性让一个控件位于另一个控件的上方，android:layout_toLeftOf 属性让一个控件位于另一个控件的左边。android:layout_below 属性让一个控件位于另一个控件的下方，android:layout_toRightOf 属性让一个控件位于另一个控件的右边。

5.5.3　帧布局

　　帧布局比较特别，在它上面的控件都会重叠在左上角。它是一种层叠式布局，可以通过布局属性（android:layout_gravity）来指定控件的对齐方式。所有控件都默认摆放在布局的左上角。帧布局内控件一层覆盖一层，如图 5-31 所示。

图5-31　帧布局

5.5.4　表格布局

表格布局把整个布局空间按表格进行划分，如把登录界面上的控件按照表格的行和列进行摆放，最后得到图 5-32 所示的效果。

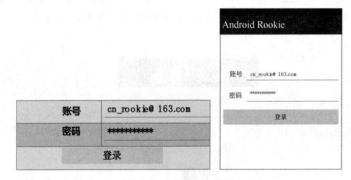

图5-32　表格布局效果

表格的行用\<TableRow\>标签来定义。\<TableRow\>标签表示表格内的行，行中的每一个元素算作一列。表格布局中每加入一个\<TableRow\>标签，就表示在表格中添加了一行；\<TableRow\>标签中每加入一个控件，就表示在该行中添加了一列。我们需要注意\<TableRow\>标签中的控件不能指定宽度。

在下面的表格布局代码中，每行添加了多个列。我们在第一列里添加文本框，用来显示"账号"两个字；第二列添加文本输入框，让用户输入自己的账号。

```
<TableRow >
    <TextView
        android:layout_height ="wrap_content"
        android:text =" 账号 : " />
    <EditText
        android:id ="@+id/account"
        android:layout_height ="wrap_content"
        android:hint =" 输入你的账号" />
</TableRow >
```

因为在<TableRow>标签中无法指定控件的宽度，如果想调整控件的宽度，可以设置 android:stretchColumns 属性来解决这个问题。android:stretchColumns 属性允许将<TableLayout> 标签中的某一列进行拉伸，以达到自动适应屏幕宽度的作用。这里将 android:stretchColumns 属性的值指定为 1，它表示如果表格不能完全占满屏幕宽度就将第二列进行拉伸。android:stretchColumns 属性的值指定为 1 表示拉伸第二列，指定为 0 表示拉伸第一列。

5.5.5 网格布局

网格布局使用线条将布局空间划分为行、列和单元格。每个单元格都可以摆放控件。在下面的例子中，我们采用网格布局摆放计算器界面上的数字和运算符，如图 5-33 所示。

图5-33 采用网格布局摆放计算器界面上的数字和运算符

网格布局将容器划分为行数×列数个单元格，每个单元格摆放一个控件，并且还可以设置一个控件横跨多列、纵跨多行。一个控件如果跨越单元格，就会在行和列上形成交错的排列样式，如计算器界面中"0""="和"+"的排列。布局代码如下所示。

```
<GridLayout
    android:orientation="horizontal"
    android:rowCount="5"
    android:columnCount="4" >

    <Button                              列跨度：两列
        android:id="@+id/zero"
        android:layout_columnSpan="2"
        android:layout_gravity="fill"
        android:text="0"/>        按钮填满两个单元格
```

设置网格布局时，先要确定有多少个单元格，在这里设置了 20 个单元格，5 行 4 列。把"0"这个按钮扩展两列，并让它填满两个单元格。

5.6 消息传输组件——Intent

答题应用中设计了答题界面（QuizActivity），如果想要查看答案，单击"查看答案"按钮即可。启动答案界面（AnswerActivity）的操作如图 5-34 所示。

QuizActivity 和 AnswerActivity 这两个活动之间如何交互？它们如果要传递信息，又是如何进行通信的？要实现以上这些操作，需要用到 Android 的重要组件 Intent。

图5-34 启动答案界面的操作

Intent 通常翻译为"意图"，简单来说，就是"你想要做什么"。我们可以把 Intent 看作一个动作（Action）的完整描述，如启动一个界面就是一个 Intent。动作包含操作的发起对象、接收对象以及在动作执行过程中传递的数据。

5.6.1 显式Intent

我们单击 QuizActivity 的"查看答案"按钮，打开答案界面 AnswerActivity，并且把 QuizActivity 上的题目传递给它。答案界面设计如图 5-35 所示。

Answer Layout

```
<LinearLayout
    ......
    android:id="@+id/activity_answer"
    android:layout_width="match_parent"
    android:layout_height="match_parent "

<TextView
    android:id="@+id/check_warning"
    android:layout_width="wrap_content"
    android:layout_height="wrap_content"
    android:text="@string/warning_text"/>
```

图5-35 答案界面设计

答案界面的布局文件（activity_answer.xml）关联到 AnswerActivity 类，它的代码如下所示。

```
public class AnswerActivity extends AppCompatActivity {
    @Override
    protected void onCreate(Bundle savedInstanceState) {
        super.onCreate(savedInstanceState);
        setContentView(R.layout.activity_answer);
    }
}
```

接下来，我们给 QuizActivity 的"查看答案"按钮设置监听器，当用户点击按钮时，程序将通过 Intent 启动答案界面。Intent 作为活动之间的桥梁将 QuizActivity 和 AnswerActivity 联系在一起。下面我们在 QuizActivity 的 onCreate()函数中用 Intent 实现两个活动之间的关联。

```
public class QuizActivity extends AppCompatActivity {
    @Override
    protected void onCreate(Bundle savedInstanceState) {
        checkAnswerBtn.setOnClickListener(new View.OnClickListener() {
        @Override
        public void onClick(View v) {
         Intent i = new Intent(QuizActivity.this, AnswerActivity.class);
         startActivity(i);  // 启动答案界面
        }
}}}
```

AnswerActivity 还需要在全局配置文件（AndroidManifest.xml）中进行注册；并且要将 <activity>标签中的 android:name 属性设置为活动的类名，即 AnswerActivity，设置代码如下所示。

```
<activity android:name=".AnswerActivity"
android:launchMode="standard"/>
```

另外，还要注意 Intent 构造函数的两个参数。

```
Intent(Context packageContext, Class<?> cls)
```

第一个参数 Context 是启动活动的上下文。Context 是一个类，而 Activity 类是 Context 类的子类；所有 Activity 对象都可以向上转型为 Context 对象。第二个参数 Class 用来指定我们想要启动的目标活动。

在上面的例子中，Intent 的构造函数中传入的是活动的全类名（AnswerActivity.class）。而使用全类名启动活动时，相应 Activity 类需要在全局配置文件中进行配置，并且启动的活动必须在自己的应用中。采用这种方式启动组件的 Intent，称为显式 Intent。

5.6.2　隐式Intent

除了显示 Intent 以外，Android 还提供了隐式 Intent。隐式 Intent 不使用类名，而是通过定义动作来启动活动。通常应用可以定义各种动作，因此需要将动作定义在 Intent 过滤器（<intent-filter>）中，以便系统能找到应用指定的动作。

下面来看一个隐式 Intent 的例子。我们需要在全局配置文件中设置一个过滤器，定义一个动作"MY_ACTION"，它的类别为默认类别。这个动作将启动 MyActivity 活动。接下来，在 MainActivity 活动中定义 Intent，并且把动作的字符串全称，即带有包名的"MY_ACTION"字符串（pers.cnzdy.tutorial.MY_ACTION），传给 Intent 就可以了。全局配置文件中的代码与 MyActivity 活动的对应关系如下所示。

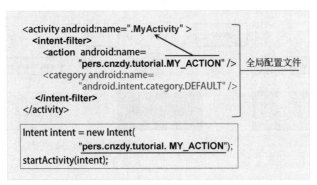

我们需要注意的是，在这个 Intent 中，并没有指定具体启动哪一个活动，只是指定了一个动作的名称。隐式 Intent 通过 Android 操作系统来找到要启动的活动。Android 操作系统处理所有应用的隐式 Intent，它根据应用程序提供的动作、类别等过滤信息，来找到对应的活动。

Intent 除了可以启动同一个应用中的活动外，还可以打开其他应用的活动。如在答题应用中，如果想要把答题情况通过邮件发送给老师，我们并不需要在 QuizActivity 中实现邮件发送代码，只要定义一个 Intent，让它启动系统自带的邮件应用，即可打开邮件发送界面。当邮件被发送以后，应用再次返回到 QuizActivity。通过这种方式，系统的邮件发送功能就能在不同应用之间进行共享。

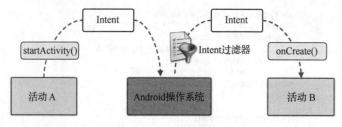

图5-36　通过答题应用访问互联网

下面再来看一个应用程序之间共享活动的例子。用户通过答题应用访问互联网，如图 5-36 所示。

在答题应用中，不需要我们自己动手实现复杂的浏览器功能，只需要先定义一个 Intent，通过它设置 Android 操作系统内置的动作 ACTION_VIEW；然后，利用解析函数 Uri.parse()将一个网址字符串（百度网站的网址）解析成一个 Uri 对象；最后，通过 Intent 的 setData()函数把这个 Uri 对象传递给 Intent，这样就能启动浏览器了。相关代码如下所示。

```
// 活动将发出 ACTION_VIEW 给 Android 操作系统
// Android 操作系统根据 Intent 请求，查询各组件声明的 Intent 过滤器
Intent Intent = new Intent(Intent.ACTION_VIEW);
// 解析网址字符串，并传递给 Intent
Intent.setData(Uri.parse("http://www.baidu.com"));
// 找到网页浏览器的活动，打开网页
startActivity(Intent);
```

Intent 指定的 action 是 Intent.ACTION_VIEW，这是一个 Android 操作系统内置的动作，其常量值为 android.intent.action.VIEW。

5.6.3　Intent过滤器

Intent 启动活动的过程如图 5-37 所示。活动 A 调用 startActivity()函数来启动另一个活动 B。活动 A 要把它的启动意图告诉 Android 操作系统，Android 操作系统依据 Intent 过滤器来寻找活动 B，一旦 Android 操作系统找到活动 B，就启动它，并把 Intent 传给活动 B。

图5-37　Intent启动活动的过程

接下来，我们来了解 Android 操作系统如何通过 Intent 过滤器找到特定动作指定的组件。Android 操作系统收到应用发出的 Intent，它会对 Intent 进行过滤，如图 5-38 所示。

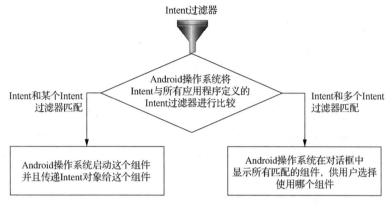

图5-38 对Intent进行过滤

Android 操作系统过滤 Intent 的方式就是将 Intent 与所有应用程序定义的 Intent 过滤器进行比较，如果 Intent 和某个 Intent 过滤器匹配，就启动这个组件，并且传递 Intent 对象给这个组件；如果 Intent 与多个 Intent 过滤器匹配，Android 操作系统就会在对话框中显示所有匹配的组件，供用户选择使用哪个组件。Intent 的各种属性用于描述 Intent 过滤器匹配的各种条件，包括 action、category、data、type、extra 及 flag。

1. action

action 表意图的动作，它是最关键的匹配条件，因此在 Intent 中必须定义 action。在日常生活中，当你指明让对方完成一个动作，如拿一支笔过来时，执行者就会依照这个动作的指示，接受指令，执行相应的动作。Intent 与此类似，它设置的 action 属性就是一个字符串标记，用来告知 Android 操作系统自己的行为。通过 Android 操作系统，应用组件就能知道要完成什么动作。action 的配置代码如下所示。

```
<activity android:name=".MainActivity" >
    <intent-filter>                              活动响应action
        <action android:name="android.intent.action.MAIN" />

        <category android:name="android.intent.category.LAUNCHER" />
    </intent-filter>
</activity>
```

上面给出了一个最常见的活动定义，这里定义的动作 android.intent.action.MAIN 决定了应用程序最先启动的活动，也就是指定启动活动为 MainActivity。我们要注意 action 的字符串区分大小写。<action>标签下的<category>标签表示应用程序将显示在程序列表里，即在 Android 操作系统桌面上会显示一个应用图标（Launcher）。如果两个组件的过滤器<intent-filter>都添加了这个属性，那么该应用将会显示两个图标。

<intent-filter>标签指定了一个 action 列表（一个 Intent 过滤器可以包含多个动作），它用于标识活动所能接受的动作。通常 Intent 中定义的动作必须和过滤规则中的动作完全一致才能匹配成功；当 Intent 过滤器有多个动作时，Intent 中的动作只要和其中一个相同就可以匹配成功。

2. category

category 表示动作的类别，类别用于对动作进行归类。<category>标签中包含的类别信息能更精确地指定 Intent 组件。只有当动作和类别同时匹配时，活动才能响应 Intent。所以类别越多，动作就越具体，意图也就越明确。在下面的配置代码中，我们给 MY_ACTION 动作定义了两个类别，一个是自定义类别，另一个是默认类别。

```
<intent-filter>
    <action android:name="pers.cnzdy.tutorial.MY_ACTION"></action>
    <category android:name="pers.cnzdy.tutorial.MY_CATEGORY"></category>
    <category android:name="android.intent.category.DEFAULT"></category>
</intent-filter>
```

系统通过隐式 Intent 方式激活活动时，如果没有在<intent-filter>标签中设置类别，需加上默认类别 android.intent.category.DEFAULT。而在 Intent 的定义中可以不设置类别，如果这时调用 startActivity()或者 startActivityForResult()函数，系统会自动添加默认的类别。

除了在全局配置文件中设置类别外，我们还可以用代码给 Intent 增加类别。首先创建 Intent 对象，设置相应的动作，然后设置类别，代码如下所示。

```
// 用代码增加类别
Intent Intent = new Intent();
Intent.setAction("pers.cnzdy.tutorial.MY_ACTION");
Intent.addCategory("pers.cnzdy.tutorial.MY_CATEGORY");
```

如果在全局配置文件中使用了 DEFAULT 这个默认类别，在调用 startActivity()函数时会自动将这个类别添加到 Intent 中。

3. data

data 表示动作要操作的数据。数据作为动作操控的对象，当 action + data 属性组合在一起时，它们描述了意图"做什么"。如果想要发送邮件，首先通过统一资源标识符（Uniform Resource Identifier，URI）来解析邮件地址字符串；接下来创建 Intent，它的动作是 ACTION_SENDTO；最后启动邮件活动，代码如下所示。

```
// 数据用 uri 对象表示，uri 对象代表邮件地址
Uri uri = Uri.parse("mailto:xxx@126.com");
Intent Intent = new Intent(Intent.ACTION_SENDTO, uri);
// 多个组件匹配成功则显示优先级最高的组件，如果优先级相同则显示组件列表。
startActivity(Intent.createChooser(Intent, "选择邮件客户端"));
```

createChooser()函数的作用是：如果 Android 操作系统有多个邮件应用程序，显示一个活动选择窗口，让用户可以选择要使用哪个邮件应用程序。

我们可以通过一些属性来设置数据元素。在 Intent 过滤器的匹配规则中，data 的 scheme、host、port、path、type 等属性可以写在同一个标签（< />）中，也可以分开单独写，其效果是一样的。

（1）scheme：协议部分，如 HTTP。

（2）host：主机名。

（3）port：数据的端口号，如 80。一般紧跟在主机名后面。

（4）path：主机名和端口号后面的部分，表示完整的路径。

（5）type：可以处理的数据类型，如图片、视频等媒体类型，它可以用通配符的方式来指定。

在下面的代码中，Intent 过滤器设置了 data 属性，它使用 HTTP，主机名为百度网站的网址。

```
<activity android:name=".WebActivity">
    <intent-filter>
        <action android:name="android.intent.action.view" />
```

```
            <category android:name="android.intent.category.DEFAULT" />
            <data android:scheme="http"
                  android:host="www.baidu.com"/>
      </intent-filter>
</activity>
```

上述代码表示 WebActivity 将响应 Intent.action_view 动作。WebActivity 和浏览器一样，能够执行一个打开网页的意图（Intent）。作为示例，实际上 WebActivity 并没有加载，也没有显示网页的功能。

下面我们再给出一个用代码设置数据的例子：通过 Intent 启动拨打电话界面，它的响应动作是 ACTION_DIAL，代码如下所示。

```
Intent Intent = new Intent(Intent.ACTION_DIAL);
// 设置 Intent 数据
Intent.setData(Uri.parse("tel:10086"));
// 启动拨打电话界面
startActivity(Intent);
```

注意要申请电话使用权限。这里是否要使用动态管理权限？
```
<uses-permission android:name="android.permission.CALL_PHONE"/>
```

4. type

type 依附于数据，是对数据类型的描述。type 属性明确指定了 data 属性的数据类型，如 android:mimeType="video/mpeg"、android:mimeType="image/*"分别指定了数据的视频和图像类型。

通常 Android 操作系统会根据 data 属性值来分析数据类型，所以一般不需要指定 type 属性。当 Intent 不指定 data 属性时，type 属性才会起作用。如果 Intent 对象中既包含 data 属性又包含 type 属性，则在<intent-filter>中必须二者都包含才能完成匹配。

在下面的代码中，数据类型是音频类型（.mp3 文件），我们可以通过 Intent 打开音乐播放器来播放音频类型的文件。

```
button.setOnClickListener(new OnClickListener() {
    @Override
    public void onClick(View v) {
        Intent Intent = new Intent();
        Intent.setAction(Intent.ACTION_VIEW);
        Uri data = Uri.parse("file:///storage/sdcard0/成都.mp3");
        // 同时设置两个属性
        Intent.setDataAndType(data, "audio/mp3");
        startActivity(Intent);
    }
});
```

5. extra

extra 表示数据以外的扩展信息，使用它可以为组件提供更多信息，如要执行"发送电子邮件"这个动作，可以将电子邮件的标题、正文等保存在 extra 中，然后传给电子邮件发送组件。

6. flag

flag 表示 Intent 的运行模式，即标志位。我们通过设置 Intent 中的 flag 和全局配置文件中的 Activity 属性，可以控制任务中活动的关联关系和行为。

5.6.4 Intent传递数据

有时我们需要在不同的活动间传递数据。当一个活动调用 startActivity()函数时，Intent 可以传递一些必要的数据给另一个活动，如通过单击答题活动的"查看答案"按钮，我们把当前的题目传递给答案活动，如图 5-39 所示。

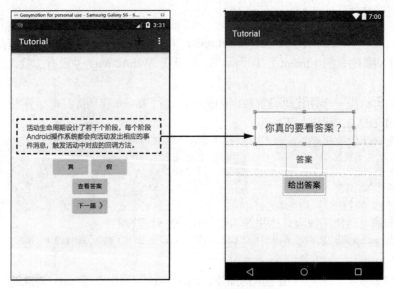

图5-39　把当前的题目传递给答案活动

采用 Intent 提供的信息传递机制，首先将要传递的数据放入 Intent，每个数据给定一个键值（input_data），这个键值对应要传递的信息，代码如下所示。

```
// 键值：input_data。传递信息：data
Intent.putExtra("input_data", data);
// setData()函数也是一种设置数据的方式
Intent.setData(Uri.parse("http://www.baidu.com"));
Intent.setData(Uri.parse("tel:10086"));
```

需要传递的信息 data 随着 Intent 传递给要启动的活动，收到 Intent 的活动则通过 getIntent()函数获取传递过来的 Intent，并且从 Intent 中取出数据。提取数据时，我们需要根据数据类型调用相应的 get 函数，如使用 getStringExtra()函数来获取字符串，而函数的参数是对应数据的键值。相关代码如下所示。

```
Intent Intent = getIntent();
String data = Intent.getStringExtra("input_data");
```

如果主界面（MainActivity）通过 Intent 打开某个子活动，当子活动代码执行完，再次返回主界面，主界面可以获取子活动中的数据。作为数据的接收方，主界面在启动子活动时需要使用startActivityForResult()函数。子活动作为发送方，需要先将数据放入 Intent，然后调用 setResult()函数把子活动返回的数据传递给主界面。setResult()函数的第一个参数是结果返回码，第二个参数是 Intent 对象，它携带了要返回的数据。相关代码如下所示。

```
Intent Intent = new Intent(MainActivity.this, MyActivity.class);
startActivityForResult(Intent, 1); // 启动新的活动，并且需要获取它的返回结果
Intent Intent = new Intent();
Intent.putExtra("data_return", "返回的信息");
setResult(RESULT_OK, Intent);
finish();
```

在答题应用中，答案活动尽管调用了 startActivityForResult()函数，但是如果用户不通过单

击按钮（设置一个返回按钮）返回答题主界面，而是通过 BackSpace 键返回，就无法返回数据。为了解决这个问题，我们需要重写 AnswerActivity 的 onBackPressed()函数，实现数据返回。这种方式保证即使用户按 BackSpace 键一样可以返回数据。相关代码如下所示。

```
@Override
public void onBackPressed() {
    Intent Intent = new Intent();
    Intent.putExtra("answer_result", "判断有误");
    setResult(RESULT_OK, Intent);
    finish();
}
```

5.6.5　传递自定义数据

Intent 传递的数据类型是系统内置的数据类型，这种传递方式称为传值，如用 Intent.putExtra()添加一些附加数据。有时，我们不仅要传递系统类型的数据，还要传递自定义类型的数据。Android 提供了两种传递自定义数据的方式：序列化方式（Serializable）和打包方式（Parcelable）。序列化方式是把对象转换成可存储或可传输的数据处理方式。序列化后的对象能够在网络上进行传输，也可以存储到本地。打包方式是更高效的对象传递方式，相比序列化方式，它的效率更高。

序列化是指系统将对象的状态信息转换为可存储或可传输形式的过程。下面我们把测试题目序列化，以便能够在不同的活动间进行传输。首先让 Quiz 类实现序列化接口 Serializable，并且给它加入两个成员变量：statementId 和 answer。对每个成员变量，我们要定义它们的 get 函数和 set 函数。当执行序列化时，通过 get 函数和 set 函数，系统将对象的当前状态写入临时性或持久性的存储区。以后，我们也可以从存储区中反序列化对象的状态，重新构造出该对象。相关代码如下所示。

```
// 需要实现序列化接口 Serializable
public class Quiz implements Serializable {
    int     statementId;
    boolean answer;
    public Quiz(int statementId, boolean answer) {
        this.statementId = statementId;
        this.answer = answer;
    }
    // 需要下面 4 个函数
    public int getStatementId() { return statementId; }
    public void setStatementId(int statementId) {
        this.statementId = statementId;
    }
    public boolean getAnswer() { return answer; }
    public void setAnswer(boolean answer) { this.answer = answer; }
}
```

接下来，QuizActivity 通过 Intent 发送和接收序列化的 Quiz 对象。在发送前，给测试题目的每个成员变量赋值；然后把测试题目 quiz 对象放入 Intent 中，并启动活动，代码如下所示。

```
// 发送序列化 Quiz 对象
Quiz quiz = new Quiz();
quiz.setStatementId(952);
quiz.setAnswer(false);
Intent Intent = new Intent(QuizActivity.this, AnswerActivity.class);
```

```
Intent.putExtra("quiz_item", quiz);
startActivity(Intent);
```

在接收端，AnswerActivity 通过指定对象的键值 quiz_item，接收序列化 Quiz 对象，代码如下所示。

```
// 接收序列化 Quiz 对象
Quiz quiz = (Quiz) getIntent().getSerializableExtra("quiz_item");
```

打包方式与序列化方式不同，它把一个完整的对象分解成系统支持的数据类型，然后用传值的方式传递对象。首先我们让 Quiz 类实现打包 Parcelable 接口，然后重写 describeContents() 函数，让它直接返回 0；接着重写 writeToParcel(Parcel dest, int flags) 函数，调用输入参数为 dest 的 write 函数将 Quiz 类中的成员变量写入 dest 中。我们需要注意不同的数据类型用不同的 write 函数。相关代码如下所示。

```
// 需要实现打包接口 Parcelable
public class Quiz implements Parcelable {
    ...
    @Override
    public int describeContents() { return 0; }
    @Override
    public void writeToParcel(Parcel dest, int flags) {
            dest.writeString(statementId);
            dest.writeBooleanArray(new boolean[] { answer });
}
```

另外，我们还必须在 Quiz 类中定义一个类型为 Parcelable.Creator 的常量 CREATOR，并且将 Parcelable.Creator 的泛型指定为 Quiz；接着重写 createFromParcel() 和 newArray() 这两个函数。我们在 createFromParcel() 函数中可以读取刚才写入的 statementId 和 answer 两个成员变量。成员变量调用 Parcel 类的 read 函数读取打包在 source 中的数据，注意读取的顺序一定要和刚才写入的顺序完全相同。此外，我们还要重写 newArray() 函数，在 newArray() 函数中创建一个 Quiz 数组，并且用传入的 size 参数作为数组的长度。相关代码如下所示。

```
public static final Parcelable.Creator<Quiz> CREATOR = new Parcelable.Creator<Quiz>(){
    @Override
    public Quiz createFromParcel(Parcel source) {
        Quiz quiz = new Quiz();
        quiz.statementId = source.readString();
        boolean[] booleanArr = new boolean[1];
        source.readBooleanArray(booleanArr);
        quiz.answer = booleanArr[0];
        return quiz;
    }

    @Override
    public Quiz[] newArray(int size) { return new Quiz[size]; }
};
```

总的来说，序列化方式较为简单，它会对整个对象进行序列化；在效率方面，序列化方式比打包方式效率低一些，通常我们使用打包方式来传递对象。

下面我们归纳一下 Intent 所承担的职责。

（1）Intent 描述应用的某种意图，告诉自己的组件或者其他应用的组件，自己想做什么。Intent 负责对应用中一次操作的动作、动作涉及的数据以及附加数据等内容进行描述。

（2）Android 操作系统在 Intent 的执行过程中起到查询和启动组件的作用。Intent 必须依赖

Android 操作系统的支持才能传递信息；而 Android 操作系统负责找到对应的组件，将 Intent 传递给对应的组件，并完成组件的调用。

（3）Intent 可以启动其他应用程序的活动，实现功能共享。

（4）Intent 不仅仅能启动活动，还能启动后台服务。启动服务有两种方式，一种是通过调用 Context 的 startService()函数来启动；另一种是绑定方式，通过调用 Context 的 bindService()函数来启动。

（5）Intent 可以用来发布广播消息，可以是系统广播，也可以是本地广播。

5.7　列表控件

现有的移动应用，大多采用列表控件来展示多个条目，如图 5-40 所示。图 5-40 所示应用的主界面列出了多个新闻标题，每一个标题是一个视图，视图中包含文本和图片，它们统称为数据。

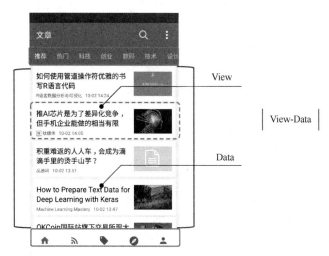

图5-40　列表控件

5.7.1　ListView控件

ListView 控件的主要功能是展示各类列表。下面我们来实现一种最简单的列表，即列表中只显示文本，如图 5-41 所示，把测试题目的类型（简称题型）显示在界面上。在布局文件中，我们需要设置 ListView 控件的 id、宽度和高度等属性。

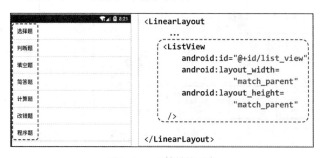

图5-41　最简单的列表

首先我们需要构造要显示的列表数据，如用一个字符串数组来存储题型。如果要显示的数据很多，就需要先将数据准备好。这些数据既可以从网上下载，也可以从数据库中读取，我们可以根据应用的场景来选择。

1. 适配器

有了数据以后，接下来我们需要用适配器（Adapter）把数据和界面视图联系起来。由于题型数据都是字符串，因此将适配器 ArrayAdapter 的泛型指定为字符串；然后在 ArrayAdapter 构造函数中依次传入上下文（Context）、ListView 子项布局的 ID，以及要适配的数据。注意，ArrayAdapter 构造函数的第二个参数使用了 android.R.layout.simple_list_item_1 作为 ListView 子项（即列表控件的每一行）布局的 ID。android.R.layout.simple_list_item_1 是一个 Android 内置的布局文件，里面只有一个 TextView 控件，用于显示一段文本。ListView 控件的布局代码如下所示。

```
<ListView
    android :id= "@+id/list_view"
    android :layout_width= "match_parent"
    android :layout_height= "match_parent"   />

QuizTypesActivity

private String[]data = {"选择题","判断题","填空题","简答题",
                "计算题","改错题","程序题"};

@Override
public void onCreate(Bundle savedInstanceState)
{
        …
    ArrayAdapter<String> adapter = new ArrayAdapter<String>(
        QuizTypesActivity.this ,
        android.R.layout.simple_list_item_1   , data);
    ListView listView = (ListView) findViewById(R.id.list_view  );
    listView.setAdapter(adapter);
```

在 QuizTypesActivity 的 onCreate()函数中，我们将布局文件 activity_quiz_type_list.xml 中 ListView 控件的 ID "R.id.list_view" 传给 findViewById()函数，通过它找到布局中的 ListView 控件对象。注意，findViewById()函数使用 R 文件来引用控件的 ID。最后，我们用 setAdapter()函数将适配器和 listview 对象连接起来，完成整个列表控件的初始化。

适配器是数据到视图转换的关键，它与生活中常用的电源转换器类似。适配器的一端连接数据源，如常见的数组列表或者是通过检索方式获取的游标数据；适配器的另一端连接 ListView 控件，如图 5-42 所示。适配器起到桥梁的作用，它把数据传递给控件，让控件来显示数据。

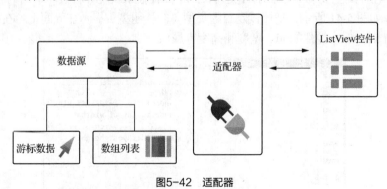

图5-42　适配器

另外，一个适配器代表一个数据源。数据源可能随时发生变化，如增加数据、删除数据以及修改数据，这时适配器都要通知关联的控件，让控件进行刷新，以显示数据改变后的结果。为了实现适配功能，适配器使用了观察者模式。适配器是被观察的对象，适配器关联的视图是观察者。通过调用注册函数，如 registerDataSetObserver()函数，我们给适配器注册观察者。

2. 列表项布局

在适配器中，我们还可以设置不同的列表项布局，以显示不同的列表效果。Android 操作系统已经定义了常用的列表项布局。layout.simple_list_item_1 和 layout. simple_list_item_2 布局用来显示文本，而其他 3 种布局分别用来显示选中列表项、复选框和单选按钮。

（1）simple_list_item_1：单独一行的文本框。

（2）simple_list_item_2：由两个文本框组成。

（3）simple_list_item_checked：每行都有一个已选中的列表项。

（4）simple_list_item_multiple_choice：都有一个已选中的复选框。

（5）simple_list_item_single_choice：都有一个已选中的单选按钮。

有时，我们在应用中需要构造更复杂的列表项，如列表界面中，列表项除了显示文本以外还要显示图片，如图 5-43 所示。现在我们来定制一个 ListView 控件。除了题型字符串外，还需要加入图片数据。自定义 ListView 控件的每一个列表项都包含一个 ImageView 控件和一个 TextView 控件。另外，我们还需要重新定制题型适配器。

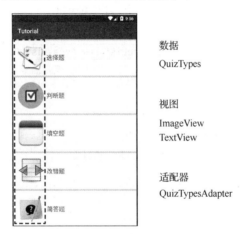

图5-43　定制ListView控件

首先，我们创建一个 QuizType 类，存储题型的各种属性，包括 type 和 imageID，它们分别用来保存题型的名称（字符串）和图片 ID；接下来，编写构造函数和属性获取函数，代码如下所示。

```
public class QuizType {
    String   type;
    int      imageID;      // 在 ListView 控件中显示的图片 ID
    ...
    public QuizType(String type, int imageID) {
        this.type = type;
        this.imageID = imageID;
    }
    public int getImageID() {
        return imageID;
    }
```

```
            public String getType() {
                return type;
            }
        }
```

所有题型被存放到一个集合类 ArrayList 中。下面我们在 QuizTypes 类的构造函数中初始化所有题型，代码如下所示。

```
public class QuizTypes {
    private List<QuizType> quizTypeList = new ArrayList<QuizType>();
    public QuizTypes()
    {
        initQuizTypes();
    }

    public List<QuizType> getQuizTypeList() {
        return quizTypeList;
    }
    ...
}
```

现在我们来构造题型集合。在构造每一种题型时，我们要把题型的字符串描述（如编程题）和对应的图片 ID（R.drawable ic_program）传给 QuizType 对象。图片 ID 对应 drawable 文件夹下存放的图片（ic_program.png）文件名。最后，我们把构造的 QuizType 对象加入题型集合中。相关代码如下所示。

```
private List<QuizType>quizTypeList=new ArrayList<QuizType>();

private void initQuizTypes() {
    ...
    QuizType program =
            new QuizType("编程题",
            R.drawable.ic_program);
    ...
    quizTypeList.add(program);
}
```

drawable
► arrow_left.png (4)
► arrow_right.png (4)
bg_special_disease_circle.xml
bg_weibo_listab.png
ic_blankfilling.png (hdpi)
ic_calculation.png (hdpi)
ic_correction.png (hdpi)
ic_menu.png (xxhdpi)
► ic_menu_add.png (4)
► ic_multichoice.png (2)
ic_program.png (hdpi)

数据构造好以后，我们创建活动，在 QuizTypesActivity 的布局文件 activity_quiz_type_custom_list.xml 中加入 ListView 控件，并设置 Id 和其他相关的属性。布局代码如下所示。

```xml
<?xml version="1.0" encoding="utf-8"?>
<LinearLayout xmlns:android="http://schemas.android.com/APK/res/android"
    android:orientation="vertical" android:layout_width="match_parent"
    android:layout_height="match_parent">
    <ListView
        android:id="@+id/quiz_custom_list_view"
        android:layout_width="match_parent"
        android:layout_height="match_parent"
        android:dividerHeight="5dp"/>
</LinearLayout>
```

接下来，创建题型列表的显示界面 QuizTypesActivity。重写 QuizTypesActivity 的 onCreate() 函数。onCreate()函数先设置布局，然后获取题型列表数据，接着创建题型适配器，把题型列表数据传给题型适配器。通过 findViewById()函数找到 ListView 控件，设置题型适配器，把

ListView 控件和题型适配器关联起来。相关代码如下所示。

```
public class QuizTypesActivity extends AppCompatActivity {
    @Override
    protected void onCreate(Bundle savedInstanceState) {
        super.onCreate(savedInstanceState);
        // 设置布局文件
        setContentView(R.layout.activity_quiz_type_custom_list);

        QuizTypes quizTypes = new QuizTypes();
        final List<QuizTypes.QuizType> quizTypeList = quizTypes.getQuizTypeList();
        QuizTypesAdapter adapter = new QuizTypesAdapter(
                QuizTypesActivity.this, R.layout.quiz_type_item, quizTypeList);
        ListView listView = (ListView) findViewById(R.id.quiz_custom_list_view);
        listView.setAdapter(adapter);
        ...
    }
}
```

通常用户可以单击 ListView 控件中的列表项，打开一个新的界面来显示详细信息。这就需要为 ListView 控件注册一个监听器 AdapterView.OnItemClickListener。当用户单击了某个列表项以后，应用就会回调 AdapterView.OnItemClickListener 的 onItemClick()函数。在 onItemClick()函数中，我们通过 position 参数来确定当前用户单击了哪个列表项，然后用 Toast 来显示单击的列表项（题型）信息。另外，我们也可以在 OnItemClick()函数中加入更复杂的功能。相关代码如下所示。

```
// 在 QuizTypeActivity 类的 onCreate()函数中加入监听器
listView.setOnItemClickListener(new AdapterView.OnItemClickListener() {
    @Override
    public void onItemClick(AdapterView<?> parent, View view, int position, long id){
        QuizTypes.QuizType quizType = quizTypeList.get(position);
        Toast.makeText(QuizTypesActivity.this, quizType.getType(),
                    Toast.LENGTH_SHORT).show();
    }
});
```

我们在构造题型适配器的时候，除了给 QuizTypeActivity 类传递数据（quizTypeList）以外，还要传入每个列表项的布局（R.layout.quiz_type_item），代码如下所示。

```
QuizTypesAdapter adapter = new QuizTypesAdapter(QuizTypesActivity.this,
                R.layout.quiz_type_item, quizTypeList);
```

R.layout.quiz_type_item 是列表项的布局，如图 5-44 所示。这是一个列表项的视图，左边是图片，右边是文本，ListView 控件的每个列表项都使用这样的布局。

图5-44 列表项布局

在布局文件（quiz_type_item.xml）中，图片用 ImageView 控件显示，文本用 TextView 控件显示，布局代码如下所示。

```
<LinearLayout>
```

```
    <ImageView
        android:id="@+id/quiz_icon"
        android:layout_width="wrap_content"
        android:layout_height="wrap_content" />

    <TextView
        android:id="@+id/quiz_type"
        android:layout_width="wrap_content"
        android:layout_height="wrap_content"
        android:layout_gravity="center"
        android:textSize="20sp"
        android:layout_marginLeft="10dip"
        />
</LinearLayout>
```

定制的题型适配器 QuizTypesAdapter 需要继承 ArrayAdapter。它的构造函数如下所示。

```
public class QuizTypesAdapter extends ArrayAdapter<QuizTypes.QuizType> {
    private int resourceId;  // resourceId 对应列表项的布局

    public QuizTypesAdapter(Context context,
                int textViewResourceId,
                List<QuizTypes.QuizType> objects) {
        super(context, textViewResourceId, objects);
        resourceId = textViewResourceId;
    }
    ...
}
```

QuizTypesAdapter 的 getView()函数用来显示每个列表项。当屏幕外的每个列表项滚动到屏幕内的时候，系统将调用 getView()函数，代码如下所示。

```
@Override
public View getView(int position, View convertView, ViewGroup parent){
    QuizTypes.QuizType quizType = getItem(position);
    // 加载列表项的布局
    view = LayoutInflater.from(getContext()).inflate(resourceId, null);
    // 获取 ImageView 控件和 TextView 控件
    ImageView quizImage = (ImageView)view.findViewById(R.id.quiz_icon);
    TextView quizTypeText = (TextView)view.findViewById(R.id.quiz_type);

    // 根据当前 position 参数得到对应的题型图片和字符串信息，然后显示在控件上
    quizImage.setImageResource(quizType.getImageID());
    quizTypeText.setText(quizType.getType());
    return view;
}
```

3. ListView 控件的性能问题

getView()函数中有两个地方存在性能问题。一是布局的加载，每次系统调用 getView()函数都会重新加载布局；二是每次调用 getView()函数都会调用 findViewById()函数来重新获取 ImageView 控件和 TextView 控件。下面是影响 ListView 控件性能的代码。

```
@Override
public View getView(int position, View convertView, ViewGroup parent){
    // 性能问题 1：布局的加载
    view = LayoutInflater.from(getContext()).inflate(resourceId, null);
```

```
// 性能问题 2：获取 ImageView 控件和 TextView 控件
ImageView quizImage = (ImageView)view.findViewById(R.id.quiz_icon);
TextView quizTypeText = (TextView)view.findViewById(R.id.quiz_type);
...
return view;
}
```

首先，我们解决布局的加载问题。我们用 getView()函数的 convertView 参数缓存已经加载好布局的视图，如果它为空就加载布局，如果它不为空就直接调用缓存的布局视图，代码如下所示。

```
@Override
public View getView(int position, View convertView, ViewGroup parent) {
    ...
    if (convertView == null) {
        ...
    } else {
        view = convertView;
        ...
    }
}
```

接下来，我们解决获取 ImageView 控件和 TextView 控件的问题。我们把 ImageView 和 TextView 这两个控件封装到一个 ViewHolder 类中，一旦获取了这两个控件的实例，就不需要重复获取，直接返回它们的实例，代码如下所示。

```
class ViewHolder {
    ImageView quizIcon;
    TextView  quizType;
}
```

修改 getView()函数，代码如下所示。

```
@Override
public View getView(int position, View convertView, ViewGroup parent) {
    QuizTypes.QuizType quizType = getItem(position);
    View view;
    ViewHolder viewHolder;

    if (convertView == null) {
        view = LayoutInflater.from(getContext()).inflate(resourceId, null);
        viewHolder = new ViewHolder();
        viewHolder.quizIcon = view.findViewById(R.id.quiz_icon);
        viewHolder.quizType = view.findViewById(R.id.quiz_type);
        // 将 viewHolder 对象存储在 view 标签中
        view.setTag(viewHolder);
    } else {
        view = convertView;
        // 从 view 标签中获取 viewHolder 对象
        viewHolder = (ViewHolder)view.getTag();
    }
    // 在控件上显示图片和文本
    viewHolder.quizIcon.setImageResource(quizType.getImageID());
    viewHolder.quizType.setText(quizType.getType());
    return view;
}
```

用以上的方式来优化 ListView 控件的性能，仍然存在以下一些问题：

（1）我们用了一些技巧来做改进，如果忘记使用，ListView 控件的性能将无法提升；

（2）ListView 控件显示的效果单一，如无法实现列表的横向滚动。

5.7.2　RecyclerView控件

针对 ListView 控件存在的两个性能问题，Android 又提供了一个新的列表控件——RecyclerView 控件，用来代替 ListView 控件。RecyclerView 控件的灵活性比 ListView 控件更好，并且能够在有限的窗口中显示大量数据集，同时又具有较好的性能。

下面我们创建一个新的活动 KnowledgePointsActivity（知识点活动），它使用 RecyclerView 控件显示课程的各个知识点。

RecyclerView 控件定义在 Android 操作系统的支持（Support）库中，如果要使用它，我们需要在 build.gradle 文件中加入下面的代码（即设置相应的依赖库）。

```
dependencies {
    ...
    compile 'com.android.support:recyclerview-v7:24.2.1'
    compile 'com.android.support:appcompat-v7:24.2.1'
}
```

在 KnowledgePointsActivity 的布局文件 activity_knowledge_points.xml 中，我们放置 RecyclerView 控件，设置它的相关属性，布局代码如下所示。

```
<?xml version="1.0" encoding="utf-8"?>
<LinearLayout xmlns:android="http://schemas.android.com/APK/res/android"
  android:orientation="horizontal" android:layout_width="match_parent"
  android:layout_height="match_parent">

  <android.support.v7.widget.RecyclerView
      android:id="@+id/kps_recycler_view"
      android:layout_width="match_parent"
      android:layout_height="match_parent"
      android:dividerHeight="5dp"/>
</LinearLayout>
```

在 KnowledgePointsActivity 中，RecyclerView 控件和 ListView 控件一样，需要先构造数据，再用 findViewById()函数找到 RecyclerView 控件，接着给 RecyclerView 控件设置布局管理器。设置不同的布局管理器，RecyclerView 控件会产生不同的显示效果。最后，我们设置 RecyclerView 控件的知识点适配器 KnowledgePointsAdapter，把数据传给定制的知识点适配器。相关代码如下所示。

```
public class KnowledgePointsActivity extends AppCompatActivity {
    @Override
    protected void onCreate(Bundle savedInstanceState) {
        super.onCreate(savedInstanceState);
        setContentView(R.layout.activity_knowledge_points);

        KnowledgePoints knowledgePoints = new KnowledgePoints();
        // 用get 函数获取知识点数组
        List<KnowledgePoints.KnowledgePoint> knowledgePointList =
            knowledgePoints.getKnowledgePointList();

        RecyclerView recyclerView = (RecyclerView) findViewById(
```

```
                                            R.id.kps_recycler_view);
        // 使用线性布局管理器
        LinearLayoutManager layoutManager = new LinearLayoutManager(this);
        recyclerView.setLayoutManager(layoutManager);
        KnowledgePointsAdapter adapter =new KnowledgePointsAdapter(
                                            knowledgePointList);
        recyclerView.setAdapter(adapter);
    }
}
```

我们自定义的知识点适配器 KnowledgePointsAdapter 继承 RecyclerView.Adapter。在 RecyclerView 类中，已经定义好了 ViewHolder 类，我们只需要定义一个静态类 ViewHolder 来继承它。在自定义的 ViewHolder 类中，需要用 findViewById()函数找到 ImageView 控件和 TextView 控件，代码如下所示。

```
public class KnowledgePointsAdapter extends
    RecyclerView.Adapter<KnowledgePointsAdapter.ViewHolder> {

    static class ViewHolder extends RecyclerView.ViewHolder {
        // 加入知识点的 ImageView 控件和 TextView 控件
        ImageView knowledgePointIcon;
        TextView knowledgePointTitle;

        public ViewHolder(View view) {
            super(view);
            knowledgePointIcon = (ImageView)
                    view.findViewById(R.id.knowledge_point_icon);
            knowledgePointTitle = (TextView)
                    view.findViewById(R.id.knowledge_point_title);
        }
    }
```

我们要在知识点适配器中加入关联数据，即知识点数组；还要重写知识点适配器的 getItemCount()函数，返回知识点数组的长度，代码如下所示。

```
private List<KnowledgePoints.KnowledgePoint> knowledgePointList;
public KnowledgePointsAdapter(
        List<KnowledgePoints.KnowledgePoint> knowledgePointList) {
    this.knowledgePointList = knowledgePointList;
}

@Override
public int getItemCount() {
    return knowledgePointList.size();
}
```

接下来，重写 KnowledgePointsAdapter 类的 onCreateViewHolder()函数，加载布局（这个布局是每个列表项的布局）；最后创建 ViewHolder 对象，代码如下所示。

```
@Override
public ViewHolder onCreateViewHolder(ViewGroup parent, int viewType) {
    // 设置单个列表项的布局
    View view = LayoutInflater.from(parent.getContext())
        .inflate(R.layout.knowledge_point_item, parent, false);

    ViewHolder holder = new ViewHolder(view);
```

```
        return holder;
    }
```

在 KnowledgePointsActivity 上，RecyclerView 的列表项显示各个知识点（knowledge point）。知识点列表项的布局按照线性布局的方式，在水平方向上摆放图片控件和文本控件（ImageView 和 TextView）。列表项布局文件 knowledge_point_item.xml 的定义可以根据自己的需要进行调整，它的布局代码如下所示。

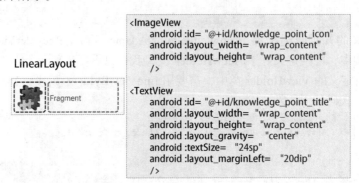

在 KnowledgePointsAdapter 类的 onBindViewHolder()函数中，我们可以根据 position 参数获取当前选中的列表项。如果用户点击列表项，我们通过 position 就能够知道当前点击的是哪一个知识点。接下来，我们用 position 获取对应知识点的图片 ID 和标题，把它们显示在 ImageView 控件和 TextView 控件上。相关代码如下所示。

```
@Override
public void onBindViewHolder(ViewHolder holder, int position) {
    // 通过 position 参数得到对应的知识点对象
    KnowledgePoints.KnowledgePoint kpoint = knowledgePointList.get(position);

    holder.knowledgePointIcon.setImageResource(kpoint.getImageID());
    holder.knowledgePointTitle.setText(kpoint.getCaption());
}
```

现在我们再加入点击事件的处理。为了响应点击事件，我们需要在 ViewHolder 类中加入视图对象 kpointView。kpointView 监听点击事件，能够区分当前的点击是在列表项的图片上还是在文本上。修改 ViewHolder 类，代码如下所示。

```
static class ViewHolder extends RecyclerView.ViewHolder {
    View     kpointView;    // 新增成员变量
    ImageView knowledgePointIcon;
    TextView  knowledgePointTitle;

    public ViewHolder(View view) {
        super(view);
        kpointView = view;
            ...
    }
}
```

接下来，在 onCreateViewHolder()函数中，我们给列表控件 kpointView 设置监听器 View.OnClickListener；在 View.OnClickListener 的 onClick()函数中获取当前点击的位置，并对点击事件进行处理。在程序中，点击事件的处理用简单的 Toast 来演示，即点击后获取当前选中的列表项，然后用 Toast 显示选中列表项对应的知识点。修改 onCreateViewHolder()函数，代码如下所示。

```
@Override
public ViewHolder onCreateViewHolder(ViewGroup parent, int viewType) {
    final ViewHolder holder = new ViewHolder(view);
    // 设置监听器
    holder.kpointView.setOnClickListener(new View.OnClickListener() {
        @Override
        public void onClick(View v) {
            int position = holder.getAdapterPosition();
            KnowledgePoints.KnowledgePoint kpoint =
                                        knowledgePointList.get
(position);
            Toast.makeText(v.getContext(), "知识点: " +
                            kpoint.getCaption(), Toast.LENGTH_SHORT).show();
        }});
    return holder;
}
```

接下来，修改 RecyclerView 控件的线性布局方式。原来我们采用纵向显示方式，现在改为横向显示方式，另外，我们也可以采用其他的布局方式，如网格布局，代码如下所示。

```
RecyclerView recyclerView = (RecyclerView)findViewById(R.id.kps_recycler_view);
LinearLayoutManager layoutManager = new LinearLayoutManager(this);
// 横向显示方式
layoutManager.setOrientation(LinearLayoutManager.HORIZONTAL);
// 采用网格布局
//GridLayoutManager layoutManager = new GridLayoutManager(this, 4);
recyclerView.setLayoutManager(layoutManager);
KnowledgePointsAdapter adapter =new KnowledgePointsAdapter(knowledgePointList);
recyclerView.setAdapter(adapter);
```

5.8 界面模块——碎片

Android 操作系统不仅能作为手机的操作系统，也能作为很多其他移动终端的操作系统，如很多平板电脑（简称平板）也使用 Android 操作系统。如果开发移动应用只考虑在手机上操作，完全忽视其他移动终端，应用的适用面就太狭窄了。

在开发中，我们如何兼顾手机和平板？我们先来看答题应用在手机和平板上如何显示知识点详细内容界面。在手机上，知识点列表界面列出课程的知识点，点击其中一项，如 "Intent"，这时将启动知识点详细内容界面，在这个界面上将显示有关 "Intent" 的知识点内容。知识点内容包含标题和正文两个部分，正文显示知识点的详细情况。这就是常见的手机显示方式。但是，在平板上，由于其屏幕足够大，答题应用不需要在整个屏幕上显示知识点列表，而是把手机上的两个界面（知识点列表界面和知识点详细内容界面）合并为一个界面同时显示。因此，我们在开发移动应用时，要兼顾手机和平板来设计应用的界面，如图 5-45 所示。

首先，我们来分析一下手机和平板的应用界面。整个界面包含两个部分：一个部分展示知识点标题，另一个部分展示选定知识点的详细内容。为了适应手机和平板不同大小的屏幕，我们把这两个部分分别做成单独的组件模块，在 Android 操作系统中它们称为碎片。每个碎片就像一个积木块，可以单独使用，互不相干，也可以组装在一起显示在一个界面上。每个碎片和活动类似，都有自己的生命周期，我们可以把碎片看成简化版的活动，如图 5-46 所示。

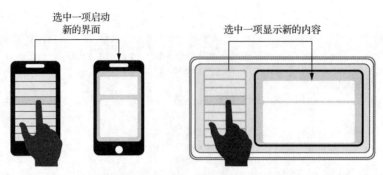

图5-45　兼顾手机和平板来设计应用的界面

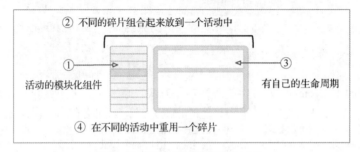

图5-46　把碎片看成简化版的活动

碎片不能像活动一样独自存在，它需要嵌入活动中。如果活动销毁了，它的碎片也就不存在了。另外，可以在不同的活动中重用同一个碎片，以提高开发效率。手机和平板兼容的开发方式就采用碎片来实现。

5.8.1　添加碎片的方式

在活动上有两种添加碎片的方式：一种是静态方式，另一种是动态方式。使用静态方式，我们把碎片当作普通的控件，就像 Button、ListView 等控件一样，需要在活动的布局文件中设置它的属性。碎片的名字属性（android:name）需要设置为创建碎片的类名，而且是加入包前缀的全称。布局代码如下所示。

```
<LinearLayout
    ...
    <fragment
        android:id="@+id/my_fragment"
        <!--碎片的名字为加入包前缀的全称 -->
        android:name="pers.cnzdy.tutorial.MyFragment"
        android:layout_width="0dp"
        android:layout_height="match_parent"
    />
<LinearLayout>
```

现在我们来构造 MyFragment 碎片，创建 MyFragment 的布局文件 my_fragment_layout.xml，并且在上面加入一个文本框，布局代码如下所示。

```
<LinearLayout
        ...
    <TextView
            android:layout_width="wrap_content"
            android:layout_height="wrap_content"
```

```
                      android:layout_gravity="center_horizontal"
                      android:textSize="20sp"
                      android:text="这是我的碎片"
          />
<LinearLayout>
```

接下来编写定制的 MyFragment 类，重写 onCreateView()函数，在 onCreateView()函数中，加载碎片的布局，完成碎片的构造，代码如下所示。

```
public class MyFragment extends Fragment {
    @Override
    public View onCreateView(LayoutInflater inflater,
                             ViewGroup container, Bundle savedInstanceState) {
        // 加载碎片的布局, ID 为 my_fragment
        View view = inflater.inflate(R.layout.my_fragment, container, false);
        return view;
    }
}
```

采用动态方式来加载布局，我们需要用代码在活动中添加碎片，而不是在活动的布局文件中设置。首先，构造 dynamic_fragment_layout.xml 布局文件，实例化一个定制的碎片（DynamicFragment 类），获取碎片管理器（FragmentManager）对象；然后，通过碎片管理器将原来的碎片替换，代码如下所示。

```
// 创建动态加载的碎片
DynamicFragment fragment = new DynamicFragment();
FragmentManager fragmentManager = getFragmentManager();
FragmentTransaction transaction = fragmentManager.beginTransaction();
// 替换原来的碎片
transaction.replace(R.id.my_fragment, fragment);
transaction.commit();
```

动态创建碎片的过程一共有 5 个步骤，如图 5-47 所示。首先，创建待添加的碎片实例。其次，获取碎片管理器对象。然后，通过碎片管理器开启一个事务。接着，在活动中加入碎片。活动对碎片来说，就像一个容器，既可以加入，也可以把已有的碎片替换。最后，提交事务，完成碎片的动态创建。

图5-47 动态创建碎片的过程

碎片与活动之间如果需要通信，可以先获取碎片对象和活动对象，然后让它们相互传递信息。当活动与碎片进行交互时，活动先使用 getFragmentManager()函数获取碎片管理器，然后调用碎片管理器的 findFragmentById()函数来找到对应的碎片；碎片则使用 getActivity()函数来获取自身所在的活动。碎片与碎片之间通信，需要把以上两个步骤结合在一起，先在一个碎片中获取它归属的活动，然后再通过这个活动去获取另外一个碎片对象，这样就可以实现两个碎片之间的通信。相关代码片段如下所示。

```
// 活动调用 getFragmentManager 函数，根据碎片的 id 获取碎片实例
Fragment mFragment = (Fragment) getFragmentManager()
                                    .findFragmentById(R.id.right_fragment);
// 碎片调用 getActivity() 获取活动
MainActivity activity = (MainActivity) getActivity();
```

5.8.2 碎片的生命周期

碎片的生命周期与活动的生命周期类似，如图 5-48 所示。当碎片和活动建立关联以后，需要调用 onAttach()函数。碎片在创建视图（也就是加载布局）的时候，要调用 onCreateView()函数。与碎片关联的活动已经创建完以后，要调用 onActivityCreated()函数。

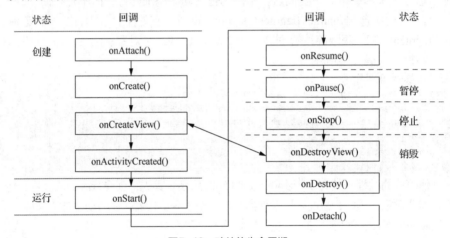

图5-48　碎片的生命周期

类似于活动的生命周期，碎片的 onDestroyView()函数对应 onCreateView()函数，调用 onDestroyView()函数将移除与碎片关联的视图。当碎片和活动解除关联，系统会调用 onDetach()函数。在碎片的生命周期中，同样有运行状态、暂停状态、停止状态和销毁状态。

在整个生命周期中，碎片依附于活动存在。碎片在运行状态是可见的，并且它所归属的活动也正在运行。当活动进入暂停状态（由于另一个未占满屏幕的活动被添加到了栈顶），它上面的碎片也会进入暂停状态。当活动进入停止状态，它上面的碎片也会进入停止状态。进入停止状态的碎片，用户看不见，这时碎片可能被系统回收。由于碎片依附于活动存在，当活动被销毁，它上面的碎片也会被销毁。

5.8.3 兼容不同终端的界面

我们用碎片实现知识点展示界面，让界面可以同时兼容手机和平板电脑，如图 5-49 所示。知识点展示界面左边是知识点列表，右边是知识点详细内容。在手机上，左右两边的界面分别位于不同的活动中，而在平板上则把它们合在一起。代码在运行时首先判断当前屏幕是哪种尺寸的，然后决定使用哪种界面。

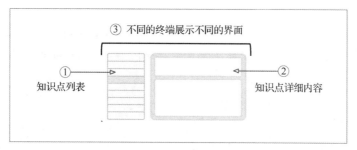

图5-49 实现知识点展示界面

首先，我们为知识点活动（KPointsActivity）创建布局文件 activity_kpoints.xml，它对应的资源 ID 为 R.layout.activity_kpoints。这个 ID 又对应两个不同的布局方式，在 layout 文件夹下面的布局文件是针对手机界面的布局，它有两个活动，可以在操作中进行切换；而在 layout_land 文件夹下面的布局文件是针对平板界面的布局，只有一个显示界面，如图 5-50 所示。注意，不同的文件夹下是不同的布局方式，但布局文件的名称要一致，都是 activity_kpoints.xml。

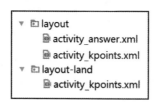

图5-50 不同的布局方式

接下来，我们在 onCreate()函数中调用 setContentView()函数，这时 Android 操作系统会自动根据终端的分辨率或屏幕尺寸确定使用哪种布局，代码如下所示。

```
public class KPointsActivity extends AppCompatActivity {
    @Override
    protected void onCreate(Bundle savedInstanceState) {
        super.onCreate(savedInstanceState);
        // 在运行时修改活动的外观，为不同的屏幕尺寸修改布局配置
        setContentView(R.layout.activity_kpoints);
    }
}
```

1. 单/双页布局

对于手机，我们先构造单页布局（layout\activity_kpoints.xml）。单页布局上只有一个碎片，碎片采用列表的方式来显示所有知识点标题。layout 文件夹下的 activity_kpoints.xml 的布局代码如下所示。

```
<LinearLayout
        ...
    <fragment
        android:id="@+id/kpoints_caption_fragment"
        <!-- 显示知识点标题的碎片类，是手机和平板共用的类-->
        android:name=
                "pers.cnzdy.tutorial.Fragment.KPointsFragment"
        android:layout_width="match_parent"
        android:layout_height="match_parent"
        />
```

```
</LinearLayout>
```

对于平板，我们设置双页布局（layout-land\activity_kpoints.xml），它包含两个碎片，一个用来显示知识点标题，另一个用来显示知识点详细内容。layout-land 文件夹下的 activity_kpoints.xml 的布局代码如下所示。

```
<LinearLayout>
    <!-- 显示知识点标题的碎片，与手机单页布局一样 -->
    <fragment
        android:id="@+id/kpoints_pad_frag"
        <!-- 手机和平板共用的类-->
        android:name=
            "pers.cnzdy.tutorial.Fragment.KPointsFragment" />
    <FrameLayout>
        <!-- 显示知识点详细内容的碎片 -->
        <fragment
            android:id="@+id/kpoint_detail_pad_frag"
            <!-- 手机和平板共用的类-->
            android:name=
            "pers.cnzdy.tutorial.Fragment.KPointDetailFragment"
        />
    </FrameLayout>
<LinearLayout>
```

这两个布局都采用相同的文件名，并且分别存放在不同的文件夹下，即 layout 和 layout-land 文件夹。layout-land 文件夹中的"land"是一个限定符。Android 操作系统根据不同的限定符来加载不同的布局。

另外，如果我们在 res 文件夹下新建 layout-large 文件夹，并且在这个文件夹下新建一个布局文件 activity_main.xml，就能够让大屏幕的移动终端加载新建的布局。layout-large 文件夹中的"large"也是一个限定符，大屏幕的终端会自动加载 layout-large 文件夹下的布局，而小屏幕的终端则会自动加载 layout 文件夹下的布局。

各种限定符可以按照屏幕的大小、分辨率以及方向进行划分，如表 5-1 所示。分辨率采用 dpi 来表示，即一英寸多少个像素点。

表 5-1 限定符

屏幕特征	限定符	描述
大小	small	提供给小屏幕终端的资源
	normal	提供给中等屏幕终端的资源
	large	提供给大屏幕终端的资源
	xlarge	提供给超大屏幕终端的资源
分辨率	ldpi	提供给低分辨率终端的资源（120dpi 以下）
	mdpi	提供给中等分辨率终端的资源（120dpi～160dpi）
	hdpi	提供给高分辨率终端的资源（160dpi～240dpi）
	xhdpi	提供给超高分辨率终端的资源（240dpi～320dpi）
方向	land	提供给横屏终端的资源
	port	提供给竖屏终端的资源

屏幕限定符是一个定性指标，系统并不知道什么样的屏幕可以称为 large。因此，需要给这个定性的级别加上量化的限定。通常 Android 指定一个最小值，即最小宽度限定符

（Smallest-width Qualifier）作为临界点来区分屏幕是否属于 large。如在 res 文件夹下新建 layout-sw720dp 文件夹，当程序运行在屏幕宽度大于 720dp 的终端上时，就加载 layout-sw720dp 文件夹下的布局；当程序运行在屏幕宽度小于 720dp 的终端上时，就加载默认的 layout 文件夹下的布局。

2. 知识点碎片类

构造了布局文件以后，接下来我们创建界面上的知识点碎片类 KPointsFragment，它列出了所有知识点标题。KPointsFragment 类是手机布局和平板布局上共用的类，它的成员变量包括列表控件、知识点标题、适配器以及判断标记 isPAD。isPAD 用来判断当前的终端是否为平板，通过它我们可以控制应用打开不同的界面。KPointsFragment 类的代码如下所示。

```
public class KPointsFragment extends Fragment
    implements AdapterView.OnItemClickListener {
    ListView        kpointsListView;
    KnowledgePoints kpoints;
    KPointsAdapter  adapter;
    boolean         isPAD;
    ...
}
```

下面我们重写 onCreateView()函数，设置它的适配器，给 kpointsListView 加上单击事件监听器，代码如下所示。

```
@Override
public View onCreateView(LayoutInflater inflater,
        ViewGroup container, Bundle savedInstanceState) {
    View view = inflater.inflate(R.layout.fragment_kpoints, container, false);
    // 获取 ListView 控件实例
    kpointsListView = (ListView)view.findViewById(R.id.kpoints_caption_list_view);
    kpointsListView.setAdapter(adapter);
    kpointsListView.setOnItemClickListener((AdapterView.OnItemClickListener)
this);
    return view;
}
```

接下来，我们重写 onAttach()函数和 onDetach()函数，在 onAttach()函数中初始化知识点数据和适配器，代码如下所示。

```
@Override
public void onAttach(Context context) {
    super.onAttach(context);

    kpoints = new KnowledgePoints();
    adapter = new KPointsAdapter(context, R.layout.kpoint_item,
                                kpoints.getKnowledgePointList());
}

@Override
public void onDetach() {
    super.onDetach();
}
```

活动创建以后，在 onActivityCreated()函数中，我们通过判断界面上是否有知识点详细内容碎片，来设置 isPAD 标记。如果有知识点详细内容碎片，isPAD 就为真（true），表示这是一个在平板上显示的界面，它包括知识点列表碎片和知识点详细内容碎片；isPAD 为假（false）

表示这是手机界面，活动上只有知识点列表碎片。onActivityCreated()函数的实现代码如下所示。

```
@Override
public void onActivityCreated(Bundle savedInstanceState) {
    super.onActivityCreated(savedInstanceState);
    if (getActivity().findViewById(R.id.kpoint_detail_frag) != null) {
        isPAD = true;
    } else {
        isPAD = false;
    }
}
```

现在我们先展示平板上的操作，当用户单击了知识点标题以后，应用在右边的知识点详细内容碎片中显示出相应的内容，如图 5-51 所示。

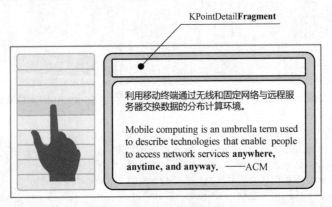

图5-51　平板上的操作

现在我们来处理 KPointsFragment 上的列表单击事件。如果 isPAD 为真，表示现在正在使用平板，则调用刷新函数 refresh()将知识点详细内容加载到界面右边的碎片中；如果 isPAD 为假，则启动一个新的活动，这个活动嵌入了知识点详细内容碎片，代码如下所示。

```
@Override
public void onItemClick(AdapterView<?> parent, View view, int position, long id) {
    if (isPAD) {
        KPointDetailFragment detailFragment =
            (KPointDetailFragment)getFragmentManager()
            .findFragmentById(R.id.kpoint_detail_pad_frag);
        // 加载知识点详细内容，在碎片上显示
        detailFragment.refresh(kpoint.getCaption(), kpoint.getDetail());
    } else {
        // 启动一个新的活动，并加载知识点详细内容
        KPointDetailActivity.startUp(getActivity(),kpoint.getCaption(),
kpoint. getDetail());
    }
}
```

3. 知识点详细内容碎片的布局

下面我们来设计知识点详细内容碎片的布局（fragment_kpoint_detail.xml），如图 5-52 所示。

布局的最上面是知识点标题（第一个<TextView />标签），中间加入了一条细线（<View />

标签），高度为 1dp，下面是知识点详细内容，用文本框（第二个<TextView />标签）来显示。

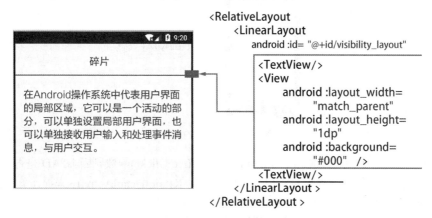

图5-52 设计知识点详细内容碎片的布局

在平板上，用户每次单击知识点标题，都要加载对应的知识点详细内容。在刷新函数 refresh()
中，我们先设置知识点标题，然后设置知识点详细内容，代码如下所示。

```
public class KPointDetailFragment extends Fragment {
    View view;

    @Override
    public View onCreateView(LayoutInflater inflater, ViewGroup container,
                        Bundle savedInstanceState) {
        // 加载知识点详细内容碎片的布局
        view = inflater.inflate(R.layout.fragment_kpoint_detail, container,
false);

        return view;
    }

    public void refresh(String kpointCaption, String kpointDetail) {
        View visibilityLayout = view.findViewById(R.id.visibility_layout);
        visibilityLayout.setVisibility(View.VISIBLE);

        // 显示知识点标题
        TextView kpointCaptionText = (TextView)
                        view.findViewById(R.id.kpoint_caption_frag);
        kpointCaptionText.setText(kpointCaption);

        // 显示知识点详细内容
        TextView kpointDetailText = (TextView)
                        view.findViewById(R.id.kpoint_detail_frag);
        kpointDetailText.setText(kpointDetail);
    }
}
```

接下来，实现手机上的操作。用户通过点击知识点标题，打开知识点详细内容。KPoint
DetailFragment 用来显示知识点详细内容，KPointDetailActivity 是嵌入 KPointDetailFragment 的
活动，如图 5-53 所示。

图5-53　手机上的操作

当用户点击知识点标题，KPointsFragment 的 onItemClick()函数判断 isPAD 是否为假，如果为假，表示当前用户使用的终端是手机，程序将启动 KPointDetailActivity 来显示知识点详细内容。onItemClick()函数的代码如下所示。

```
@Override
public void onItemClick(AdapterView<?> parent, View view, int position, long id) {
    if (isPAD) {
    ...
    } else {
        KPointDetailActivity.startUp(getActivity(),kpoint.getCaption(),
kpoint.getDetail());
    }
}
```

KPointDetailActivity 类的静态函数 startUp()，通过 Intent 启动 KPointDetailActivity，代码如下所示。

```
public class KPointDetailActivity extends AppCompatActivity {
    public  static  void  startUp(Context  context,  String  kpointCaption,  String
kpoint Detail){
        // 启动知识点详细内容活动
        Intent Intent = new Intent(context, KPointDetailActivity.class);
        Intent.putExtra("kpoint_caption", kpointCaption);
        Intent.putExtra("kpoint_detail", kpointDetail);

        context.startActivity(Intent);
    }
```

在 KPointDetailActivity 的 onCreate()函数中，我们先获取碎片实例，然后根据知识点标题和知识点详细内容调用 KPointDetailFragment（手机和平板共用）的 refresh()函数进行刷新，代码如下所示。

```
@Override
protected void onCreate(Bundle savedInstanceState) {
    ...
    String kpointCaption = getIntent().getStringExtra("kpoint_caption");
    String kpointDetail  = getIntent().getStringExtra("kpoint_detail");
    KPointDetailFragment kpointDetailFragment =
        (KPointDetailFragment) getSupportFragmentManager()
        .findFragmentById(R.id.kpoint_detail_fragment);

    kpointDetailFragment.refresh(kpointCaption, kpointDetail);
}
```

代码完成以后，我们来查看程序的运行效果。除了在手机模拟器上测试以外，我们还需要创建平板模拟器来测试运行效果。Android Studio 提供了创建平板模拟器的各种选项，如图 5-54 所示。

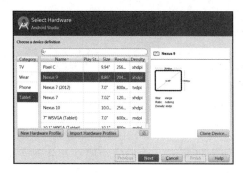

图5-54 创建平板模拟器

5.9 视图翻页控件——ViewPager

在手机、平板等移动终端上，用户经常通过滑动的方式来切换应用界面。Android 的视图翻页控件 ViewPager 提供了多页面的切换功能。ViewPager 控件常用于启动界面演示、上下方导航、图片滑动翻页、软件使用向导以及广告轮播等。ViewPager 控件包含在 android-support-v4.jar 中。android-support-v4.jar 是 Google 公司提供的兼容低版本 Android 终端的软件包。在使用 Android Studio 开发时，系统默认导入 v7 包，v7 包含 v4。

ViewPager 类直接继承 ViewGroup 类，它相当于一个页面容器，容器中既可以装入多个视图作为页面，也可以装入碎片作为页面。与 ListView 控件类似，ViewPager 控件也需要用页面适配器（PagerAdapter）来连接要显示的数据。如果我们在 ViewPager 控件中使用碎片，则需要使用专门的 FragmentPagerAdapter 和 FragmentStatePagerAdapter 类来处理页面。Google 公司建议使用碎片来填充 ViewPager 控件，以方便生成和管理每个页面的生命周期。

首先，我们在 Layout 文件中加入一个 ViewPager 控件；然后，在活动（或碎片等）中获取 ViewPager 控件的引用；接下来，通过设置 ViewPager 控件的页面适配器来填充页面；最后，为 ViewPager 控件设置监听器和滑动特效。

首先构造 PagersActivity 界面，如图 5-55 所示。

图5-55 PagersActivity界面

PagersActivity 的布局文件 activity_pagers.xml 设置了 ViewPager 控件，布局代码如下所示。

```
<RelativeLayout xmlns:android="http://schemas.android.com/APK/res/android"
    xmlns:tools="http://schemas.android.com/tools"
```

```
        android:layout_width="fill_parent"
        android:layout_height="fill_parent"
        tools:context="pers.cnzdy.tutorial.Pagers.PagersActivity" >

    <android.support.v4.view.ViewPager
        android:id="@+id/view_pager"
        android:layout_width="wrap_content"
        android:layout_height="wrap_content"
        android:layout_gravity="center" />
</RelativeLayout>
```

5.9.1 滑动页面

在 PagersActivity 中，我们创建 3 个视图作为滑动页面，它们的布局文件分别是 quiz_pager1.xml、quiz_pager2.xml 和 quiz_pager2.xml。这些布局文件的结构一致，都包含一个 TextView 控件。quiz_pager1.xml 的布局代码如下所示。

```
<?xml version="1.0" encoding="utf-8"?>
<LinearLayout xmlns:android="http://schemas.android.com/APK/res/android"
  android:layout_width="match_parent"
  android:layout_height="match_parent"
  android:background="#ffffff"
  android:orientation="vertical" >

  <TextView
      android:id="@+id/quiz_view_1"
      android:layout_width="wrap_content"
      android:layout_height="wrap_content"
      android:text="简述活动和服务的生命周期? "
      android:textSize="40sp" />
</LinearLayout>
```

接下来，我们在 PagersActivity 的 onCreate()函数中初始化 ViewPager 控件，并添加多个视图用于滑动切换，代码如下所示。

```
public class PagersActivity extends AppCompatActivity {
    private View viewQuiz1, viewQuiz2, viewQuiz3;
    private ViewPager viewPager;
    private List<View> viewList; // 添加多个视图

    @Override
    protected void onCreate(Bundle savedInstanceState) {
        super.onCreate(savedInstanceState);
        setContentView(R.layout.activity_pagers);

        viewPager = (ViewPager) findViewById(R.id.view_pager);
        LayoutInflater inflater=getLayoutInflater();
        viewQuiz1 = inflater.inflate(R.layout.quiz_pager1, null);
        viewQuiz2 = inflater.inflate(R.layout.quiz_pager1,null);
        viewQuiz3 = inflater.inflate(R.layout.quiz_pager1, null);

        // 将要滑动切换的视图装入数组
        viewList = new ArrayList<View>();
        viewList.add(viewQuiz1);
        viewList.add(viewQuiz2);
```

```
        viewList.add(viewQuiz3);
    }
```

5.9.2 页面适配器

和 ListView 控件一样，在 PagersActivity 中，我们通过页面适配器来完成 ViewPager 页面和数据之间的绑定，代码如下所示。

```
public class PagersActivity extends AppCompatActivity {
    ...
    PagerAdapter pagerAdapter = new PagerAdapter() {
        String[] titles = new String[]{ "第一道题", "第二道题", "第三道题" };

        @Override
        public boolean isViewFromObject(View arg0, Object arg1) {
            return arg0 == arg1;
        }

        @Override
        public int getCount() {
            return viewList.size();
        }

        @Override
        public void destroyItem(ViewGroup container, int position, Object object) {
            container.removeView(viewList.get(position));
        }

        @Override
        public Object instantiateItem(ViewGroup container, int position) {
            container.addView(viewList.get(position));
            return viewList.get(position);
        }

        @Override
        public CharSequence getPageTitle(int position) {
            return titles[position];
        }
    };

    viewPager.setAdapter(pagerAdapter);
}
```

页面适配器是一个通用的 ViewPager 适配器，同时也是一个基类适配器。碎片的适配器是 PagerAdapter 类的子类，包括 FragmentPagerAdapter 和 FragmentStatePagerAdapter 类。FragmentPagerAdapter 类在内存中保存每个生成的碎片，通常用于静态页面，适用于页面比较少的情况。而当页面比较多，数据动态变动较大，需要占用较多内存时，通常使用 FragmentStatePagerAdapter 类。

FragmentStatePagerAdapter 中的 "State" 表示适配器只保留当前页面，当页面切换出屏幕时，就会被回收，并释放资源；当页面需要显示时，将生成新的页面。采用这种方式，ViewPager 就能够拥有很多页面，并且不会占用大量内存。

5.9.3 滑动动画

当滑动页面时，为了增加一些特殊效果，可以在 ViewPager 控件上添加各种动画。通过实现 android.support.v4.view.ViewPager.PageTransformer 接口，我们来增加滑动动画。PageTransformer 接口中的函数 transformPage(View page, float position)有两个参数，page 是 ViewPager 中的页面，position 是页面的当前位置。位置为[-1, 0)表示屏幕左边的页面部分可见，位置为[0, 0]表示屏幕上页面完全可见，位置为(0, 1]表示屏幕右边的页面部分可见。当页面向左滑动时，位置从 0 向-1 变化，位置为-1 时完全不可见；当页面向右滑动时，位置从 0 向 1 变化，位置为 1 时完全不可见。下面我们给出了多种滑动动画的实现代码。

```java
// 在滑动中通过缩放来切换页面
public class ScalePageTransformer implements ViewPager.PageTransformer {
    private static final float MIN_SCALE = 0.75f;

    @Override
    public void transformPage(View page, float position) {
        // 超出屏幕左边界
        if (position < -1.0f) {
            page.setScaleX(MIN_SCALE);  // 设置视图在水平方向的缩放比例
            page.setScaleY(MIN_SCALE);  // 设置视图在垂直方向的缩放比例
        }
        // 向左滑动
        else if (position <= 0.0f) {
            page.setAlpha(1.0f);  // 设置透明度
            // 设置视图在水平方向的偏移量，以像素（px）为单位，会引发视图重绘
            page.setTranslationX(0.0f);
            page.setScaleX(1.0f);
            page.setScaleY(1.0f);
        }
        // 向右滑动
        else if (position <= 1.0f) {
            page.setAlpha(1.0f - position);
            page.setTranslationX(-page.getWidth() * position);
            float scale = MIN_SCALE + (1.0f - MIN_SCALE) * (1.0f - position);
            page.setScaleX(scale);
            page.setScaleY(scale);
        }
        // 超出屏幕右边界
        else {
            page.setScaleX(MIN_SCALE);
            page.setScaleY(MIN_SCALE);
        }
    }
}
// 在滑动中通过旋转来切换页面
public class RotatePageTransformer implements ViewPager.PageTransformer {
    private static final float MAX_ROTATION = 20.0f;

    @Override
    public void transformPage(View page, float position) {
        if (position < -1)
```

```
                rotate(page, -MAX_ROTATION);
        else if (position <= 1)
                rotate(page, MAX_ROTATION * position);
        else
                rotate(page, MAX_ROTATION);
    }

    private void rotate(View view, float rotation) {
        view.setPivotX(view.getWidth() * 0.5f);
        view.setPivotY(view.getHeight());
        view.setRotation(rotation);
    }
}
```

在 PagersActivity 的 onCreate()函数中，加入下面的代码，设置需要实现的滑动动画效果。

```
viewPager.setPageTransformer(true, new ScalePageTransformer());
viewPager.setPageTransformer(true, new RotatePageTransformer());
```

类似地，在 PagersActivity 中，我们还可以实现其他更丰富的滑动动画效果。另外，如果 ViewPager 各个页面的视图都很相似，那么我们可以通过循环的方式，向每个页面添加不同的数据。如果每个视图不同，就需要创建多个碎片作为页面，并且通过 FragmentPagerAdapter 来适配数据。

5.10　本章小结

本章从界面设计的角度，主要介绍了视图和布局；从交互的角度，主要介绍了如何用 Intent 完成应用组件之间的信息传递。对于界面上的控件，本章重点介绍了列表控件、碎片和视图翻页控件。

View 类是 Android 用户界面的基础类。布局与视图是继承关系。布局主要用于放置界面上的各个控件，并按一定的规律调整内部控件的位置。Android 操作系统通过活动实现应用界面，而界面上的主要功能由各种控件来实现。多个活动通过 Intent 连接成一个整体，实现了界面的切换、跳转和信息传递。

5.11　习题

1. 简述 Android 操作系统为什么采用堆栈这种数据结构来管理活动？
2. 编写代码来分析活动的生命周期，要求用日志的方式列出活动的生命周期的各个阶段。
3. 简述 Android 操作系统管理活动的方式。
4. 简述 Android 应用界面的视图结构。
5. 编写回调函数获取排序算法的运行时间。通常我们在排序算法的前后加入计时代码，来计算排序算法的运行时间。有没有什么办法可以把计时代码和排序代码分离，从而减少两个不同功能代码的耦合？

long begin = System.currentTimeMillis()

 排序算法

long end = System.currentTimeMillis()

6. 使用 layout_weight 属性，制作以下界面，给出布局设计。

7. 设计计算器布局，简述为什么采用这种布局方式。

8. 简述 Intent 的两种类型，说明它们的区别和联系。

9. 简述 Intent 过滤器的定义和功能。

10. 什么是适配器？简述适配器模式的基本原理。

11. RecyclerView 控件提供了 GridLayoutManager 和 StaggeredGridLayoutManager 两种内置的布局方式。GridLayoutManager 可以用于实现网格布局，StaggeredGridLayoutManager 可以用于实现交错式布局。修改本章中 RecyclerView 控件的线性布局管理器，实现列表的网格布局和交错式布局。

12. 使用 ViewPager 控件实现滑动页面，并且使用第三方库在页面上方显示小圆点指示器。

13. 编写界面标签切换功能，通过 TabLayout 控件和 ViewPager 控件实现页面标签切换，如下所示。

14. 根据下面的代码回答问题。

```
void addFragment() {
        Fragment mFragment = new MyFragment();
        FragmentTransaction ft = getFragmentManager().beginTransaction();
        ft.add(R.id.my_fragment, mFragment, "My");
        ft.commit();
}
```

（1）简述这段代码的功能。

（2）代码中添加碎片的方式是静态方式还是动态方式？说明它们的区别。

（3）为什么采用事务处理的方式来添加碎片？

15. 编写一个 Android 应用程序，显示当前时间，用户点击返回按钮时，弹出对话框，提示是否退出程序，用户确认后退出程序。

06 第6章 资源管理

本章首先介绍应用程序常用的各种资源，包括字符串、颜色、尺寸、数组等。接着讨论两种设置界面外观的方式：样式（Style）和主题（Theme）。对于可绘制（Drawable）的资源，主要介绍 3 种形状绘制资源：Shape-Drawable、StateListDrawable 和 Layer List Drawable。最后还讨论原生资源的打包管理方式。

本章的重点是掌握字符串、颜色等资源的访问方式、主题和样式的设置方法，以及可绘制资源的综合应用；难点是理解资源的编译和原生资源的打包管理方式。第 7 章将讨论在移动应用中如何保存数据，以及如何从不同的数据源提取各种类型的数据。

6.1 资源类别与访问

程序中我们经常需要处理各种数字和字符串，而字符串中又包含中文、英文等多种语言的字符。如果不仔细处理这些字符，它们常常会散布在代码中，当代码量越来越大后，这些"魔术数字"会非常难于维护。针对这一问题，Android 操作系统提供了各种资源的管理方法。

在答案查看界面上，有 3 个部分显示中文字符串。这些字符串没有直接赋值给 TextView 控件的 text 属性，如我们用"@string/warning_text"来代替中文字符串，如图 6-1 所示。warning_text 是一个资源变量，它的取值为字符串"你真的要看答案？"。通过这种方式，Android 操作系统统一管理字符串资源。

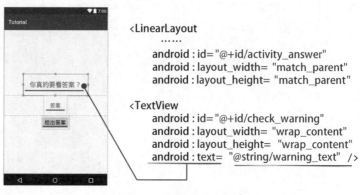

图6-1　界面上的文本资源

在 Android 操作系统中，图片、布局、字符串、颜色、尺寸、数组、样式等与代码不相关的内容都可以看作资源。在 Android Studio 项目的结构中，java 文件夹下是应用程序的代码，它下面的 res 文件夹包含项目用到的各种资源，如图 6-2 所示。

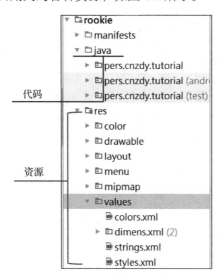

图6-2　代码和资源分离

从项目的角度来看，Android 把资源从代码中分离出来，使得程序更容易维护。同时，也可以实现界面与程序逻辑的分离，让界面设计师与程序员能够并行工作，从而提高开发的效率。

6.1.1　资源访问方法

在开发过程中，我们需要对所有资源进行分类，并存放在一起，同时还要在程序中把资源提取出来。Android 提供了 3 种访问资源的方法：第 1 种，通过 Android 自动生成的 R 文件来访问资源；第 2 种，通过 Android 提供的 Resource 类来访问资源；第 3 种，通过.xml 文件之间的相互引用来访问资源。

1. 用 R 文件访问资源

下面我们再回顾一下前文介绍的 R 文件。R 文件可看作自动生成的一个类。在 R 文件的内部，每个资源都赋予了一个唯一的数字编码。在访问这些资源的时候，我们可以通过 R 文件直接引用资源。R 后面的第一级符号表示资源的类型，如图 6-3 中 layout 表示布局类型。在程序中，经常将 R 文件引用的资源传给 findViewById()函数，以此来获取控件对象。

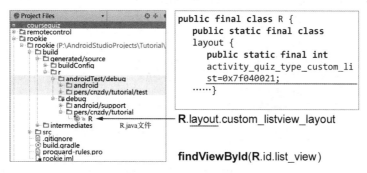

图6-3　用R文件访问资源

2. 用 Resource 类访问资源

采用代码方式来访问资源，主要用到了 Resource 类，它可以直接把 R 文件的资源编码转换为对应的资源。以下代码将资源 ID 转换为字符串、图像和字符串数组。

```
Resource res = getResources();
String addQuiz = res.getText(R.string.add_quiz);
Drawable blankfilling = res.getDrawable(R.drawable.ic_blankfilling);
String[] quizzes = res.getStringArray(R.array.quizzes);
```

3. 用.xml 文件访问资源

在 Android 应用中，很多资源都采用.xml 文件的形式保存。如字符串资源就存放在 res\values\文件夹下的 strings.xml 文件中。strings.xml 文件使用<resources>标签来定义字符串资源。在<resources>标签下面，每一个字符串用一个<string>标签来表示。下面的字符串资源代码给出了 3个字符串的定义。

```
<resources>
    <string name="app_name">Tutorial</string>
    <string name="add_quiz">新建习题</string>
    <string name="next_button">下一题</string>
</resources>
```

现在，在布局文件 activity_quiz.xml 中要使用字符串资源，如要在按钮上显示"下一题"字符串，我们可以通过 "@string/next_button" 来获取对应的字符串。布局文件 activity_quiz.xml中引用字符串的代码如下所示。

```
<LinearLayout>
    <Button
        android:layout_width="wrap_content"
        android:layout_height="wrap_content"
        android:text="@string/next_button" />
    ...
</LinearLayout>
```

6.1.2 常用资源

下面我们介绍一些常用的资源，包括颜色、尺寸和数组，在后文中将会涉及更复杂的资源。

1. 颜色

颜色存放在 colors 文件（colors.xml）中，与字符串类似，也是用<resources>标签来包装的。在<color>标签中，颜色用 6 位十六进制编码来表示，表示方式为#RRGGBB，前两位表示红色，中间两位表示绿色，后面两位表示蓝色，3 种颜色的混合就是最终的颜色。我们可以通过颜色数值与颜色的对应表，来设置想要显示的颜色。res\values\colors.xml 文件中定义颜色的代码如下所示。

```
<?xml version="1.0" encoding="utf-8"?>
<resources>
    <color name="colorPrimary">#3F51B5</color>
    <color name="colorPrimaryDark">#303F9F</color>
    <color name="colorAccent">#FF4081</color>
    <color name="sub_tab_bg">#12000000</color>
    <color name="sub_tab_text_color_normal">#ff847d7b</color>
    <color name="sub_tab_text_color_press">#FF4801</color>
</resources>
```

2. 尺寸

在 Android 应用的界面编程中，我们经常要用到一些跟尺寸相关的数字，如文本框的边距、两个列表项之间的间距等。尺寸的资源都定义在 dimens 文件中。通过<dimen>标签，我们可以设置各种尺寸。res\values\dimens.xml 文件的定义如下，其中 dp 是一个计量单位，通常用来表示控件的宽度和高度。

```
<resources>
    <dimen name="activity_horizontal_margin">16dp</dimen>
    <dimen name="activity_vertical_margin">16dp</dimen>
</resources>
```

现在移动终端的分辨率各不相同，如果采用固定尺寸来设置界面控件的大小，那么程序很难适应多种分辨率的终端。如一个 300px 宽的按钮，在低分辨率的手机上可能占据整个屏幕，但是，在高分辨率的手机上可能只占据屏幕的一半。

Android 操作系统提供了多种尺寸单位，其中 px 是指屏幕中可以显示的最小元素单元；dp 表示与终端无关的独立像素；sp 表示可伸缩像素，与 dp 类似，主要用于字体显示。Google 公司建议 TextView 等控件最好使用 sp 作为文本字号的单位。另外，Pt 表示磅数，也是一个标准的长度单位，长度为 1/72in（1in=2.54cm），通常用于印刷业。

3. 数组

在程序中，如果用到字符串数组，也可以存入资源文件。数组同样定义在 strings 文件中。现在我们把数组"course_group"存放在<array>标签下，每项数据都用<item>标签来描述。res\values\strings.xml 文件中定义数组的代码如下所示。

```
<resources>
    <array name="course_group">
        <item>离散数学</item>
        <item>移动计算及应用开发技术</item>
        <item>大型机应用基础</item>
        <item>企业移动开发实践</item>
    </array>
</resources>
```

6.2 样式与主题

本节介绍更复杂的资源，包括各种定制的控件样式和界面主题。

6.2.1 样式

Android 应用上的界面风格包括样式和主题。样式是一套能够应用于视图组件的属性。样式针对窗体元素，主要用来改变指定控件或者布局的样式，它存放在 res\values 文件夹下的 styles.xml 文件中。如我们添加一个定制的按钮样式，设置不同的文本颜色和背景颜色，代码如下所示。

```
<style name="CustomButton">
        <item name="android:textColor">@color/light</item>
        <item name="android:background">@color/dark_blue</item>
</style>
```

定义好样式以后，我们就可以在布局文件的按钮定义中使用新的样式。使用时，需要将按钮的 style 属性值设置为定制的按钮样式，这样按钮就会按照定义的文本颜色和背景颜色来显示，代码如下所示。

```
<Button
        xmlns:Android=http://schemas.Android.com/APK/res/Android
        xmlns:tools=http://schemas.Android.com/tools
        <!-- 定制的按钮样式 -->
        style="@style/CustomButton"
        android:id="@+id/my_button"
        android:layout_width="match_parent"
        android:layout_height="wrap_content"
        tools:text="定制的按钮"
/>
```

一个样式能继承并覆盖其他样式的属性。我们定义一个背景按钮样式，把它的背景设为深蓝色；接着，再定义一个粗体按钮样式，把它的文本设为粗体。在定制按钮样式代码中，新的样式实际上包含两个样式，一个是背景样式，另一个是文本样式，其中背景样式是从CustomButton 上继承的。相关代码如下所示。

```
<style name="CustomButton">
        <item name="android:background">@color/dark_blue</item>
</style>
<style name="CustomButton.Bold">
        <item name="android:textStyle">bold</item>
</style>
```

新的样式也可以采用另外一种继承方式，即在<style>标签中加入 parent 属性来明确指出继承的父类，代码如下所示。

```
<style name="BoldCustomButton" parent="@style/CustomButton">
        <item name="android:textStyle">bold</item>
</style>
```

6.2.2 主题

不同于样式，主题针对窗体，它改变整个窗口界面的样式，也可以把主题看作样式的加强版。设置主题属性以后，我们就不需要为不同的组件分别设置相同的样式。我们可以把某些相同的样式提取出来形成主题，一次性地完成设置。此外，主题还能引用其他样式，并且能够应用于整个应用界面。

我们需要在配置文件 AndroidManifest.xml 中设置主题样式，下面的配置代码列出了 Android Studio 设定的默认主题样式。

```
<manifest
   ...
   <application
     android:icon="@mipmap/ic_launcher"
     android:label="@string/app_name"
     android:supportsRtl="true"
     android:theme="@style/AppTheme">
   </application>
</manifest>
```

打开 styles.xml 文件，我们可以看到样式的定义，其中主题样式继承了具有深色工具栏的浅色主题。接下来我们通过<item>标签来添加自定义的属性，或是覆盖父主题的某些属性。在 styles.xml 中有 3 个颜色属性：colorPrimary 属性主要用于设置工具栏背景颜色；colorPrimaryDark 用于设置屏幕顶部的状态栏；colorAccent 一般和 colorPrimary 形成反差效果，主要给输入文本框等组件着色。styles.xml 文件的代码如下所示。

如果要查看 AppTheme 主题定义，在 AndroidManifest.xml 文件的<application>标签中，有主题属性 android:theme="@style/AppTheme"，按下 Ctrl 键，单击@style/AppTheme，Android Studio 就会自动打开 res/values/styles.xml 文件。

6.3　可绘制的资源

可绘制的资源代表了一大类资源，如图形、位图图像等。下面我们主要介绍 3 种形状绘制资源：ShapeDrawable、StateListDrawable 和 LayerListDrawable。这 3 种形状绘制资源都定义在 XML 文件中，可以归为一类，统称为 XML drawable。

6.3.1　ShapeDrawable

采用可扩展标记语言（Extensible Markup Language，XML）形式的 drawable 资源，不需要考虑资源对象的像素密度，它可以适应各种分辨率的终端。下面我们用 ShapeDrawable 来定制一个圆形按钮。在 res\drawable 文件夹下，创建一个表示圆形按钮样式的 XML 文件：round_button_normal.xml。再通过<shape>标签来定制按钮的样式。android：shape 属性设置为圆形（oval），当然你也可以设置其他形状，如线条、梯形等。另外，我们还设置了按钮的填充颜色。相关代码如下所示。

```
<shape xmlns:android="http://schemas.android.com/APK/res/android"
    android:shape="oval">
    <solid android:color="@color/colorAccent" />
</shape>
```

为了增强用户的使用体验，接下来我们修改按钮背景，让按钮在没有单击和单击的时候，分别呈现不同的显示效果。为此，我们需要再创建一个显示单击效果的样式文件 round_button_pressed.xml。在 round_button_pressed.xml 中，把按钮的填充颜色改为红色，也就是当用户单击按钮的时候，按钮显示为红色，代码如下所示。

```
<shape xmlns:android="http://schemas.android.com/APK/res/android"
    android:shape="oval">
    <!-- 按钮被单击时，切换显示状态 -->
    <solid android:color="@color/red" />
</shape>
```

6.3.2　StateListDrawable

接下来，我们需要把按钮在不同状态下的样式合并到一起。我们创建一个 round_button.xml 文件，它会根据按钮的状态来切换使用不同的样式，即指向不同的 drawable 资源，从而呈现出动态的效果，代码如下所示。

```
<selector xmlns:android="http://schemas.android.com/APK/res/android">
    <item android:drawable="@drawable/round_button_pressed"
                    android:state_pressed="true" />
    <item android:drawable="@drawable/round_button_normal" />
</selector>
```

round_button.xml 文件中使用了<selector>标签。<selector>被称为选择器，用来设置与状态相关的效果，如按钮单击、文本框获取焦点，以及图片或文字被选中等，这些状态让控件展现出不同的显示效果。我们在<item>标签中设置 state_pressed，当按钮的单击状态为真时，应用将使用 round_button_pressed.xml 文件，否则将使用 round_button_normal.xml 文件。

最后，在 style.xml 文件中，重新定义按钮的样式，把按钮的背景设为 round_button 样式，代码如下所示。

```
<resources>
        <style name="MyButton"
                    parent="android:style/Widget.Holo.Button">
                <item name="android:background">
                            @drawable/round_button
                </item>
        </style>
</resources>
```

6.3.3　LayerListDrawable

为了在控件上显示叠加的视觉效果，需要使用 LayerListDrawable 样式。在前文按钮例子的基础上，我们用 LayerListDrawable 给按钮边缘再加上一个圆环，修改 round_button_pressed.xml 文件，使用<layer-list>标签添加多个<item>，并且在每一个<item>中设置独立的显示效果。第一个<item>中设置按钮的填充颜色，颜色设置为红色；第二个<item>中设置一个更大的圆形，颜色设置为深红色。最后，把这两种不同的显示效果叠加在一起。相关代码如下所示。

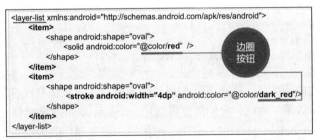

在 LayerListDrawable 样式中，每个显示效果都是独立的。把这些独立的效果叠加在一起，就得到了整个控件的显示效果。

6.4　资源打包管理

以上介绍的资源都存放在 res 文件夹下，并且这些资源在 R 文件中都有对应的编码，通过 R 文件的编码我们就能引用要使用的资源。除此以外，Android 还提供了另外一种方式来存放资源，即将资源存放在 assets 文件夹下，并且直接使用文件名来访问资源。assets 文件夹下的资源不会被映射到 R 文件中，也就是说系统不会自动为 assets 文件夹下的资源生成资源编码。

当程序要访问资源时，首先获取资源文件对应的字节流，然后直接对字节流进行处理。assets 文件夹可以用来打包应用所需的图片、XML 文件以及其他资源。它被看作一个随应用打包的微型文件系统。

在 Android Studio 中，我们用鼠标右键单击应用模块，选择 New→Folder→Assets Folder 来创建 assets 文件夹，如图 6-4 所示。Android 操作系统在 assets 文件夹下创建多级子文件夹，而 res 文件夹的下一级子文件夹已经由 Android 操作系统规定好了，如 drawable 子文件夹，在这些子文件夹下不允许再创建下一级文件夹。在生成安装文件时，assets 文件夹中的所有文件都会随应用一起打包，并且这些资源将按原样打包，不会被编译成二进制文件。

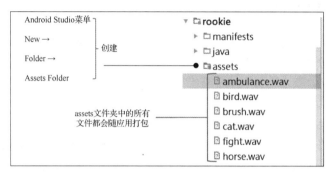

图6-4　创建assets文件夹

assets 文件夹下的资源要使用 AssetManager 类来访问。下面我们给出音频文件的载入函数实现代码，它把音频文件的文件名载入字符串数组中。

```java
private AssetManager assets;
assets = context.getAssets();
private void loadSounds() {
String[] soundNames;
try {
        soundNames = assets("sounds");
        Log.i(TAG, "一共" + soundNames.length + "个音频文件");
    } catch (IOException e) {
        Log.e(TAG, "不能列出资源", e);
        return;
    }
}
```

除了在程序中直接载入音频文件名以外，我们也可以单独创建一个 Sound 类，用它来管理每个音频文件。下面我们构造一个 Sound 类，用它来存储音频文件的路径和名称，代码如下所示。

```java
public class Sound {
    private String assetPath;
    private String name;

    public Sound(String assetPath) {
        this.assetPath = assetPath;
        String[] components = assetPath.split("/");
        String filename = components[components.length - 1];
        name = filename.replace(".wav", "");
    }
```

```
    public String getAssetPath() { return assetPath; }
    public String getName() { return name; }
    public String setAssetPath(String assetPath) { this.assetPath = assetPath; }
    public String setName(String name) { this.name = name; }

}
```

在 Sound 类的构造函数中，我们把路径和名称分别取出来存入成员变量，同时实现了成员变量的读写访问函数（get 和 set 函数）。

6.5 本章小结

本章介绍了 Android 操作系统的资源管理框架，重点讨论了字符串、颜色、数组、样式、主题等各种资源。除此以外，介绍了移动应用会用到的一些原生资源，如音频等资源。这些资源一般不会被编译成二进制文件，而是单独存储在应用的文件系统中，我们可以按照特定的 ID 来访问它们。

资源通常与界面相关，如界面的布局、显示的字符串和图片、配置的颜色和尺寸等。一个良好的软件设计会将代码和资源分开，让应用程序在运行时根据实际需要来组织界面。通过这种方式应用程序只需要编译一次，在运行时就可以支持不同的界面布局，适应不同的屏幕大小和像素密度，以及满足不同国家和语言的需要。

6.6 习题

1. 简述 Android Studio 项目中各个资源文件夹的作用。
2. 简述使用原生资源的两种方式，说明它们之间的区别。
3. Android 操作系统中的资源有哪些类型？说明它们的作用。
4. 实现一个程序：每隔 30s 自动更换系统的桌面背景。
5. 应用程序如何适配不同密度、大小和方向的屏幕？
6. 简述 Android 的资源管理框架如何根据 ID 查找资源。
7. 如何使用可绘制的资源实现缩放、渐变、逐帧动画、静态矢量图、矢量图动画等功能？
8. 编写程序替换 Android Studio 自动生成的默认主题。
9. 下面给出了 dimen.xml 资源文件和代码片段，说明文件中使用的资源类型和代码功能。

```
<resources>
    <dimen name="size_in_pixels">3px</dimen>
    <dimen name="size_in_dp">15dp</dimen>
    <dimen name="m_size">20sp</dimen>
</resources>

float dim = getResources().getDimension(R.dimension.size_in_pixels);
```

10. 编程实现一个环形的进度条。

07 第 7 章 数据存取

本章重点介绍 4 种数据存取方式，同时还讨论不同类型数据的解析方式。首先，介绍文件的内部存储（Internal Storage）和外部存储（External Storage）。然后，介绍用 SharedPreferences 存取小批量数据。对于 SQLite，主要讨论数据库的基本操作。接着，介绍使用内容共享组件实现应用之间的数据交换。最后，介绍 XML 数据和 JSON 数据的解析方式。

本章的重点是掌握文件、SharedPreferences 和 SQLite 中数据的存取方式；难点是理解内容提供器的基本原理和使用方法，并理解 XML 数据和 JSON 数据的解析原理。第 8 章将讨论 Android 操作系统和应用程序之间如何接收和处理消息。

数据是应用程序的基础。按照数据的存储状态可以把数据分为瞬时数据和持久化数据。存储在内存中的瞬时数据需要保存在外部的永久存储设备中才能实现持久化。这是数据存取的关键。

持久化技术将那些内存中的瞬时数据保存到存储设备中，即使在手机或计算机关机的情况下，这些数据也不会丢失；同时，在需要的时候也可以把存储设备中的数据加载到内存中。持久化技术提供了可以让数据在瞬时状态和持久化状态之间进行转换的方法。

数据模型反映的是内存中的数据，通常以数据结构和对象的形式存在于程序中。而存储模型除了各种格式的文件，如二进制文件、文本文件、XML 文件等以外，还包括数据库形式的关系模型。持久化技术可以将内存中的数据模型转换为存储模型，也可以将存储模型转换为内存中的数据模型。

Android 操作系统的数据存取主要涉及 4 个部分的内容：

（1）Android 操作系统在不同存储区域存放的各种文件；

（2）存储少量配置信息的轻量级存储类 SharedPreferences；

（3）Android 操作系统自带的本地数据库 SQLite；

（4）Android 操作系统 4 大组件之一的内容提供器。

7.1 文件操作

在 Android 操作系统中，可以通过文件流对象来操作文件。要获取文件流对象需要用 openFileInput() 或 openFileOutput() 函数来打开文件，并且需要将文件的名称传给文件输入流。请注意，这里指定的文件名不包含路径，因为所有文件都默认存储在/data/data/<package name>/files/文件夹下。文件流操作的示例代码如下所示。

```
FileInputStream in = null;
// 文件名为 KnowledgeUnit
in = openFileInput("KnowledgeUnit");
FileOutputStream out = null;
out = openFileOutput("KnowledgeUnit", Context.MODE_PRIVATE);
```

在定义输出流时，我们需要指定文件操作的模式。使用 MODE_PRIVATE 模式，表示文件是私有数据，只能被应用本身访问。在该模式下，写入的内容会覆盖原文件的内容。MODE_APPEND 模式会检查文件是否存在，如果存在就往文件里追加内容，否则就创建一个新文件。

7.1.1　保存数据到文件

保存数据时，我们先通过 openFileOutput() 函数获取 FileOutputStream 对象，给openFileOutput()函数传入要读取的文件名；然后系统会自动到/data/data/<package name>/files/文件夹下加载这个文件，并返回一个 FileInputStream 对象；接下来通过 Java 流的方式读取数据。接着我们用 FileOutputStream 构造一个 BufferedWriter 对象，写入文本到输出流。BufferedWriter 对象通过缓存的方式写入文本，以提高写入效率。保存文件的 save()函数如下所示。

```
public void save(String inputKPoint) {
    FileOutputStream out = null;
    BufferedWriter writer = null;

    try {
        out = openFileOutput(fileName, Context.MODE_PRIVATE);
        writer = new BufferedWriter(new OutputStreamWriter(out));
        writer.write(inputKPoint);
    } catch (IOException e) {
        e.printStackTrace();
    } finally {
        try {
            if (writer != null)
                writer.close();
        } catch (IOException e) {
            e.printStackTrace();
        }
    }
}
```

请注意，在处理文件时，要用 try 和 catch 来捕获可能出现的异常情况。

7.1.2　从文件中读取数据

读取文件数据时，首先获取文件输入流，然后构造 reader 对象来读取数据。reader 对象逐行读取数据，每读取一行就和前面的行连接在一起，然后保存到 content 对象中，代码如下所示。

```
private String fileName = "KnowledgeUnit";
FileInputStream in = null;
BufferedReader reader = null;
```

```
StringBuilder content = new StringBuilder();
try {
        in = openFileInput(fileName);
        reader = new BufferedReader(new InputStreamReader(in));
        String line = "";
        while ((line = reader.readLine()) != null) {
            content.append(line);
        }
}
return content.toString();
// 常用的异常处理代码
catch (IOException e) {
    e.printStackTrace();
} finally {
    if (reader != null) {
        try {
            reader.close();
        } catch (IOException e) {
            e.printStackTrace();
        }
    }
}
```

程序执行成功以后，我们使用 Android Studio 提供的调试工具 Android Device Monitor 来查看文件，如图 7-1 所示。在 Android Studio 的菜单中选择 Tools→Android→Android Device Monitor，打开文件浏览器（File Explorer），在 data 文件夹下查找项目的包名，找到 files 文件夹，可以看到保存的文件：/data/data/<package name>/files/KnowledgeUnit。

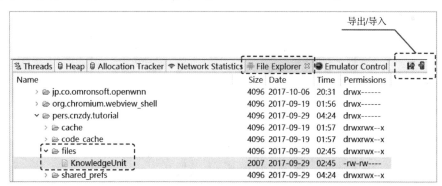

图7-1　查看文件

在文件浏览器的右上角有两个图标可以将模拟器中的文件导入或导出计算机。

在模拟器上，文件有权限的限制。文件权限与 Linux 操作系统的文件权限一致，如图 7-2 所示。

在文件浏览器中，可以看到 Permissions 这一列。它的第一个字符表示文件类型，d 表示文件夹，-表示文件，另外还有其他一些文件类型。d 后面是 3 组权限，第 1 组表示自身读/写执行权限，第 2 组表示所在群组用户读/写执行权限，第 3 组表示其他用户读/写执行权限。权限有 4 种，r 是可读权限，w 是可写权限，x 是可执行权限，-是没有权限。

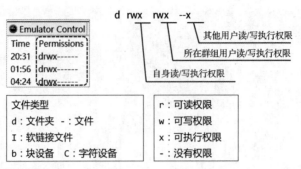

图7-2　文件权限

7.1.3　内部存储和外部存储

在逻辑上，Android 操作系统把整个存储空间划分为内部存储和外部存储。内部存储用于存放系统本身和应用程序的数据，空间有限。内部存储有严格的权限管理，用户不能随意访问，如果要访问，需要 root 权限。在 Dalvik 虚拟机调试监控服务（Dalvik Debug Monitor Service，DDMS）中，我们用文件浏览器查看 Android 操作系统的存储空间，可以看到第一级的 data 文件夹，它就是内部存储，如图 7-3 所示。

Emulator Nexus_6_API_28 Android 9, API 28	
Name	Permissions
▼ ▦ data	drwxrwx--x
▶ ▦ adb	drwx------
▶ ▦ anr	drwxrwxr-x
▼ ▦ app	drwxrwx--x
▶ ▦ pers.cnzdy.tutorial-u5wflDrJGuwYh2KiOsDE	drwxr-xr-x
▶ ▦ app-asec	drwx------
▶ ▦ app-ephemeral	drwxrwx--x
▶ ▦ app-lib	drwxrwx--x
▶ ▦ app-private	drwxrwx--x
▶ ▦ backup	drwx------
▶ ▦ benchmarktest	drwxrwx--x
▶ ▦ bootchart	drwxr-xr-x
▶ ▦ cache	drwxrwx---
▶ ▦ dalvik-cache	drwxrwx--x
▼ ▦ data	drwxrwx--x
▶ ▦ android	drwx------
▶ ▦ com.android.backupconfirm	drwx------
▶ ▦ com.android.bips	drwx------
▶ ▦ com.android.bluetooth	drwx------

图7-3　Android操作系统的内部存储

打开 data 文件夹（需要 root 权限）之后，有一个 app 文件夹，它存放着所有应用程序的安装文件（在调试应用程序时，会上传 APK 到该文件夹）。另外，还有第二级的 data 文件夹，在这个文件夹下的都是一些包，打开包之后列出以下一些文件。

```
data/data/包名/shared_prefs
data/data/包名/databases
data/data/包名/files
data/data/包名/cache
```

如果使用 sharedPreferences 存取数据，数据将存储在"data/data/包名/shared_prefs"文件夹的 XML 文件中；如果使用数据库，数据库文件将存储在"data/data/包名/databases"文件夹中；

一般的数据存储在"data/data/包名/files"文件夹中；缓存文件存储在"data/data/包名/cache"文件夹中。

应用将文件保存在内部存储中，只有应用本身能访问这些文件；并且一个应用创建的所有文件都放在一个文件夹下，这个文件夹的名称与应用的包名相同，即应用创建的内部存储文件与应用相关联。当应用被卸载以后，内部存储中的这些文件也会被删除。在默认情况下，应用安装在内部存储中。另外，我们也可以通过 AndroidManifest.xml 文件指定 android:installLocation 属性，让应用安装在外部存储中。

内部存储通常使用 Context 对象来操作，下面是访问内部存储的常用函数。

```
Environment.getDataDirectory()// 获取路径：/data
Context.getFilesDir()         // 获取路径：/data/data/< package name >/files/…
Context.getCacheDir()         // 获取路径：/data/data/< package name >/cache/…
```

Context.getDir(String name, String mode)函数返回 "/data/data/<package name>/" 文件夹下指定名称的 File 对象，如果该文件夹不存在则用指定名称创建一个新的文件夹。mode 参数用于指定文件的创建模式，如果指定为 MODE_PRIVATE 模式，就将文件设为应用的私有文件。

在外部存储中的数据，应用可以自由访问，不需要严格的访问权限，如我们可以在计算机上直接查看这些文件。外部存储中的文件能够被其他应用访问或者通过计算机进行访问。外部存储又分为 SD 卡和扩展卡两种存储方式。在 DDMS 中，用文件浏览器看到的 storage 文件夹就是保存在外部存储中，如图 7-4 所示。

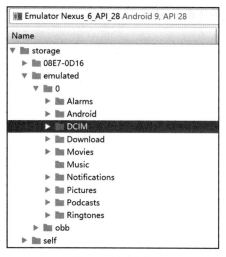

图7-4 外部存储

storage 文件夹的子文件夹又分为两类，分别是公有文件夹和私有文件夹。公有文件夹是系统创建的文件夹，比如 DCIM、Download 等；私有文件夹是 Android 文件夹。私有文件夹属于应用，当用户卸载应用时，该文件夹及其内容将被删除。

通常建议应用的数据，如不适合其他应用使用的文件，包括图像、纹理、音效等，存放在外部存储的私有文件夹中，其文件夹名为该应用的包名。这样当用户卸载应用之后，相关的数据会一起被删除。如果直接在/storage/文件夹下创建子文件夹，那么当应用被卸载的时候，这个子文件夹不会被删除。

下面给出了常用的获取外部存储路径的函数。

（1）以下函数用于获取外部存储路径：/storage/sdcard0。

```
Environment.getExternalStorageDirectory()
```

（2）以下函数用于获取私有文件夹的路径。

```
// 获取路径:/storage/emulated/0/Android/data/< package name >/files/…
context.getExternalFilesDir()
// 获取路径:/storage/emulated/0/Android/data/< package name >/cach/…
context.getExternalCacheDir()
```

（3）公有文件夹的路径可以通过以下函数获取。

```
// 获取路径:/storage/sdcard0/Alarms
Environment.getExternalStoragePublicDirectory(DIRECTORY_ALARMS)
// 获取路径:/storage/sdcard0/DCIM
Environment.getExternalStoragePublicDirectory(DIRECTORY_DCIM)
// 获取路径:/storage/sdcard0/Download
Environment.getExternalStoragePublicDirectory(DIRECTORY_DOWNLOADS)
...
```

请注意，在使用外部存储时，要先调用 getExternalStorageState()函数检查该外部存储是否可用。此外，读取或写入外部存储（包括公共文件夹和私有文件夹）文件，必须获取 READ_EXTERNAL_ STORAGE 或 WRITE_EXTERNAL_STORAGE 系统权限。

```
<uses-permission android:name="android.permission. READ_EXTERNAL_STORAGE " />
<uses-permission android:name="android.permission.WRITE_EXTERNAL_STORAGE" />
```

7.2 SharedPreferences

Android 操作系统中提供了应用的参数设置方法，如我们可以在微信里设置各种应用参数。Android 操作系统提供了轻量级数据存取工具 SharedPreferences，它适合用来保存应用的各种配置信息。

SharedPreferences 非常轻量化，主要用来存储少量信息。它的核心思想是：在 XML 文件中通过键值对（通常也称为 Map）来保存数据。SharedPreferences 文件存放在/data/data/<package name>/shared_prefs 文件夹下。

使用 SharedPreferences 存取数据一共有 4 个步骤：首先，获取一个 SharedPreferences 对象；然后，获取一个 Editor 对象；接着，通过 Editor 对象向 SharedPreferences 中存储数据；最后，调用 commit()函数来完成数据的存储。操作流程如图 7-5 所示。

图7-5 操作流程

获取 SharedPreferences 对象有两种方式，一种是调用 Context 对象的 getSharedPreferences()
函数；另一种是调用 Activity 对象的 getPreferences()函数。这两种方式的区别从函数名就可以
看出来，调用 Context 对象的 getSharedPreferences()函数获得的 SharedPreferences 对象可以被同
一应用程序下的其他组件共享；而调用 Activity 对象的 getPreferences() 函数获得的
SharedPreferences 对象只能在这个 Activity 对象中使用。Context 对象的 getSharedPreferences()
函数和 Activity 对象的 getPreferences()函数的调用方式类似。getSharedPreferences()函数的形式
如下。

```
SharedPreferences pref = getSharedPreferences(id, MODE_PRIVATE);
```

该函数有两个参数，第一个参数 id 是存放数据的文件名称，第二个参数是文件的读写模式。
MODE_PRIVATE 是默认读写模式，表示该文件是私有数据，只能被应用本身访问，并且写入
的内容会覆盖原文件的内容。MODE_MULTI_PROCESS 表示多个应用对同一个文件进行读写。
其他的读写模式可以查阅相关的 Android 开发文档。

如果要保存 SharedPreferences 数据，先要获取 SharedPreferences.Editor 对象，然后通过 editor
对象的各种 put 函数来写入数据，如写入字符串、整数以及布尔值等，最后完成提交。在保存
按钮的 onClick()函数中给出了使用 SharedPreferences.Editor 对象的代码，如下所示。

```
btnSave.setOnClickListener(new View.OnClickListener() {
    @Override
    public void onClick(View v) {
        SharedPreferences.Editor editor =
                        getSharedPreferences(id, MODE_PRIVATE).edit();
        editor.putString("昵称", "菜鸟");
        editor.putString("简介", "Android初学者");
        editor.putInt("年龄", 21);
        editor.putBoolean("是否已选课", true);
        editor.commit();
    }
});
```

接下来，我们从 SharedPreferences 中取出数据。同样也是先获取 SharedPreferences 对象，然
后调用不同数据类型的 get 函数，来获取刚才存储的字符串、整数以及布尔值，代码如下所示。

```
private String id = "me";

SharedPreferences pref = getSharedPreferences(id, MODE_PRIVATE);

String nickname = pref.getString("昵称", "");
String briefIntro = pref.getString("简介", "");
int age       = pref.getInt("年龄", 0);
boolean signUp = pref.getBoolean("是否已选课", false);

Log.d(TAG, "昵称: " + nickname);
Log.d(TAG, "简介: " + briefIntro);
Log.d(TAG, "年龄: " + age);
Log.d(TAG, "是否已选课: " + signUp);
```

以上各种 get 函数都接收两个参数，第一个参数是键值，通过它就可以取得对应的数据；
第二个参数是默认值，如果传入的键值找不到对应的值，就以默认值作为返回值。最后，为了
查看是否获取成功，可以通过输出日志的方式来显示获取的结果。

与文件一样，我们在 Android Device Monitor 的文件浏览器中，查看 SharedPreferences 的存储结果。首先，找到 /data/data/<package name>/shared_prefs 文件夹，然后查看已保存的 SharedPreferences 文件 me.xml，如图 7-6 所示。

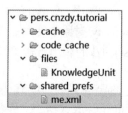

图7-6 已保存的SharedPreferences文件me.xml

把存储的 me.xml 文件从模拟器导出到计算机中并打开，就可以看到 SharedPreferences 的存储结果，它是以 XML 形式存储的配置信息，如下所示。

```xml
<?xml version='1.0' encoding='utf-8' standalone='yes' ?>
<map>
    <string name="昵称">菜鸟</string>
    <string name="简介">Android 初学者</string>
    <int name="年龄" value="21" />
    <boolean name="是否已选课" value="true" />
</map>
```

下面列出了 SharedPreferences 的常用函数，如表 7-1 所示。

表 7–1 SharedPreferences 的常用函数

函数名称	函数描述
edit()	返回 SharedPreferences 的内部对象 SharedPreferences.Editor
contains(String key)	判断是否包含该键值
getAll()	返回所有配置信息的键值对
getBoolean(String key,boolean defValue)	获得一个布尔值
getFolat(String key,float defValue)	获得一个浮点数
getInt(String key,int defValue)	获得一个整数
getLong(String key,long defValue)	获得一个长整数
getString(String key,String defValue)	获得一个字符串

在表 7-1 中，把 SharedPreferences 的常用函数分成了两个部分，一部分是 editor() 函数和 contains() 函数，另一部分是 get() 函数，详细的信息可以查询 Android 的帮助文档。

7.3 SQLite数据库

随着互联网的不断发展，各种类型的应用层出不穷，对数据存取技术提出了更多的要求。一方面要求系统能支撑海量的数据和高并发，这时关系数据库已经显得"力不从心"，由此发展了 NoSQL 数据库。另一方面，移动终端的广泛使用，要求系统能在嵌入式设备中高效地执行数据的存取和查询，由此发展了嵌入式数据库。在 Android 操作系统中，内置了一个嵌入式数据库——SQLite。

　　SQLite 是 2000 年 D.理查德·希普开发的一种中小型嵌入式数据库。作为一个轻量级的关系数据库，SQLite 运算速度非常快，占用资源少，通常只需要几百千字节的内存，适合在移动终端上使用。SQLite 不仅支持标准的 SQL 语法，还遵循数据库的原子性（Atomicity）、一致性（Consistency）、隔离性（Isolation）、持久性（Durability）原则（简称为 ACID 原则）。SQLite 是一个在进程内部的数据库引擎，因此不存在数据库的客户端和服务器。SQLite 数据库中的所有信息（如表、视图等）都包含在一个文件中。这个文件可以自由复制到其他文件夹或其他设备上。

　　结合前文给出的例子，在答题应用中，我们使用 SQLite 数据库来存储课程、知识点和测试题。这 3 个部分的数据分别存储在 3 个表格中。课程表包括名称和课程的补充材料，同时关联知识点表；知识点表包括标题、内容和难度；测试题表属于某个课程表，它包括题干、难度、类型和答案。答题应用数据库的实体和关系设计如图 7-7 所示。

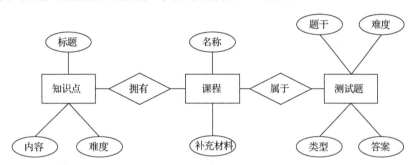

图7-7　答题应用数据库的实体和关系设计

7.3.1　SQLite数据库的帮助类

　　首先，我们使用 DBQuizHelper 类在 SQLite 中创建数据库。DBQuizHelper 类继承 SQLiteOpenHelper 类。SQLiteOpenHelper 类是 SQLite 数据库的帮助类，用来管理数据库的创建、基本操作和版本更新。SQLiteOpenHelper 类的构造函数有 4 个参数，第 1 个参数是 Context 对象，通过它才能对数据库进行操作；第 2 个参数是数据库名；第 3 个参数允许在查询数据的时候返回一个游标（Cursor），一般传入空值（null）；第 4 个参数表示当前数据库的版本号，用来对数据库进行升级。

　　SQLiteOpenHelper 类是一个抽象类，我们需要创建一个继承它的帮助类。接下来，我们构造 DBQuizHelper 类，代码如下所示。

```
public class DBQuizHelper extends SQLiteOpenHelper {
    // 创建测试题表 Quiz。字符串形式的 SQL 语句
    public static final String CREATE_QUIZ = "create table Quiz ("
        + "id integer primary key autoincrement, "
        + "statement text, "
        + "type text, "
        + "answer text, "
        + "difficulty integer)";
private Context context;

public DBQuizHelper(Context context, String name,
        SQLiteDatabase.CursorFactory factory, int version) {
```

```
        super(context, name, factory, version);
        this.context = context;
    }
```

在 DBQuizHelper 类中，我们重写 SQLiteOpenHelper 类的 onCreate()函数，调用 execSQL()函数来执行 SQL 语句，代码如下所示。

```
@Override
public void onCreate(SQLiteDatabase db) {
    db.execSQL(CREATE_QUIZ);
    db.execSQL(CREATE_COURSE);
    Toast.makeText(context, "Create succeeded", Toast.LENGTH_SHORT).show();
}
```

使用 onUpgrade()函数，我们可以升级数据库。如果数据库中表的定义发生了改变，如在测试题表中增加了一列"题目所属章节"，就需要在数据库中重新创建测试题表。首先我们删除原来的测试题表，然后调用 onCreate()函数重新创建它，代码如下所示。

```
@Override
public void onUpgrade(SQLiteDatabase db, int oldVersion, int newVersion) {
    // 删除原来的测试题表
    db.execSQL("drop table if exists Quiz");
    db.execSQL("drop table if exists Course");
    // 创建新的测试题表
    onCreate(db);
}
```

在 SQLiteActivity 中，我们创建数据库，将数据库的名称"Exam.db"传给 DBQuizHelper 类的构造函数。然后，在"创建数据库"按钮被单击时，调用 getWritableDatabase()函数完成数据库的创建。Exam.db 数据库的创建代码如下所示。

```
private DBQuizHelper dbQuizHelper;
dbQuizHelper = new DBQuizHelper(this, "Exam.db", null, 2);
Button btnCreateDB = (Button) findViewById(R.id.create_database);
btnCreateDB.setOnClickListener(new View.OnClickListener() {
    @Override
    public void onClick(View v) {
        dbQuizHelper.getWritableDatabase();
    }
});
```

7.3.2 查看数据库

数据库和表都创建好以后，我们可以通过调试工具 Android 调试桥（Android Debug Bridge，ADB）来查看数据库。ADB 是 Android SDK 中自带的调试工具。如果要在终端窗口中使用它，需要在系统的环境变量中设置好 ADB 的路径。如果 SDK 在 D 盘，通常 ADB 所在路径为：D:\Android-sdk\platform-tools。另外，ADB 还可以直接连接计算机上的模拟器或手机进行调试。

ADB 的工作方式如图 7-8 所示。在计算机端，ADB 由客户端和服务器两个部分组成。每当我们执行 ADB 的 adb 命令时，ADB 就会开启一个客户端。客户端会检测后台是否已经有服务器正在运行，如果没有服务器运行，就会开启一个 adb-server 进程。在设备端会运行 ADB Deamon 程序，它是设备上的守护进程，随时接收来自计算机端的指令。

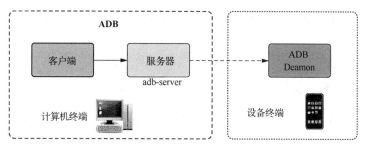

图7-8 ADB的工作方式

通过 ADB Shell，我们可以查看系统中的数据库文件。在 Android Studio 的终端窗口中，我们输入 adb shell，然后用 cd 命令进入指定的文件夹，即 cd /data/data/pers.cnzdy.tutorial/databases/；接着用 ls 命令来查看文件夹里的文件，可以看到已经创建好的 Exam.db 数据库文件，如图 7-9 所示。

/data/data/pers.cnzdy.tutorial/databases/下有两个数据库文件，即 Exam.db 和 Exam.db-journal，其中 Exam.db-journal 是为了让数据库能够支持事务而产生的临时日志文件，通常情况下这个文件的大小为 0B。

我们在 ADB Shell 中输入 sqlite3 Exam.db，进入 SQLite 环境；接着输入命令.table，查看已创建的课程表和测试题表，如图 7-10 所示。

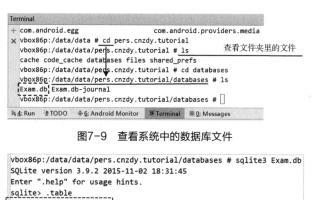

图7-9 查看系统中的数据库文件

图7-10 查看已创建的课程表和测试题表

android_metadata 是每个数据库都会自动生成的表。使用.schema 命令可以查看课程表和测试题表的建表语句。使用.exit 或.quit 命令可以退出 SQLite 环境；再次输入 exit 命令可以退出 ADB Shell，最终退回终端控制台。

7.3.3 数据库基本功能

下面我们来实现数据库的增加（插入）、删除、修改（更新）、查询等操作。在数据库中要插入一行，首先获取 SQLiteDatabase 对象 db，同时创建 ContentValues 对象 values。在 values 对象中存放要插入数据库的信息，然后用 SQLiteDatabase 的 insert()函数向表中添加数据。

insert()函数的第 1 个参数是表名；第 2 个参数用来指定插入一条为空的记录，一般用不到这个功能，可直接传入空值；第 3 个参数是 ContentValues 对象，一个 values 对象代表了测试题表中的一行。请注意，测试题表中还有 ID 这一列，我们并没有给它赋值，因为在前面创建表的时候已经将 ID 列设置为自增长，它的值会随着行的插入自动生成，不需要我们手动赋值。插入操作的代码如下所示。

```
SQLiteDatabase db = dbQuizHelper.getWritableDatabase();
ContentValues values = new ContentValues();
values.put("statement", "简述 Android 中 Intent 的作用。");
values.put("type", "简答题");
values.put("answer", "Intent 用于同一应用或不同应用的组件之间通信。");
values.put("difficulty", "2");
db.insert("Quiz", null, values);
// 第一个参数是表名
values.clear();
values.put("statement", "Service 结束运行的方法有哪两种？有何区别？");
            ...
db.insert("Quiz", null, values);
```

上述代码执行完以后，我们运行 ADB Shell，输入 cd /data/data/pers.cnzdy.tutorial/databases/ 和 sqlite3 Exam.db 命令，进入 SQLite 环境；然后使用 SQL 查询语句 "select * from Quiz;" 查看刚才添加的记录是否已经插入测试题表中，如图 7-11 所示。

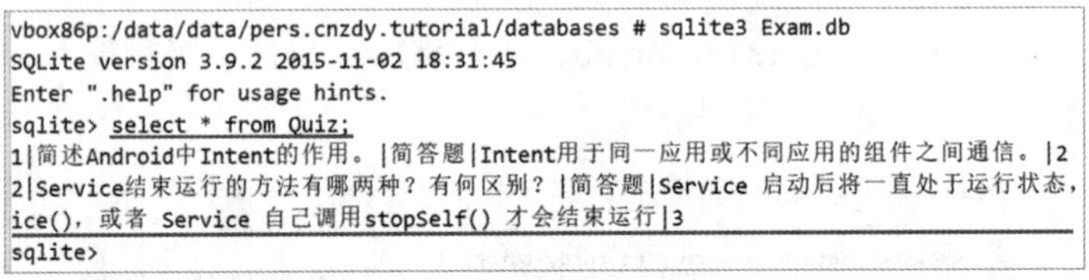

```
vbox86p:/data/data/pers.cnzdy.tutorial/databases # sqlite3 Exam.db
SQLite version 3.9.2 2015-11-02 18:31:45
Enter ".help" for usage hints.
sqlite> select * from Quiz;
1|简述Android中Intent的作用。|简答题|Intent用于同一应用或不同应用的组件之间通信。|2
2|Service结束运行的方法有哪两种？有何区别？|简答题|Service 启动后将一直处于运行状态,
ice(), 或者 Service 自己调用stopSelf() 才会结束运行|3
sqlite>
```

图7-11　SQLite的表查询

更新和删除数据都比较简单。现在我们修改某一道题目的难度，原来题目的难度为 "2"，现在改为 "4"。我们在 values 对象中重新设置题目对应的难度，然后调用 update()函数进行修改。请注意，update()函数的第 3 个参数是 where 条件，第 4 个参数是 where 条件的取值，也就是要修改的题目。更新操作的代码如下所示。

```
SQLiteDatabase db = dbQuizHelper.getWritableDatabase();
ContentValues values = new ContentValues();
values.put("difficulty", "4");
// where 条件：statement="Service 结束运行的方法有哪两种？有何区别？"
// 把这道题的难度从原来的 "2" 改为 "4"
db.update("Quiz", values, "statement = ?",
        new String[]{"Service 结束运行的方法有哪两种？有何区别？"});
SQLiteDatabase db = dbQuizHelper.getWritableDatabase();
```

delete()函数接收 3 个参数，第 1 个参数是表名，第 2、第 3 个参数用来限定要删除哪些数据，如果不指定条件，将默认删除所有行。下面给出的代码删除测试题表中所有难度大于 4 的题目。

```
db.delete("Quiz", "difficulty > ?", new String[]{"4"});
```

查询语句返回一个游标对象 cursor，通过它我们可以获取查询的结果，代码如下所示。

```
SQLiteDatabase db = dbQuizHelper.getWritableDatabase();
Cursor cursor = db.query("Quiz", null, null, null, null, null, null);
```

query()函数的参数比较复杂，一共有 7 个参数，下面以列表的形式给出它们的定义，以及这些参数对应 SQL 语句，如表 7-2 所示。

表 7-2　query()函数的参数

query()函数的参数	对应 SQL 语句	说明
table	from table_name	查询的表名
columns	select column 1, column2	查询的列名
selection	where column = value	where 的约束条件
selectionArgs	-	where 占位符提供具体的值
groupBy	group by column	需要分组的列
having	having column = value	约束分组的结果
orderBy	order by column 1, column2	查询结果的排序方式

当调用 query()函数获取了游标对象以后，通过它我们能够查看或者处理查询结果集中的数据。游标对象就像一个指针，它可以指向结果集中的任何一行。查询时，我们编写一个循环程序对每行进行处理：通过游标对象的 getColumnIndex()函数取得某列的位置索引，把这个索引传给游标对象的 getString()函数，getString()函数再从结果集中读取数据。查询操作的代码如下所示。

```
if (cursor.moveToFirst()) {
    do {
        String statement = cursor.getString(cursor. getColumnIndex("statement"));
        String type = cursor.getString(cursor. getColumnIndex("type"));
        int difficult = cursor.getInt(cursor.getColumnIndex("difficulty"));

        Log.d(TAG, "试题: " + statement);
        Log.d(TAG, "题型: " + type);
        Log.d(TAG, "难度: " + difficult);
    } while (cursor.moveToNext());
}
cursor.close();
```

在循环末尾，要判断游标对象是否已经到达结果集的最后一行。最后，在游标对象使用完后要调用 close()函数关闭它。

7.4　内容共享组件

内容提供器是 Android 应用的 4 大组件之一。内容提供器在 Android 中的作用是对外共享数据，也就是说我们可以通过内容提供器把应用中的某些数据共享给其他应用使用。其他应用可以通过内容提供器对共享应用中的数据进行增加、删除、修改、查询操作，如答题应用就能够直接访问联系人信息。Android 操作系统内置的短信、媒体库等应用都实现了跨应用数据共享功能。

内容提供器提供了统一的数据接口，可以让数据在不同的应用之间共享。内容提供器也为数据共享构建了一个安全的环境，让共享应用不用担心由于开放数据权限而带来的安全问题。Android 操作系统本身就提供了音频、视频、图片及通讯录的共享接口，所有应用都可以通过共享接口直接访问这些资源。

一个应用程序可以通过内容提供器来提供数据给别的应用程序使用，这些应用程序通过内容解析器（ContentResolver）来操作共享数据。应用程序也可以在自己的程序中使用内容解析器。

7.4.1　内容解析器

Android 提供了内容解析器来统一管理不同内容提供器的共享功能。如果要访问某一个内容提供器，需要首先获取内容解析器。内容解析器提供了各种数据操作函数，执行数据的增加、删除、修改及查询。下面以查询为例，我们来了解内容解析器的查询函数（query()）。query()函数的查询方式类似于 SQL 语句，其调用方式如下所示。

```
Cursor cursor = getContentResolver().query(
        uri,
        projection,
        selection,
        selectionArgs,
        sortOrder
);
```

query()函数返回的数据以表的形式呈现，返回结果是游标对象，通过它我们可以逐行访问数据。函数的参数 uri 表示一个具有唯一性的资源，即要访问的数据地址；projection 是要查询的列名；selection 是约束条件；selectionArgs 是约束条件参数对应的值；sortOrder 是排序方式。

URI 格式如图 7-12 所示。在 URI 中，scheme 是协议声明，代表内容解析器要处理的内容；authority 指定唯一的标识符，通常使用应用程序的包名；path 表示不同的表的路径；ID 表示表中的行。

在特定的 URI 上，调用内容解析器的 query()函数，将返回一个游标对象。在下面的循环操作中，我们使用游标对象把共享数据提取出来，直到循环结束。

```
if (cursor != null) {
    while (cursor.moveToNext()) {
        String statement = cursor.getString(cursor.getColumnIndex("statement"));
        int difficult = cursor.getInt(cursor.getColumnIndex("difficult"));
    }
    cursor.close();
}
```

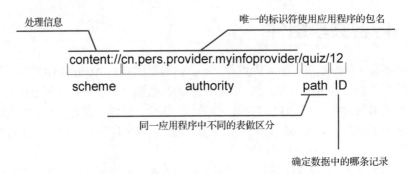

图7-12　URI格式

在 Android 操作系统中，联系人 URI、图片 URI 等多种共享数据已经定义好了，应用可以直接使用。下面给出了一些 URI 的例子。

（1）所有联系人的 URI：content://contacts/people。

（2）所有图片的 URI：content://media/external。

（3）某个图片的 URI：content://media/external/images/media/4。

（4）某个应用共享的 URI：content://com.example.project:200/folder/subfolder/etc。

下面我们在答题应用中构造一个 ContactsActivity 活动，并使用内容解析器访问联系人应用的内容提供器，如图 7-13 所示。

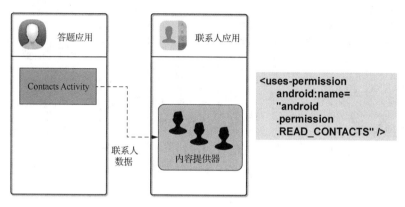

图7-13 访问联系人应用的内容提供器

请注意，访问联系人数据需要声明使用权限，如果 Android 操作系统是 6.0 以上版本，需要申请动态使用权限。

接下来，我们构造一个联系人类 ContactsUtil 来读取所有联系人信息，代码如下所示。

```java
public class ContactsUtil {
    public static void getContactInfos(Context context) {
        ContentResolver resolver = context.getContentResolver();
        Cursor cursor = resolver.query(
                // 联系人 URI
                ContactsContract.CommonDataKinds.Phone.CONTENT_URI,
                null, null, null, null);
        while (cursor.moveToNext()) {
            String contactId = cursor.getString(
                cursor.getColumnIndex(ContactsContract.Contacts._ID));
            String name = cursor.getString(cursor.getColumnIndex(
                ContactsContract.CommonDataKinds.Phone.DISPLAY_NAME));
            String phone = cursor.getString(cursor.getColumnIndex(
                ContactsContract.CommonDataKinds.Phone.NUMBER));
```

首先，我们获取内容解析器，然后查询联系人。query()函数的第一个参数是 ContactsContract.CommonDataKinds.Phone.CONTENT_URI，它是 Android 中的 Phone 类（ContactsContract.CommonDataKinds.Phone 类）提供的常量，用于指定共享资源。直接使用 CONTENT_URI 常量，我们就不需要用 Uri.parse()函数去解析内容 URI 字符串。接下来，我们使用游标对象遍历联系人信息，把联系人姓名和电话号逐一提取出来。联系人姓名对应 DISPLAY_NAME 常量，电话号码对应 NUMBER 常量，其他参数可以查阅 Android 的相关资料。

7.4.2 内容提供器

上文的例子中，答题应用使用了联系人应用的共享数据。我们编写的应用也可以把数据共享出来，让其他应用使用。应用要共享数据需要提供公开的 URI，这样其他应用才能够访问共享数据。每个内容提供器都拥有一个公共的 URI，它用于表示应用共享的数据接口。

1. 匹配 URI

答题应用将测试题目共享给其他应用。首先，创建一个内容提供器 QuizProvider，它从 ContentProvider 类继承；然后，通过 UriMatcher 类来匹配 URI，代码如下所示。

```
// 自定义内容提供器
public class QuizProvider extends ContentProvider {
    private static final int QUIZ = 0;      // 测试题表
    private static final int COURSE = 1;    // 课程表

    private static final String AUTHORITY ="pers.cnzdy.tutorial.quiz.provider";

    static UriMatcher matcher = new UriMatcher(UriMatcher.NO_MATCH);
    private DBQuizHelper helper;
    private String table = "quiz";
```

共享数据来自 SQLite 数据库的测试题表。URI 用来指定数据源。当一个数据源含有多个内容，如包含多张表时，就需要用不同的 URI 来区分。在 QuizProvider 类中，利用 UriMatcher 类来匹配（选择）不同的表，代码如下所示。

```
static{
    /**
    *权限：主机名，通过主机名来访问共享的数据
    *路径：pers.cnzdy.tutorial.quiz.provider/
    *自定义编码：匹配码
    */
    matcher.addURI(AUTHORITY, "quiz", QUIZ);
    matcher.addURI(AUTHORITY, "course", COURSE);
}
```

UriMatcher 类的 addURI()函数有 3 个参数，分别是权限、路径和自定义编码，通过自定义编码和 UriMatcher 的过滤处理，可以确定应用要访问哪张表，或者执行什么动作。

在 QuizProvider 类的 onCreate()函数中，创建 DBQuizHelper 对象，代码如下所示。

```
@Override
public boolean onCreate() {
    helper = new DBQuizHelper(getContext(), "Exam.db", null, 2);
    return true;
}
```

QuizProvider 类的 getType()函数根据传入的 URI 返回对应的多用途互联网邮件扩展（Multipurpose Internet Mail Extensions，MIME）类型，这里直接返回 null，代码如下所示。

```
@Override
public String getType(Uri uri) {
    return null;
}
```

2. 查询功能

查询函数 query()让其他应用可以从内容提供器（测试题表）中查询数据。query()函数有 5 个参数：uri、projection、selection、selectionArgs、sortOrder。uri 参数用来指定要查询的表，其他参数与内容解析器的 query()函数的参数一样。

在 query()函数中，首先调用 UriMatcher 类的 match()函数，匹配要访问的表，如果是查询，就调用数据库的查询语句，获取数据，返回游标对象；如果匹配不成功，则产生异常，显示"路

径匹配失败"，代码如下所示。

```
@Override
public Cursor query(Uri uri, String[] projection,
    int match = matcher.match(uri);
    if (match == QUIZ) {
        SQLiteDatabase db = helper.getReadableDatabase();
        Cursor cursor = db.query(table, projection, selection,
                selectionArgs, null, null, sortOrder);
        getContext().getContentResolver().notifyChange(uri, null);
        return cursor;
    }else{
        throw new IllegalArgumentException("路径匹配失败");
    }
}
```

3. 插入功能

插入函数 insert()向内容提供器（测试题表）添加一条数据。首先，将待添加的数据保存在 values 参数中；添加完成后，insert()函数返回一个用来表示这条新数据的 URI。如果 QuizProvider 的访问者需要知道内容提供器中的数据是否发生了变化，就调用内容解析器的 notifyChange() 函数来通知注册在这个 URI 上的访问者。insert()函数如下所示。

```
@Override
public Uri insert(Uri uri, ContentValues values) {
    int match = matcher.match(uri);

    if (match == QUIZ) {
        SQLiteDatabase db = helper.getReadableDatabase();
        long rowId = db.insert(table, null, values);

        if (rowId > 0) {
            // 通知注册在这个URI上的访问者
            getContext().getContentResolver().notifyChange(uri, null);
        }
        Uri uriResult = Uri.parse("content://"+ AUTHORITY + "/quiz/" + rowId);
        return uriResult;
    }else{
        throw new IllegalArgumentException("路径匹配失败");
    }
}
```

4. 删除功能

删除函数 delete()用于删除内容提供器（测试题表）中的数据，其中 selection 和 selectionArgs 参数用于约束删除哪些行，被删除的行数将作为返回值返回，代码如下所示。

```
@Override
public int delete(Uri uri, String selection, String[] selectionArgs) {
    int match = matcher.match(uri);

    if (match == QUIZ) {
        SQLiteDatabase db = helper.getReadableDatabase();
        int delete = db.delete(table, selection, selectionArgs);
        if (delete > 0) {
            getContext().getContentResolver().notifyChange(uri, null);
        }
```

```
            return delete;
        }else {
            throw new IllegalArgumentException("路径匹配失败");
        }
    }
```

5. 更新功能

更新函数 update()更新内容提供器（测试题表）中已有的数据。新数据保存在 values 参数中，同样 selection 和 selectionArgs 参数用于约束更新哪些行，被更新的行数将作为返回值返回，代码如下所示。

```
@Override
public int update(Uri uri, ContentValues values, String selection, String[] selectionArgs){
    int match = matcher.match(uri);
    if (match == QUIZ) {
        SQLiteDatabase db = helper.getReadableDatabase();
        int update = db.update(table, values, selection, selectionArgs);
        if (update > 0) {
            getContext().getContentResolver().notifyChange(uri, null);
        }
        return update;
    }else {
        throw new IllegalArgumentException("路径匹配失败");
    }
}
```

6. 配置内容提供器

数据共享代码完成以后，还需要在 AndroidManifest.xml 文件中定义内容提供器。首先，将 <provider>标签中的 android:name 属性设置为我们自定义的 QuizProvider 类；然后，将 android:authorities 属性设为 QuizProvider 类中定义的静态字符串 "pers.cnzdy.tutorial. quiz.provider"，代码如下所示。

```
    <application
        ...
        <provider
            android:name=".Data.QuizProvider"
            android:authorities="pers.cnzdy.tutorial.quiz.
provider"
            android:enabled="true"
            android:exported="true">
        </provider>
        ...
    </application>
```

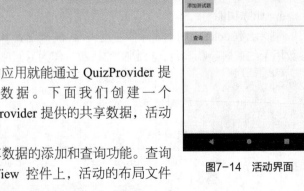

图7-14　活动界面

7. 访问共享数据

内容提供器代码完成以后，其他的应用就能通过 QuizProvider 提供的接口来访问测试题表的共享数据。下面我们创建一个 QuizResolverActivity 活动来访问 QuizProvider 提供的共享数据，活动界面如图 7-14 所示。

QuizResolverActivity 活动完成共享数据的添加和查询功能。查询测试题表获取数据并将其显示在 ListView 控件上，活动的布局文件 activity_quiz_resolver.xml 如下所示。

```
    <LinearLayout ...   >
```

```
    <EditText
        android:id="@+id/et_statement"
        android:layout_width="match_parent"
        android:layout_height="wrap_content"
        android:lines="3"
        android:hint="题干"/>
    ...
    <Button
        android:id="@+id/insert"
        android:layout_width="wrap_content"
        android:layout_height="wrap_content"
        android:text="@string/insert"
        />
    <Button
        android:id="@+id/query "
        android:layout_width="wrap_content"
        android:layout_height="wrap_content"
        android:text="@string/query"
        />
    <ListView
        android:id="@+id/show"
        android:layout_width="match_parent"
        android:layout_height="match_parent"
        />
</LinearLayout>
```

接下来，在 onCreate()函数中，实现"添加测试题"功能。在添加测试题时，首先将要添加的测试题信息写入 values 参数中；然后通过 URI 指定内容提供器的访问接口"content://pers.cnzdy.tutorial.quiz.provider/quiz"；接着调用 contentResolver.insert(uri, values)，添加新的测试题，代码如下所示。

```
@Override
public void onCreate(Bundle savedInstanceState)
{
    ...
    insert.setOnClickListener(new OnClickListener()
    {
        @Override
        public void onClick(View source)
        {
            // 获取用户输入
            String statement = et_statement.getText().toString();
            String type = et_type.getText().toString();
            String answer = et_answer.getText().toString();
            String difficulty = et_difficulty.getText().toString();

            // 添加测试题
            ContentValues values = new ContentValues();
            values.put(QuizSet.STATEMENT, statement);
            values.put(QuizSet.TYPE, type);
            values.put(QuizSet.ANSWER, answer);
            values.put(QuizSet.DIFFICULTY, difficulty);

            Uri uri = Uri.parse("content://pers.cnzdy.tutorial.quiz.provider/quiz");
            Uri newUri = contentResolver.insert(uri, values);
```

```
                    newId = newUri.getPathSegments().get(1);

                    // 显示提示信息
                    Toast.makeText(QuizResolverActivity.this,
                            "添加题目成功!" + newId, Toast.LENGTH_SHORT).show();
            }
        });
```

查询共享数据的方式与添加数据类似，也是先设置 URI，然后调用 query()函数执行查询，查询返回的结果显示在 ListView 控件上，代码如下所示。

```
query.setOnClickListener(new OnClickListener() {
    @Override
    public void onClick(View source)
    {
        Uri uri = Uri.parse("content://pers.cnzdy.tutorial.quiz.provider/quiz");
        // 执行查询
        Cursor cursor = contentResolver.query(uri, null, null,null,null);

        List<Map<String, String>> list = converCursorToList(cursor);
        // SimpleAdapter 适配 List View 控件
        SimpleAdapter adapter = new SimpleAdapter(QuizResolverActivity.this, list,
                R.layout.item_quiz, new String[] { QuizSet.ID, QuizSet.STATEMENT,
                        QuizSet.TYPE, QuizSet.ANSWER, QuizSet.DIFFICULTY },
                new int[] { R.id.id_show, R.id.statement_show, R.id.type_show,
                        R.id.answer_show, R.id.difficulty_show});
        listView.setAdapter(adapter);
    }
});
```

query()函数返回的结果是游标对象，为了将查询数据显示在 ListView 控件上，我们通过 converCursorToList()函数将游标对象转换为数组列表，代码如下所示。

```
private ArrayList<Map<String, String>> converCursorToList(Cursor cursor)
{
    ArrayList<Map<String, String>> result = new ArrayList<>();
    // 遍历游标对象结果集
    while (cursor.moveToNext())
    {
        // 将结果集中的数据存入数组列表中
        Map<String, String> map = new HashMap<>();
        map.put(QuizSet.ID, cursor.getString(0));
        map.put(QuizSet.STATEMENT, cursor.getString(1));
        map.put(QuizSet.TYPE, cursor.getString(2));
        map.put(QuizSet.ANSWER, cursor.getString(3));
        map.put(QuizSet.DIFFICULTY, cursor.getString(4));
        result.add(map);
    }
    return result;
}
```

代码完成以后，在界面上输入新的测试题，单击"添加生词"按钮，将新的测试题存入测试题表中；接着，单击"查找"按钮，这时在 ListView 控件中将显示测试题表的所有记录。QuizResolverActivity 的运行效果如图 7-15 所示。

图7-15 QuizResolverActivity的运行效果

7.5 数据解析方式

如果我们要在网络上传输一些数据，常常需要为数据定义明确的规范和语义，如向服务器传送测试题，每道题都需要定义题干、类型、难度、答案等内容。所有测试题根据一定的规范组织好以后，再由应用统一传送到服务器；服务器接收以后，从数据流中把每道测试题和它们的每个属性都按照定义规范提取出来，并在程序中恢复测试题对象，这就是我们常用的数据解析方式。

现在，应用数据主要使用两种格式，分别是 XML 格式和 JSON 格式。XML 是结构性的标记语言；JSON 是一种轻量级的数据交换格式。

7.5.1 解析XML数据

XML 主要用来存储带有结构和格式的数据。XML 经常用于网络数据传输和程序配置文件编写。下面我们定义一个测试题 XML 文件，它包含一个题目集合，集合中有多个题目，每个题目包含编号、题干、类型等信息。通过 XML 数据的解析方式，我们可以把这些信息提取出来。

```xml
<quizzes>
  <quiz>
    <id>
      a8b17025-4159-4957-9e52-cb6553018fde
    </id>
    <statement>
      Android 的四大组件分别是 Activity、(      )、
      BroadcastReceiver 和 ContentProvider
    </statement>
    <type>MultiChoice</type>
  </quiz>
</quizzes>
```

常用的 XML 数据解析方式有文档对象模型（Document Object Model，DOM）解析、SAX（Simple API for XML）解析和 PULL 解析，下面主要介绍 SAX 解析和 PULL 解析这两种 XML 数据解析方式。

SAX 是一种基于事件的解析器，它采用事件处理机制，通过事件处理器来解析数据。在解析的过程中，当事件源产生事件以后，将调用事件处理器完成相应的解析任务。事件处理器接收事件的状态信息，并根据事件状态信息决定要执行的动作。

1. SAX 解析

SAX 解析包括以下 4 个步骤：

（1）获取 XML 文件对应的资源，可以是 XML 输入流、文件、URI 及字符串；

（2）获取 SAX 解析工厂（SAXParserFactory）；

（3）由 SAX 解析工厂生成一个 SAX 解析器（SAXParser）；

（4）将 XML 输入流和 Handler 传给 XMLReader，调用 parse()函数解析。

下面我们构造一个数据解析类 DataParse，定义静态函数 parseXMLWithSAX(String xmlData)，它使用 SAX 解析 XML 数据，代码如下所示。

```java
public class DataParse {
    public static void parseXMLWithSAX(String xmlData) {
        try {
            SAXParserFactory factory = SAXParserFactory.newInstance();
            XMLReader xmlReader = factory.newSAXParser().getXMLReader();
            ParseHandler handler = new ParseHandler(xmlStr);
            xmlReader.setContentHandler(handler);
            xmlReader.parse(new InputSource(new StringReader(xmlData)));
        } catch (Exception e) {
            e.printStackTrace();
        }
    }
    ...
}
```

SAX 在解析 XML 数据时，采用逐行扫描的方式处理数据，当扫描到文档（Document）、元素（Element）的开始和结束位置时，将通知事件处理器，并把对应的事件发送给事件处理器，由事件处理器完成数据的解析。

下面我们创建 ParseHandler 类，用于解析 XML 数据。ParseHandler 类继承 DefaultHandler 类，代码如下所示。

```java
public class ParseHandler extends DefaultHandler {
    private List<HashMap<String, String>> list = null; //解析后的 XML 数据
    private HashMap<String, String> map = null;    //存放当前记录的节点的 XML 数据
    private String currentTag = null;     //当前读取的 XML 节点
    private String currentValue = null;  //当前节点的文本值
    private String nodeName = null;      //解析的节点名称

    public ParseHandler(String nodeName) {
        this.nodeName = nodeName;
    }

    @Override
    public void startDocument() throws SAXException {
        // 存放解析后的 XML 数据
```

```
        list = new ArrayList<HashMap<String, String>>();
        Log.d(TAG, "开始解析 XML 数据");
    }

    @Override
    public void startElement(String uri, String localName, String qName,
                             Attributes attributes) throws SAXException {
        // 接收元素开始
        if (qName.equals(nodeName)) {
            map = new HashMap<String, String>();
        }

        // 如果存在属性值，则读取属性值
        if (attributes != null && map != null) {
            for (int i = 0; i < attributes.getLength(); i++) {
                //读取的属性值插入 map 中
                map.put(attributes.getQName(i), attributes.getValue(i));
                Log.d(TAG, "读取属性值：" + attributes.getValue(i));
            }
        }
        currentTag = qName;
    }

    @Override
    public void characters(char[] ch, int start, int length) throws SAXException{
        String value=new String(ch, start, length);
        Log.d(TAG, "找到一个值： " + value);

        // 接收标签中的数据
        if (currentTag != null && map != null) {
            //获取当前节点的文本值，ch 数组用于存放文本值
            currentValue = new String(ch, start, length);
            if (currentValue != null && !currentValue.equals("")
                    && !currentValue.equals("\n")) {
                map.put(currentTag, currentValue);
            }
        }
        // 读取完后，清空当前节点的标签值和所包含的文本值
        currentTag = null;
        currentValue = null;
    }

    @Override
    public void endElement(String uri, String localName, String qName)
            throws SAXException {
        if (qName.equals(nodeName)) {
            list.add(map);
            // 清空 map，开始新一轮读取
            map = null;
        }
        Log.d(TAG, "结束解析 XML 数据");
    }

    public List<HashMap<String, String>> getList() {
```

```
                return list;
        }
}
```

在解析 XML 数据时，系统首先调用 startDocument()函数，通过它为解析 XML 数据做准备，如初始化变量。在解析每一个标签时，都会依次调用 startElement()、characters()和 endElement()函数。在解析过程中，当一个标签包含子标签时，要先调用该标签的 startElement()函数，获取该标签的属性信息；然后调用 characters()函数，解析该标签的内容（值）；最后调用 endElement()函数，结束标签的解析。当标签触发 endDocument()函数时，表示所有标签解析结束。标签的解析过程如图 7-16 所示。

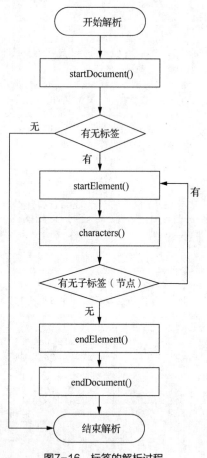

图7-16 标签的解析过程

当一个标签嵌套多个子标签时，多个子标签会不断触发 startElement()、characters()、endElement()函数，整个过程类似于不断递归的过程。

与 DOM 解析不同，SAX 解析采用自顶向下的方式，边扫描边解析。由于解析 XML 数据的速度快，并且占用内存少，在资源有限的移动终端上，通常使用 SAX 解析 XML 数据。SAX 解析的缺点是它仅知道当前解析标签（节点）的名字和属性，无法知道当前解析标签的上层标签和整个标签的嵌套结构，并且不能随机访问某个标签。

2. PULL 解析

除了 SAX 解析以外，Android 操作系统还提供了一个 PULL 解析器，用来解析 XML 数据。

PULL 解析器的工作方式和 SAX 类似，都基于事件模式。不同的是，在 PULL 解析过程中返回的事件类型是数字，并且需要从解析器中获取事件，然后做出相应的处理；而 SAX 由处理器触发事件，然后执行代码。PULL 解析器的解析速度快，简单易用。Android 操作系统内部在解析各种 XML 数据时也使用 PULL 解析器，Android 官方也推荐使用 PULL 解析器。

使用 PULL 解析时，我们首先获取一个 XmlPullParserFactory 对象 factory，通过 factory 来得到 PULL 解析器；然后调用 PULL 解析器的 setInput()函数将 XML 数据输入 PULL 解析器；接着在循环中执行解析操作，代码如下所示。

```java
public static void parseXMLWithPull(String xmlData) {
    try {
        Log.d(TAG, "XML 数据: " + xmlData);
        // 设置解析器
        XmlPullParserFactory factory = XmlPullParserFactory.newInstance();
        XmlPullParser xmlPullParser = factory.newPullParser();
        xmlPullParser.setInput(new StringReader(xmlData));

        int eventType = xmlPullParser.getEventType();
        String id = "";
        String statement = "";
        String type = "";
        // 执行 XML 数据解析
        while (eventType != XmlPullParser.END_DOCUMENT) {
            String nodeName = xmlPullParser.getName();
            switch (eventType) {
                // 根据事件类型提取 XML 数据中各个标签的信息
                case XmlPullParser.START_TAG: {
                    if ("id".equals(nodeName)) {
                        id = xmlPullParser.nextText();
                    } else if ("statement".equals(nodeName)) {
                        statement = xmlPullParser.nextText();
                    } else if ("type".equals(nodeName)) {
                        type = xmlPullParser.nextText();
                    }
                    break;
                }

                case XmlPullParser.END_TAG: {
                    if ("quiz".equals(nodeName)) {
                        Log.d(TAG, "题号: " + id);
                        Log.d(TAG, "题目: " + statement);
                        Log.d(TAG, "题型: " + type);
                    }
                    break;
                }
                default:
                    break;
            }
            eventType = xmlPullParser.next();
        }
    } catch (Exception e) {
        e.printStackTrace();
    }
}
```

PULL 解析器用 getEventType()函数获取当前的解析事件类型，通过"START_TAG"和"END_TAG"来分辨文档标签的开始元素和结束元素。PULL 解析器解析某个节点时，通过 getName()函数得到当前节点的名称，如果发现节点的名称是 id、statement 或 type，就调用 nextText()函数来获取节点的内容。当解析完一个节点，即触发 XmlPullParser.END_TAG 事件，输出节点的内容。当解析结束（XmlPullParser.END_DOCUMENT）时，PULL 解析器退出循环。下面给出了我们要解析的 XML 文件的内容。

```xml
<quiz>
    <id>
        a8b17025-4159-4957-9e52-cb6553018fde
    </id>
    <statement>
        Android 的四大组件分别是 Activity、()、BroadcastReceiver 和 ContentProvider
    </statement>
    <type>MultiChoice</type>
</quiz>
```

解析完以后，PULL 解析器提取出各个节点的信息，如图 7-17 所示。

```
XML 数据: <quizzes>    <quiz>         <id>a8b17025-4159-4957-9e52-cb6553018fde</id>
题号: a8b17025-4159-4957-9e52-cb6553018fde
题目: Android 的四大组件分别是 Activity、（    ）、BroadcastReceiver 和 ContentProvider
题型: MultiChoice
```

图7-17　各个节点的信息

7.5.2　解析JSON数据

JSON 是一种轻量级的数据交换格式，具有良好的可读性。它采用完全独立于编程语言的文本格式来表示数据。数据格式采用键值对的方式，可以表示数字和对象，还可以设置对象的属性和值。JSON 格式中使用的标注符号有：

（1）{}（花括号）用来保存对象；

（2）[]（方括号）用来保存数组；

（3）""（双引号）内是属性或值；

（4）:（冒号）表示后者是前者的值。

下面我们给出一道测试题的 JSON 格式，其中方括号中列出了一道测试题，花括号中是一道测试题，双引号中给出了测试题的属性值。测试题的属性包括：题目编号（id）、选项（A、B、C、D）、题型（type）、难度（difficulty）、答案（answer）及题干（statement）。

```json
[{
        "id": "a8b17025-4159-4957-9e52-cb6553018fde",
        "A": "Intent",
        "B": "Thread",
        "C": "Service",
        "D": "Layout",
        "type": "MultiChoice",
        "difficulty": "2",
        "answer": "C",
        "statement": "Android 的四大组件分别是 Activity、
                    (    )、BroadcastReceiver 和 ContentProvider"
}]
```

相对于 XML 格式，简洁和清晰的层次结构使得 JSON 格式成为理想的数据交换格式；而且 JSON 格式易于人们阅读和编写，同时也能用计算机生成和解析，传输数据使用 JSON 格式能有效地提升网络的传输效率。

使用 JSONArray，我们可以把 JSON 数据转换成 JSON 数组，然后通过 JSONArray 来提取 JSON 对象。对于每一个 JSON 对象，我们用 JSONObject 解析出对象的各个属性。下面我们编写 parseJSONWithJSONObject()函数，把题目编号（题号）、题干和题目类型等对象属性通过 JSONObject 提取出来，代码如下所示。

```
public static void parseJSONWithJSONObject(String jsonData) {
    try {
        Log.d(TAG, "JSON 数据: " + jsonData);

        JSONArray jsonArray = new JSONArray(jsonData);
        for (int i = 0; i < jsonArray.length(); i++) {
            JSONObject jsonObject = jsonArray.getJSONObject(i);
            String id = jsonObject.getString("id");
            String statement = jsonObject.getString("statement");
            String type = jsonObject.getString("type");
            ...
            Log.d(TAG, "题号: " + id);
            Log.d(TAG, "题目: " + statement);
            Log.d(TAG, "题型: " + type);
            ...
        }
    } catch (Exception e) {
        e.printStackTrace();
    }
}
```

Gson 是解析 JSON 对象的一个开源框架，它可以方便地转换 JSON 对象和 Java 对象。在使用 Gson 之前，我们需要在 build.gradle 文件中添加 Gson 库，添加方式如下所示。

```
dependencies {
    ...
    compile 'com.google.code.gson:gson:2.7'
    ...
    testCompile 'junit:junit:4.12'
}
```

Gson 提供了 toJson()和 fromJson()两个直接用于 JSON 数据序列化的函数。toJson()函数实现序列化，fromJson()函数实现反序列化。下面我们用 fromJson()函数把 JSON 数据中的测试题集合转换为 Java 程序中的列表集合 List<Quiz>，然后把列表集合中的所有测试题对象的属性提取出来，代码如下所示。

```
Gson gson = new Gson();
List<Quiz> qList = gson.fromJson(data.toString(),
                                new TypeToken<List<Quiz>>(){}.getType());
for (Quiz quiz : qList) {
        Log.d(TAG, "题号: " + quiz.getStatementId());
        Log.d(TAG, "题目: " + quiz.getStatement());
        Log.d(TAG, "题型: " + quiz.getType());
}
```

Gson 实现了 Java 对象和 JSON 数据之间的映射，它可以把一个 JSON 字符串转换成一个 Java 对象，也可以把一个 Java 对象转换成一个 JSON 字符串。使用 Gson 解析 JSON 数据的特点是：快速、高效、代码量少、数据传递方便和解析方便。

7.6　本章小结

在 Android 应用中，数据处理需要解决 3 个问题：（1）如何保存和提取数据；（2）如何在不同应用间共享数据；（3）如何解析不同格式的数据。本章介绍了 Android 应用存取数据的 4 种方式和两种数据格式的解析方式。

4 种数据存取方式适用于不同的应用需求：文件操作适用于存储应用数据；SharedPreferences 适用于保存应用的配置参数；轻量级的关系数据库 SQLite 为资源有限的设备提供了高效的数据库引擎；内容提供器为不同的应用之间共享数据，提供了统一的接口。对两种数据格式进行解析可以使用 Android 提供的解析函数，也可以使用各种开源的解析库。

7.7　习题

1. 简述 Android 操作系统中内部存储和外部存储的作用和区别。
2. Android 操作系统提供了哪几种文件读写模式？说明它们的使用方式。
3. 如何设置外部存储器的访问权限？
4. 如果将用户密码以明文的形式存储在 SharedPreferences 文件中，很容易就被别人盗取。如何对 SharedPreferences 文件中的数据进行保护？
5. 在 Android 开发环境中，如何查看 SharedPreferences 文件？
6. 简述 SQLite 数据库的作用和特点。
7. 在本章 SQLite 数据库示例代码的基础上，添加课程表，重写 onUpgrade()函数。
8. 简述 SQLiteOpenHelper 类的功能，并举例说明如何使用 SQLiteOpenHelper 类。
9. 说明内容提供器和内容解析器两者之间的关系。
10. 举例说明 URI 各个组成部分的含义和作用。
11. 使用 Gson 库实现对象的序列化，把本章给出的测试题对象转换为 JSON 格式文件。

08 第8章 消息与服务

本章首先介绍系统的广播机制,讨论异步执行和同步执行两种广播接收方式。随后,介绍通知的管理方式。针对异步消息处理,讨论了两种处理方式:Handler 和 AsyncTask。最后,介绍不需要用户界面,只在后台执行任务的服务组件。Android 服务系统的广播机制与蜂窝移动通信系统的广播机制类似,结合 2.4 节能更好地理解广播的处理方式。

本章的重点是掌握不同类型广播的处理方式和它们之间的差异、Handler 的工作流程,以及服务的两种启动方法;难点是理解异步消息处理机制的基本原理、区分 PendingIntent 与 Intent 的不同使用场景,以及理解服务的生命周期。

Android 操作系统和应用经常需要发送消息,如移动终端的电量不足或者网络没有连通等,系统都会广播这些消息。这些消息由系统发送,因此被称为系统消息。除了系统消息以外,应用也会发送局部消息,让应用的不同组件之间能够相互传递信息。

8.1 广播机制

系统发送消息通常采用广播的方式,如图 8-1 所示。应用要接收系统发送的消息,就像打开收音机收听广播节目,通过广播方式可以获取系统的各种状态信息,如应用接听到一个电话、收到一条短信、获取手机开机信息等。

图8-1 Android操作系统的广播方式

Android 操作系统采用观察者模式，实现消息的发送和接收。每个应用首先向系统注册自己关心的广播消息，就像很多新闻类应用，用户喜欢体育频道就选择关注（注册），当服务器向应用广播新的消息时，应用就会接收到消息。系统是广播消息的主要来源，此外应用也可以发送广播消息，既可以在应用间发送，也可以在应用内部发送。

在 Android 操作系统中，广播接收器是接收广播消息的关键组件。如果要接收广播消息，先要用 registerReceiver()函数注册广播消息，让系统知道应用对哪些消息感兴趣。一旦系统有了应用感兴趣的消息，它就通过回调的方式把消息发送给应用。就像你想知道一场比赛的结果，你把你的电话号码告诉要去比赛现场的朋友，有新的比赛消息的时候，他就可以打电话告诉你比赛进展。你的电话号码就是一个回调函数接口。Android 应用注册和接收广播消息的方式如图 8-2 所示。

图8-2　注册和接收广播消息

8.1.1　广播消息注册方式

应用注册广播消息一般有两种方式：静态注册和动态注册。采用静态注册的方式，就是在全局配置文件 AndroidManifest.xml 中配置<receiver>标签。下面我们采用静态注册的方式来接收系统的开机启动消息，代码如下所示。

```
<uses-permission Android:name=
    "Android.permission.RECEIVE_BOOT_COMPLETED" />
<receiver
    <!-- 在 BootCompleteReceiver 类中接收广播消息 -->
    android:name=".BroadcastReceiver.BootCompleteReceiver"
    android:enabled="true"
    android:exported="true">
    <intent-filter>
        <action android:name="android.intent.action.BOOT_COMPLETED" />
    </intent-filter>
</receiver>
```

开机启动消息的广播接收器是我们自定义的 BootCompleteReceiver 类。在全局配置文件中，<receiver>标签的属性 android:enabled="true"表示是否启用这个广播接收器，android:exported="true"表示这个广播接收器能否接收其他应用发出的广播消息。在<intent-filter>标签中加入想要接收的广播消息，即 Android 操作系统启动后会发出的 android.intent.action.BOOT_ COMPLETED 广播消息。

向系统注册了要接收的消息以后，我们创建广播接收器 BootCompleteReceiver，它继承
BroadcastReceiver 类；接着，我们重写 BroadcastReceiver 类的回调函数 onReceive()，在 onReceive()
函数中对接收到的消息进行处理，代码如下所示。

```
public class BootCompleteReceiver extends BroadcastReceiver {
    @Override
    public void onReceive(Context context, Intent Intent) {
        Log.i(TAG, "开机启动. 启动 MsgService...");
        Toast.makeText(context, "开机启动",Toast.LENGTH_LONG).show();
    }
}
```

为了演示，我们在上述代码中只用日志和 Toast 来显示接收到的系统开机启动消息。当然，
你也可以在这里实现更复杂和更适用的功能，如启动一个音乐播放服务。

动态注册是通过代码向系统注册应用想要接收的广播消息。下面我们以"网络状态变化"
为例，说明应用如何动态注册广播消息。首先，我们定义 Intent 过滤器，给它设置动作，即
android.net.conn.CONNECTIVITY_CHANGE（网络连接状态改变）；接着，创建广播接收器
NetworkChangeReceiver，把广播接收器和 Intent 过滤器通过 registerReceiver()函数绑定在一起，
完成动态注册，代码如下所示。

```
public class BroadcastActivity extends AppCompatActivity {
    NetworkChangeReceiver netChangeReceiver;

    @Override
    protected void onCreate(Bundle savedInstanceState) {
        super.onCreate(savedInstanceState);
        setContentView(R.layout.activity_broadcast);

        IntentFilter netConnIntentFilter = new IntentFilter();
        netConnIntentFilter.addAction("android.net.conn.CONNECTIVITY_CHANGE");
        netChangeReceiver = new NetworkChangeReceiver();
        registerReceiver(netChangeReceiver, netConnIntentFilter);
    }

    // 在销毁的时候，要把注册取消
    @Override
        protected void onDestroy() {
            super.onDestroy();
            if (netChangeReceiver != null)
                unregisterReceiver(netChangeReceiver);
        }
}
```

8.1.2 监听网络状态

当 NetworkChangeReceiver 监听到网络状态发生变化时，系统将广播消息发送给
NetworkChangeReceiver 的 onReceive()函数。在 onReceive()函数中，我们通过 context 对象的
getSystemService()函数获取连接管理器 connectivityManager，再由连接管理器获取 networkInfo
对象。networkInfo 对象包含当前网络状态的各项信息。通过 networkInfo 对象我们可以判断当
前网络是否连通。NetworkChangeReceiver 类的代码如下所示。

```
public class NetworkChangeReceiver extends BroadcastReceiver {
    @Override
```

```
public void onReceive(Context context, Intent Intent) {
    ConnectivityManager connectivityManager = (ConnectivityManager)
        context.getSystemService(Context.CONNECTIVITY_SERVICE);

    NetworkInfo networkInfo = connectivityManager.getActiveNetworkInfo();
    if (networkInfo != null && networkInfo.isAvailable()) {
        Toast.makeText(context, "现在可以上网", Toast.LENGTH_SHORT).show();
    } else {
        Toast.makeText(context, "网络无法连通", Toast.LENGTH_SHORT).show();
    }
}
```

请注意，我们还需要在 AndroidManifest.xml 中声明网络的访问权限：

```
<uses-permission android:name="android.permission.ACCESS_NETWORK_STATE" />
```

接下来，我们在模拟器中打开 Settings 应用（类似于手机中的设置程序），通过启动和禁用网络来生成网络状态变化消息，测试 NetworkChangeReceiver 是否接收到系统广播消息。这里有几个问题值得我们思考：接收开机启动消息时，应用使用动态注册还是静态注册？如果接收网络状态变化消息，应该选用哪种注册方式？为什么要这样选择？

8.1.3 广播消息发布方式

按照广播消息的发布方式，Android 操作系统提供了两种广播方式：普通广播（Normal Broadcast，又称为标准广播）和有序广播（Ordered Broadcast）。标准广播与我们收听的校园广播类似，当校园广播站广播时，每个人都能收听到消息，如图 8-3 所示。

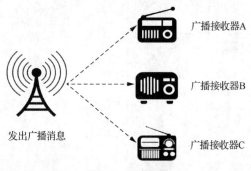

图8-3　标准广播

标准广播的消息几乎同时到达每个广播接收器，它们没有接收先后顺序之分；而且广播消息不会被其他人屏蔽，每个人都能够收到广播消息。这种广播方式也称为完全异步执行的广播。

采用有序广播，多个广播接收器在接收广播消息时，有时间上的先后顺序，如图 8-4 所示。系统发出广播消息，广播消息首先到达广播接收器 A、再到广播接收器 B，最后到达广播接收器 C。这种广播方式也称为同步执行的广播。

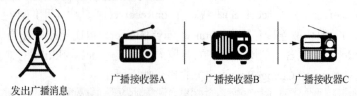

图8-4　有序广播

　　使用有序广播，在某个时刻只有一个广播接收器收到消息，它处理完广播消息以后，再把广播消息发送给下一个广播接收器。收听广播消息的顺序由广播接收器的优先级来确定。广播接收器可以截断广播消息，不传递，这样后面的广播接收器就无法获得广播消息。

　　广播是一种可以跨进程的通信方式。应用也可以发送广播消息，让其他应用接收。广播消息由 Intent 传递。首先定义一个 **MY_BROADCAST** 动作，然后调用 sendBroadcast()函数将 Intent 发送出去，代码如下所示。

```
Intent Intent = new Intent("pers.cnzdy.mobilerookie.MY_BROADCAST")
sendBroadcast(Intent);
```

与前面给出的代码一样，我们自定义广播接收器 MyBroadcastReceiver，并且重写它的 onReceive()函数，代码如下所示。

```
public class MyBroadcastReceiver extends BroadcastReceiver {
    @Override
    public void onReceive(Context context, Intent Intent) {
        ...
    }
}
```

如果我们采用静态注册的方式注册广播接收器 MyBroadcastReceiver，需要设置接收动作 MY_BROADCAST，还要在 AndroidManifest.xml 中配置广播接收器，代码如下所示。

```
<receiver Android:name=".MyBroadcastReceiver">
        <intent-filter>
                    <action Android:name="pers.cnzdy.mobilerookie.MY_BROADCAST"/>
        </intent-filter>
</receiver>
```

如果我们采用有序广播方式，则需要调用 sendOrderedBroadcast()函数，函数的第二个参数是一个与权限相关的字符串，可以直接传入空值；如果想截断广播消息，可以在 onReceive()函数中调用 abortBroadcast()函数，以阻止消息继续广播。相关代码如下所示。

```
Intent Intent = new Intent("pers.cnzdy.mobilerookie.MY_BROADCAST");
sendOrderedBroadcast(Intent, null);
public class MyBroadcastReceiver extends BroadcastReceiver {
    @Override
    public void onReceive(Context context, Intent Intent) {
        ...
        abortBroadcast();
    }
}
```

应用之间直接广播消息会带来一些问题：

（1）广播消息被截获，可能存在安全问题；

（2）应用可能收到大量垃圾消息。

针对这些问题，Android 还提供了另外一种广播方式——本地广播（Local Broadcast）。本地广播消息只能在应用内部传递，并且只有应用自己能够接收。

发送本地广播消息要用到本地广播管理器 LocalBroadcastManager，同样还需要构造 Intent。发送广播消息时，通过调用 localBroadcastManager 的 sendBroadcast()函数来发送 Intent，代码如下所示。

```
localBroadcastManager = LocalBroadcastManager.getInstance(this);
Intent Intent = new Intent("pers.cnzdy.mobilerookie.LOCAL_BROADCAST");
localBroadcastManager.sendBroadcast(Intent);
```

注册本地广播消息时，需要使用动态注册。采用静态注册是为了让应用在未启动的情况下也能接收到广播消息；而发送本地广播消息时，由于程序已经启动，因此不需要使用静态注册。

注册和取消本地广播消息的代码如下所示。

```
IntentFilter = new IntentFilter();
IntentFilter.addAction("pers.cnzdy.mobilerookie.LOCAL_BROADCAST");
localReceiver = new LocalReceiver();
localBroadcastManager.registerReceiver(localReceiver, IntentFilter);

// 取消本地广播消息注册
@Override
protected void onDestroy() {
    super.onDestroy();
    localBroadcastManager.unregisterReceiver(localReceiver);
}
```

8.2　通知管理

现在手机上的很多应用都会给用户推送各种消息，如聊天软件收到好友发送的消息、浏览器推送一条新闻等。这些消息通常会显示在系统的状态栏上，用户打开状态栏就可以看到各种应用发送的通知消息。

在系统的状态栏上显示的消息称为"通知"。在 Android 应用中，发送通知就像我们在办公室发布通知一样，先撰写通知的标题、通知的内容、通知的日期等信息，然后将通知发送给接收人员。创建通知的代码如下所示。

```
// 设置标题、内容、创建时间、显示通知的大小图标，最后创建通知
Notification notification = new NotificationCompat.Builder(this)
        .setContentTitle("新的测试题目")
        .setContentText("Android 应用界面中有哪两种类型的视图组件？")
        .setWhen(System.currentTimeMillis())
        .setSmallIcon(R.mipmap.ic_launcher)
        .setLargeIcon(BitmapFactory.decodeResource(getResources(),
  R.mipmap.ic_launcher))
        .build();
```

在发送通知时，首先我们调用 Context 的 getSystemService()函数来获取 NotificationManager 对象，然后调用它的 notify()函数发送通知，代码如下所示。

```
NotificationManager manager = (NotificationManager)
                    getSystemService (NOTIFICATION_SERVICE);
manager.notify(1, notification);
```

notify()函数有两个参数，第一个参数是通知的 ID，是保证通知唯一性的编号；第二个参数是通知对象。

调用 notify()函数所发送的通知将显示在系统的状态栏上。现在用户点击这个通知，没有任何响应，这是因为我们还没有实现点击处理。接下来，我们实现点击通知后的打开活动，活动将显示推送的新的测试题目，如图 8-5 所示。

图8-5　点击通知后打开活动

8.2.1　PendingIntent

通常我们使用 Intent 来启动活动，但是在这里 Intent 无法

启动通知对应的活动，因为使用 Intent 时系统会马上执行它，并启动活动（执行动作）。而收到通知时，用户通常不会立刻打开通知对应的活动，他们可以选择在任何时间来查看。因此，要实现通知点击处理，还需要用到另外一种 Intent——PendingIntent。

不同于 Intent 立即执行某个动作，PendingIntent 采用延迟执行的方式，它可以在任何选定的时间执行某个动作。PendingIntent 是一种特殊的异步处理机制，它由活动管理服务（Activity Manager Service，AMS）管理。AMS 是 Android 操作系统最核心的服务之一，它负责操作系统 4 大组件的启动、切换、调度，以及应用进程的管理和调度等工作，其职责与操作系统中的进程管理和调度模块类似。

调用 PendingIntent 的 getActivity() 函数，我们可以获取 PendingIntent 对象，代码如下所示。

```
Intent Intent = new Intent(this, QuizActivity.class);
PendingIntent pi = PendingIntent.getActivity(this, 0, Intent,
        PendingIntent.FLAG_CANCEL_CURRENT);
```

getActivity() 函数的第 1 个参数是 Context 对象；第 2 个参数一般用不到，可传入 0；第 3 个参数是 Intent 对象，通过它来创建 PendingIntent 对象；第 4 个参数用来确定 PendingIntent 的行为，一共有 4 种选项，分别是 FLAG_ONE_SHOT、FLAG_NO_CREATE、FLAG_CANCEL_CURRENT 及 FLAG_UPDATE_CURRENT。FLAG_CANCEL_CURRENT 表示如果 PendingIntent 已经存在，那么当前的 PendingIntent 会被取消。其他选项可以查阅相关的 Android 开发文档。

在创建通知时，我们调用 setContentIntent() 函数来设置 PendingIntent 对象，再由 PendingIntent 对象启动通知对应的活动，代码如下所示。

```
// 利用 PendingIntent 对象创建通知
NotificationManager manager = (NotificationManager)
        getSystemService (NOTIFICATION_SERVICE);
Notification notification = new NotificationCompat.Builder(this)
        .setContentTitle("新的测试题目")
            ...
        .setContentIntent(pi)
        .build();
manager.notify(1, notification);
```

运行修改后的代码，点击通知，打开通知对应的活动，但是通知仍然显示在系统的状态栏上，没有消失，这时我们需要在构造通知时调用 setAutoCancel() 函数，如图 8-6 所示。

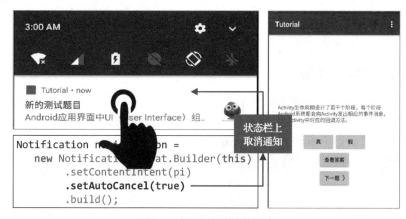

图8-6 打开通知对应的活动

接着调用 NotificationManager 的 cancel()函数就可以取消通知：

```
manager.cancel(1);
```

cancel(1)中的参数"1"是通知的 ID，它对应 manager.notify(1, notification)函数的第一个参数。如果想要取消某个特定的通知，就在 cancel()函数中传入该通知的 ID。

8.2.2　不同的通知方式

我们还可以设置各种不同的通知方式，如在用户收到通知的时候，播放一段声音，这样用户就知道有通知了。在定义通知时，我们加入 setSound()函数，选择手机音频文件夹下的已有音频文件来播放特定的声音；另外，还可以设置振动方式来提醒用户，代码如下所示。

```
Notification notification = new NotificationCompat.Builder(this)
        ...
        .setSmallIcon(R.mipmap.ic_launcher)
        .setLargeIcon(BitmapFactory.decodeResource(getResources(),
                    R.mipmap.ic_launcher))
        .setContentIntent(pi)
        .setAutoCancel(true)
        .setSound(Uri.fromFile(new File(
                "/system/media/audio/ringtones/Andromeda.ogg")))
        .setVibrate(new long[] {0, 500, 500, 1000})
        .build();
```

setVibrate()函数设置的振动参数是时间，单位是 ms。时间数组的第 1 个元素"0"表示手机静止的时间，第 2 个元素"500"表示手机振动的时间，第 3 个元素"500"表示振动后手机静止的时间，第 4 个元素是下一次手机振动的时间，就这样在数组中交错设置静止时间和振动时间。请注意，使用振动功能需要在 AndroidManifest.xml 文件中申请振动权限：

```
<uses-permission android:name="android.permission.VIBRATE" />
```

8.3　异步消息处理机制

如果银行只有一个 ATM 机而使用的人又很多，那么所有人都必须排队。在银行柜台处有多个工作人员，办理业务的人就可以分散到不同的服务窗口。ATM 机、每个服务窗口构成了银行系统的运转单位。类似地，计算机系统采用不同的线程来完成各种任务，线程之间可以并发，也可以并行。大多数与界面相关的应用程序都会用到多线程模型，那么 Android 应用如何实现与界面相关的多线程任务？

8.3.1　创建线程的方法

我们先回顾一下 Java 创建线程的 3 种方法。第 1 种方法，通过继承 Thread 类来创建线程。首先，我们定义线程类 TaskThread；然后重写 run()函数，并且在主程序中创建 TaskThread 线程对象 taskThread；最后调用 taskThread 的 start()函数启动线程，代码如下所示。

```
class TaskThread extends Thread {
    @override
    // 运行在子线程中
    public void run() {
        // 运行需要耗时的程序
    }
}
```

```
TaskThread taskThread = new TaskThread();
taskThread.start();
```

第 2 种方法，通过实现 Runnable 接口的类来启动线程。首先，我们创建 TaskThread 类，它实现了 Runnable 接口；接着创建一个线程对象 thread，把新建的 TaskThread 对象 taskThread 传给它；最后调用 thread 的 start()函数启动线程，代码如下所示。

```
class TaskThread implements Runnable {
    @override
    public void run() {
    ...
    }
}
TaskThread taskThread = new TaskThread();
Thread thread = new Thread(taskThread)
thread.start();
```

第 3 种方法，采用匿名类来启动线程，代码如下所示。

```
new Thread(new Runnable() {
        @Override
        public void run() {
        ...
        }
}).start();    // 启动匿名类线程
```

8.3.2　线程与界面交互

Android 应用有时需要执行某些耗时任务，同时又要将耗时任务当前完成的进度显示在界面上。如应用下载大量图片，在下载的过程中，需要将当前的下载进度显示在界面上。在下面的例子中，主界面 MainActivity 创建了一个线程，线程完成一个耗时的运算，接着要把运算的结果显示在界面上，代码如下所示。

```
new Thread(new Runnable() {
    @Override
    public void run() {
        ...
        float result = compute();
        // Android 不允许在子线程中进行界面操作
        textView.setText("运算完成: "+result.toString());
    }
}).start();
```

在上面的代码中，我们直接在线程中调用 setText()函数，这时 Android 应用会报错，这是因为 Android 不允许在子线程中进行界面操作。

解决子线程与界面交互的办法是采用异步消息处理机制。Android 提供了异步消息处理的 Handler 机制，把耗时运算和界面操作分离。Handler 运行在界面线程（也就是 UI 线程）中，执行耗时运算的子线程不直接与界面联系，它通过发送消息（Message 对象）将执行结果传递给 Handler；Handler 在接收到消息后，把消息放入主线程（界面线程）队列中，并且配合主线程更新界面。异步消息处理的过程如图 8-7 所示。

在主活动 MainActivity 中，我们首先启动一个子线程来完成一些耗时的运算或 I/O 处理，如执行大数据运算、下载多个图片文件、完成复杂的图像处理等。耗时任务结束以后，创建一个 Message 对象，通过 Handler 将 Message 对象发送出去。通过子线程通知界面更新的代码如下所示。

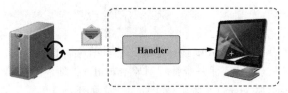

图8-7　异步消息处理的过程

```
new Thread(new Runnable() {
    @Override
    public void run() {
        ...
        Message msg = new Message();
        // 通知界面更新
        msg.what = UPDATE_UI;
        handler.sendMessage(msg);
    }
}).start();
```

接下来更新界面。在 MainActivity 中创建 handler 对象，编写 handleMessage()函数来处理子线程发送的消息，根据接收到的消息类别来完成相应的工作，如在 textView 上显示运算的完成进度，代码如下所示。

```
private Handler handler = new Handler() {
    public void handleMessage(Message msg) {
        switch (msg.what) {
            case UPDATE_UI:
                textView.setText("运算完成进度50%");
                break;
            default:
                break;
        }
    }
};
```

8.3.3　Handler运行机制

Handler的各个组件相互关联，它们的类图结构如图8-8所示。Handler 实现了handleMessage()接口，这个接口用来处理接收到的各种消息。此外，Handler 还指向一个消息队列（MessageQueue）和一个消息循环对象（Looper）。Looper 拥有消息队列，并且它启动线程（Thread）来处理消息循环。

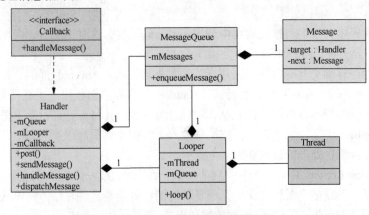

图8-8　各个组件的类图结构

消息队列由多个消息（Message 对象）构成。当创建一个新消息时，可以通过 new Message() 创建一个 Message 对象。在提取消息时，可以通过 Message.obtain()或 Handler.obtainMessage() 函数来获取 Message 对象，即首先在消息池中查看是否有可用的 Message 对象，如果存在则直接取出并返回 Message 对象。

Handler 的运行机制如图 8-9 所示。首先，系统在主线程中创建一个 Handler 对象；接着，Looper 从消息队列中取出队列头部消息，然后分发消息；Handler 处理收到的消息，并调用 handleMessage()函数更新界面；最后，返回 Looper 继续执行。如果子线程需要操作界面，就创建一个 Message 对象，并通过 Handler 将这个 Message 对象发送到消息队列中。

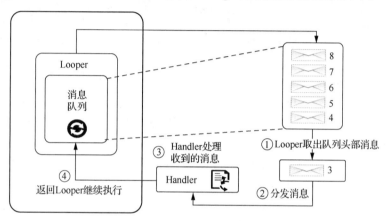

图8-9　Handler的运行机制

Handler 的异步消息处理流程如下：

（1）在主线程中创建一个 Handler 对象，并重写 handleMessage()函数；

（2）子线程需要进行界面操作时，创建一个 Message 对象，并通过 Handler 将该 Message 对象发送出去；

（3）更新界面的 Message 对象被添加到 MessageQueue 中等待处理；

（4）Looper 从 MessageQueue 中取出待处理的 Message 对象，分发到 Handler 的 handleMessage()函数中。

（5）Handler 的 handleMessage()函数处理接收到的 Message 对象，并更新界面。

总的来说，如果需要执行耗时的任务，如从互联网上下载数据，或者在本地读取一个很大的文件时，我们不能把这些任务放在主线程中执行，而应该放在一个子线程中执行。如果子线程要对界面进行更新，如显示当前完成进度，则必须通过主线程中的 Handler 来更新界面。Handler 运行在主线程中，子线程通过 Message 对象向 Handler 传递消息。Handler 收到子线程传递的（子线程用 sendMessage()函数传递）Message 对象，并把这些 Message 对象放入主线程 MessageQueue 中，同时配合主线程更新界面。

8.4　异步任务

通过 Handler 来处理耗时任务与界面之间的交互，存在一些问题，如编写代码过多结构复杂等。对此，Android 还提供了另一种异步消息处理方式——AsyncTask（异步任务）。与 Handler

一样，AsyncTask 也能实现耗时子线程与界面的异步任务。但相比 Handler，AsyncTask 在编码上更简单。

AsyncTask 是一个抽象类，使用时需要定义一个继承 AsyncTask 类的异步处理类。下面我们在 MainActivity 中定义 TimeConsumingTask 类，它继承 AsyncTask 类，执行耗时任务，代码如下所示。

```
public class MainActivity extends Activity {
    private TimeConsumingTask mTask;
    // 用进度条来显示当前任务的执行进度
    private ProgressBar        progressBar;
    private TextView           textView;
    private class TimeConsumingTask extends AsyncTask<Params, Progress, Result>
    {
        ...
    }
}
```

AsyncTask 的泛型参数<Params, Progress, Result>指示异步任务中各种参数的类型，其中 Params 表示传递给后台任务的参数；Progress 是当前任务的执行进度，可以在界面上显示；Result 指示任务完成后返回的结果。

在 TimeConsumingTask 类中，我们重写 onPreExecute()和 onPostExecute()函数。onPreExecute() 函数执行界面初始化操作，通过 textView 控件显示任务已启动。onPostExecute()函数在任务完成后执行界面操作，通常是通过 textView 控件显示执行结果。这两个函数的代码如下所示。

```
private class TimeConsumingTask extends AsyncTask<String, Integer, String> {
    @Override
    protected void onPreExecute() {
        textView.setText("启动...");
    }
    @Override
    protected void onPostExecute(String result) {
        textView.setText(result);
    }
}
```

接下来，在 doInBackground()函数中执行耗时任务，并且通过 publishProgress()函数发布任务进度信息，代码如下所示。

```
@Override
protected String doInBackground(String... params) {
    int percent = doTimeConsumingTask();
    publishProgress(percent);
    return result;
}
```

doInBackground()函数不能执行界面操作，需要在 onProgressUpdate()函数中更新界面上的进度显示，代码如下所示。

```
@Override
protected void onProgressUpdate(Integer... progresses) {
    // 更新界面上的进度显示
    progressBar.setProgress(progresses[0]);
    textView.setText("执行进度..." + progresses[0] + "%");
}
```

下面将 Handler 和 AsyncTask 做一个对比。AsyncTask 的异步任务都在自己的成员函数中完成，并通过接口提供进度反馈。Handler 需要在主线程中启动子线程，然后通过 handler 来连接子线程和活动。对于单个异步任务，AsyncTask 更简单；如果要处理多个异步任务，就需要编写更复杂的代码。Handler 正好相反，从单个任务来看，其代码多、结构复杂，而在处理多个后台任务时，相比 AsyncTask，Handler 更容易实现。在运行时，AsyncTask 比 Handler 更耗资源，适合简单的异步处理。

8.5　后台服务处理

活动是 Android 操作系统的前台，而后台是 4 大组件之一的服务。就像公司一样，活动是专门接待用户的前台，而服务作为后台只负责处理内部事务，不需要直接和用户打交道。

服务没有用户界面，它的职责就是在后台执行操作。当用户切换到其他应用时，服务仍然在后台运行。但是，服务离不开应用，当某个应用进程停止后，所有依赖于该进程的服务也会停止运行。就像听音乐的时候，你可以同时使用其他应用，如用 QQ 聊天，这时音乐仍然在后台播放。当音乐播放器关闭以后，后台服务就不再播放音乐。

服务是实现程序后台运行的解决方案，适合于执行不需要和用户交互且长期运行的任务。服务不依赖于任何界面，当应用被切换到后台或者用户打开了另外一个应用，服务仍然能够保持正常运行。服务并不是运行在一个独立的进程中，而是依赖于创建服务的应用进程。

8.5.1　创建后台运行的服务

下面我们创建一个服务 MusicService，代码如下所示。

```java
public class MusicService extends Service {
    @Override
    public IBinder onBind(Intent Intent) { return null; }
    @Override
    public void onCreate() { super.onCreate(); }
    @Override
    // 每次服务启动都会调用 onStartCommand()函数
    public int onStartCommand(Intent Intent, int flags, int startId) {
        return super.onStartCommand(Intent, flags, startId);
    }
    @Override
    public void onDestroy() { super.onDestroy(); }
}
```

在 MainActivity 中，我们用 Intent 来启动服务，通过调用 startService()函数开启服务，调用 stopService()函数停止服务，代码如下所示。

```java
Intent startIntent = new Intent(this, MusicService.class);
startService(startIntent);
Intent stopIntent = new Intent(this, MusicService.class);
stopService(stopIntent);
```

服务和活动一样，都要在 AndroidManifest.xml 文件中进行注册，代码如下所示。

```xml
<application
    ...
    <service Android:name=".MusicService" >
    </service>
</application>
```

215

调用 startService()函数后，服务就开始运行。服务运行期间，启动它的活动可能被销毁，但是服务仍然可以存在，只要整个应用不退出运行。服务通常用来完成简单任务，因此不返回结果。

下面我们定义一个绑定对象 binder，binder 对象的 getProgress()函数用于查看音乐播放进度，代码如下所示。

```
public class MusicService extends Service {
    private MusicBinder binder = new MusicBinder();
    class MusicBinder extends Binder {
        public void start() {
            Log.d(TAG, "执行");
        }
        public int getProgress() {
            Log.d(TAG, "播放进度");
            return 0;
        }
    }
    @Override
    public IBinder onBind(Intent Intent) { return binder; }
}
```

定义了 MusicService 以后，我们在活动 MusicActivity 中启动 MusicService。首先，定义 ServiceConnection 对象；然后在 onServiceConnected()函数中获取 binder 对象，通过 binder 对象来启动 MusicService，代码如下所示。

```
public class MusicActivity extends Activity {
    private ServiceConnection connection = new ServiceConnection() {
    @Override
    public void onServiceConnected(ComponentName name, IBinder service) {
        binder = (MusicService.MusicBinder) service;
        binder.start ();
        binder.getProgress();
    }
    @Override
    public void onServiceDisconnected(ComponentName name) { }
};
```

服务一般不返回结果，但有时候也希望服务能给出反馈信息，这时我们可以使用 bindService()函数来实现活动与服务之间的通信。调用 bindService()函数以后，服务会提供一个与服务交互的接口，通过它可以发送请求、返回结果，从而实现跨进程通信；并且多个组件也可以共用一个服务。

首先定义 Intent，然后调用 bindService()函数，代码如下所示。

```
Intent bindIntent = new Intent(this, MusicService.class);
bindService(bindIntent, connection, BIND_AUTO_CREATE);
unbindService(connection);
```

bindService()的第 1 个参数是 Intent 对象；第 2 个参数是 ServiceConnection 对象；第 3 个参数是一个标志位，如 BIND_AUTO_CREATE，其表示服务会在调用后自动创建，同时执行服务中的 onCreate()函数，但 onStartCommand()函数不会被执行。unbindService()函数用于解除服务绑定，同时服务也会被销毁。

8.5.2 服务启动方式

Android 应用的服务有两种启动方式：startService（启动服务）和 bindService（绑定服务）。

它们的共同点和区别如图 8-10 所示。

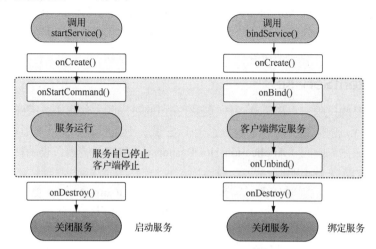

图8-10　startService（启动服务）和bindService（绑定服务）的共同点和区别

如果服务之前没有被创建过，startService 和 bindService 都会先调用 onCreate 函数来创建服务。接下来，采用 startService 服务方式会调用 onStartCommand()函数，而采用 bindService 方式会调用 onBind()函数。服务启动后将一直保持运行。对 bindService()方式来说，执行 onBind() 函数会返回 IBinder 对象，这样活动就能通过 IBinder 对象与服务进行通信。

采用 startService 服务方式，可以让服务自动停止或者强制让它停止，即通过调用 stopSelf() 函数或者其他组件调用 stopService()函数来停止服务。对于 bindService 服务，调用 onUnbind() 函数关闭连接，执行 onDestroy()函数销毁服务。

采用 startService 方式开启服务，启动者（活动）与服务之间不存在任何联系，即使启动者被销毁，服务仍然处于活动状态。而 bindService 服务的启动者与服务相关联，一旦启动者被销毁，那么服务也将随之被销毁。另外，一个服务可以同时和多个组件绑定，当多个组件都解除绑定之后，系统将销毁服务。

8.5.3　前台运行的服务

通常服务的优先级较低，在系统需要的时候，更容易被销毁。有时我们希望服务能一直运行，不被系统销毁。这时，我们可以让服务像通知一样，显示在系统的状态栏上，并持续运行而不会被系统销毁。

为了实现服务的前台运行，我们先创建通知对象，然后调用 startForeground()函数，代码如下所示。

```
Intent Intent = new Intent(this, MusicActivity.class);
PendingIntent pi = PendingIntent.getActivity(this, 0, Intent, 0);
Notification notification = new NotificationCompat.Builder(this)
    .setContentTitle("音乐")
    .setContentText("成都")
    .setWhen(System.currentTimeMillis())
    ...
    .setContentIntent(pi)
    .build();
startForeground(1, notification);
```

startForeground()函数的第一个参数是通知的 ID，第二个参数是已经创建的通知对象。调用 startForeground()函数后会让 MusicService 变为一个前台服务，显示在系统的状态栏上。

前台服务与普通服务的区别是：前台服务显示在系统的状态栏上，表示服务正在运行；并且用户可以查看服务运行的详细信息，类似于显示的通知。

8.5.4　IntentService

服务没有自己的进程，它和活动一样都运行在当前进程的主线程中，因此大运算量的任务不能在服务中运行，否则会影响界面主线程。可以尝试一下在服务中执行多重循环的耗时任务，这时系统会提示应用未响应（Application Not Response，ANR）警告，表示耗时任务占据了界面线程，现在应用无法做出响应。

如果要在服务中完成耗时任务，需要在服务的 onStartCommand()函数中启动一个单独的工作线程；同时，需要调用 stopSelf()函数，以便在任务完成以后服务能够自动停止，代码如下所示。

```
@Override
public int onStartCommand(Intent Intent, int flags, int startId) {
    new Thread(new Runnable() {
        @Override
        public void run() {
            doTimeConsumingTask();
            stopSelf();
        }
    }).start();
    return super.onStartCommand(Intent, flags, startId);
}
```

经常会有一些程序员在服务中编写耗时任务，而又忘记了开启线程，或者忘记了调用 stopSelf()函数，这样就会引起程序报错。为了简化耗时任务的编写，Android 提供了 IntentService。IntentService 是一个简单、异步、会自动停止的服务。我们只需要创建一个继承 IntentService 类的类，重写它的 onHandleIntent()函数。在 onHandleIntent()函数中处理耗时任务，就不用担心 ANR 问题，因为这个函数本身就在子线程中运行。

下面创建 MusicIntentService 类，它继承 IntentService 类，实现异步耗时任务，代码如下所示。

```
public class MusicIntentService extends IntentService {
    public MusicIntentService() { super("MusicIntentService");  }
    @Override
    protected void onHandleIntent(Intent Intent) {
        doTimeConsumingTask();
    }

    @Override
    public void onDestroy() { super.onDestroy(); }
}
```

通过 IntentService，我们可以创建一个简单、异步、会自动停止的服务。IntentService 将接收到的 Intent 加入队列，并通过内部的工作线程来完成 Intent 请求的耗时任务。工作线程与主线程分离，相互之间不影响，这样就不会造成应用无法响应的问题。

8.6 本章小结

本章讨论了 Android 应用的消息处理方式。系统的消息以广播的方式进行传递，应用通过监听这些广播消息来获取系统的各种状态信息。而来自应用的消息则可以通过广播或通知在应用内部或应用间传递。

应用界面与工作线程之间的消息传递，需要通过异步消息处理的方式来完成。Handler 和 AsyncTask 是两种类似的异步消息处理方式，它们将耗时任务交给异步任务执行，并随时将任务执行的结果返回给界面线程。最后，本章还介绍了 Android 操作系统的 4 大组件之一——服务。服务适合执行不与用户交互且需要长期运行的任务。

8.7 习题

1. 单线程与多线程之间有什么区别？
2. 简述 Android 操作系统中进程与线程的概念，以及 Android 应用的消息处理方式。
3. 简述 Android 操作系统中的广播方式，说明它们之间的区别。
4. 为什么打开通知需要使用 PendingIntent 而不是 Intent？
5. 创建通知需要用到哪两个类？分别说明它们的作用。
6. 编程实现：在界面上输入要计算的质数的上界，点击按钮，开启一个线程；在线程中，执行运算找出从 2 开始到给定上界内的所有质数，计算完后用 Toast 显示在界面上。

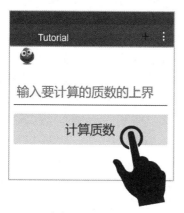

7. Handler 的消息处理机制由哪几个部分组成？说明它们之间的关系。
8. 简述 Handler 和 AsyncTask 的区别和联系？
9. 简述服务的基本原理和用途。
10. 服务有哪两种结束运行的方法？说明它们之间的区别。
11. 画出服务的生命周期图。
12. 说明 startService 和 bindService 的区别。
13. 如果要在服务中执行耗时任务，需要如何处理？
14. 什么原因会引起 ANR 警告？如何避免 ANR 问题的出现？

09 第9章 感知与多媒体

本章的内容与移动计算理论部分的传感器网络和无线定位技术密切相关。首先,介绍如何使用移动终端的各种传感器来获取环境信息;然后,讨论如何使用 GPS 实现定位功能、如何实现一个简单的音乐播放器,以及如何实现视频播放和摄像头拍照功能;最后,讨论界面设计原则、用户体验设计和质感设计。

本章的重点是掌握传感器的信息获取方式、移动定位方法、实现音/视频播放的方法,以及实现摄像头拍照功能的处理流程;难点是掌握如何使用多线程编程,如何通过服务、Handler 等实现音乐播放器。

传感器是一种测量装置,用于完成某种特定的检测任务。它的输入量可能是物理量,如热、力、电、时间、频率等,也可能是化学量、生物量等。传感器采集的信息通过传输、转换和处理,输出给接收方,其输出的形式有多种,包括电压、电流、频率等。传感器的输出与输入有特定的对应关系,且有一定的精确度。

Android 支持多种终端传感器。只要 Android 终端的硬件提供了传感器,Android 应用就可以通过这些传感器来获取各种信息,如手机的运行状态、当前摆放的方向等。Android 操作系统通过驱动程序管理这些传感器,应用可以通过监听器的方式监听传感器硬件,感知外部环境的变化。

9.1 传感器的使用

Android 操作系统支持两类传感器,分别是物理传感器和虚拟传感器。物理传感器可以直接采集各种物理特性的数据,这类传感器包括温度计、气压计、光传感器、心率计、加速度计、陀螺仪、指南针等。虚拟传感器根据物理传感器采集的数据,通过融合算法计算出其他各种特性的数据,如旋转矢量、重力、线性加速度等。手机上的计步器是一种虚拟传感器,它可以根据加速度计计算步数。另外,按照用途,传感器可划分为运动传感器、环境传感器和位置传感器。运动传感器测量加速度和 3 个轴的旋转速度,包括加速度计、重力感应器、陀螺仪等。环境传感器测量各种环境参数,如空气温度、照明等,包括气压计、光传感器、温度计等。位置传感器测量终端的物理位置,包括 GPS 接收机(简称 GPS)、方向传感器和磁力计等。

传感器在采集数据时，有以下不同的方式：

（1）实时地连续采集数据，常用于加速度计、陀螺仪等传感器；

（2）在一段时间内，当传感器数据发生变化时采集数据，如心率计和计步器；

（3）当传感器检测到某种特定事件时采集数据，如红外传感器检测到人靠近时会触发相应的事件；

（4）具有某些特定需求的数据采集。

9.1.1　获取传感器

下面我们来创建一个传感器活动 SensorActivity。在 SensorActivity 的 onCreate()函数中调用 getSystemService(String)函数获取 SensorManager，代码如下所示。

```
public class SensorActivity extends AppCompatActivity {
    public static String TAG = "MainTAG";
    private SensorManager sensorManager;

    @Override
    protected void onCreate(Bundle savedInstanceState) {
        super.onCreate(savedInstanceState);
        setContentView(R.layout.activity_sensor);

        manager=(SensorManager) getSystemService(SENSOR_SERVICE);
        sensorManager = (SensorManager)getSystemService(Context.SENSOR_SERVICE);

        List<Sensor> sensorList;
        // 获取当前终端支持的所有传感器
        sensorList = sensorManager.getSensorList(Sensor.TYPE_ALL);
        List<String> sensorNameList = new ArrayList<String>();

        for (Sensor sensor : sensorList) {
            Log.d(TAG, "传感器: " + sensor.getName());
        }
    }
}
```

Android 通过 SensorManager 来管理传感器，以上代码通过调用 SensorManager 的 getSensorList()函数获取当前终端支持的所有传感器，如图 9-1 所示。

```
Goldfish 3-axis Accelerometer
Goldfish 3-axis Gyroscope
Goldfish 3-axis Magnetic field sensor
Goldfish Orientation sensor
Goldfish Ambient Temperature sensor
Goldfish Proximity sensor
Goldfish Light sensor
Goldfish Pressure sensor
Goldfish Humidity sensor
Goldfish 3-axis Magnetic field sensor (uncalibrated)
Game Rotation Vector Sensor
GeoMag Rotation Vector Sensor
Gravity Sensor
Linear Acceleration Sensor
Rotation Vector Sensor
Orientation Sensor
```

图9-1　获取当前终端支持的所有传感器

如果要使用特定的传感器，需要从 SensorManager 中获取指定类型的传感器。使用 SensorManager.getDefaultSensor(int type)函数可以得到指定的传感器，其中 type 参数用来指定要获取的传感器类型。type 参数包括以下选项。

（1）Sensor.TYPE_ORIENTATION：方向传感器。

（2）Sensor.TYPE_ACCELEROMETER：重力传感器。

（3）Sensor.TYPE_LIGHT：光线传感器。

（4）Sensor.TYPE_MAGNETIC_FIELD：磁场传感器。

9.1.2 采集数据

当外部环境发生变化时，Android 操作系统首先通过传感器获取外部环境数据，然后将数据传递给监听器的监听回调函数。为了获取外部环境数据，需要通过 SensorManager 为传感器注册监听器。在使用完后，还要注销监听器。

SensorManager 的 registerListener()函数注册监听器的代码如下所示。

```
sensorManager.registerListener(sensorListener,
 sensorManager.getDefaultSensor(Sensor.TYPE_ACCELEROMETER),
 SensorManager.SENSOR_DELAY_NORMAL);
```

函数的第 1 个参数是监听器；第 2 个参数是传感器；第 3 个参数是传感器的采样率，表示传感器的信息采样频率，它包括以下 4 个选项。

（1）SensorManager.SENSOR_DELAY_FASTEST：最快，延迟最小。

（2）SensorManager.SENSOR_DELAY_GAME：适合游戏的频率。

（3）SensorManager.SENSOR_DELAY_NORMAL：正常频率。

（4）SensorManager.SENSOR_DELAY_UI：最慢，适合界面变化的频率。

采样率根据实际应用的需要来确定，通常采用 SENSOR_DELAY_NORMAL 或 SENSOR_DELAY_GAME。如果使用更高的采样率，将耗费更多的系统资源，包括电量、CPU 资源等。

接下来我们定义监听器，代码如下所示。

```
private SensorEventListener sensorListener = new SensorEventListener() {
    @Override
    public void onSensorChanged(SensorEvent sensorEvent) {
        if (sensorEvent.sensor.getType() == Sensor.TYPE_ACCELEROMETER) {
            float x_lateral = sensorEvent.values[0];
            float y_longitudinal = sensorEvent.values[1];
            float z_vertical = sensorEvent.values[2];

            String info = "加速度传感器 xyz 轴的加速度分别为: \n" + x_lateral +
                    "\n" + y_longitudinal + "\n" + z_vertical + "\n";

            sView.setText(info);
        }
    }

    @Override
    public void onAccuracyChanged(Sensor sensor, int accuracy) {
    }
};
```

在数据采集过程中，当传感器采集的值发生变化时，将触发调用 onSensorChanged (SensorEvent event)函数；当传感器精度发生变化时，将触发调用 onAccuracyChanged(Sensor

sensor,int accuracy)函数。SensorActivity 的运行效果如图 9-2 所示。

图9-2　SensorActivity的运行效果

关闭应用后，传感器的监听器不会自动释放资源，因此需要开发人员在适当的时候注销监听器，代码如下所示。

```
@Override
protected void onStop() {
    sensorManager.unregisterListener(sensorListener);
    super.onStop();
}
```

9.2　定位功能

卫星定位系统由卫星组成的空间部分、地面监控站组成的控制部分和用户的接收机 3 个部分构成。对 Android 应用来说，手机的硬件就是 GPS 定位系统的接收机。如果要实现 GPS 定位功能，就需要手机的硬件支持 GPS 定位。

下面我们通过 GPS 来定位手机所在地的经/纬度坐标。在界面上，我们用 TextView 控件显示经/纬度信息，TextView 控件的布局代码如下所示。

```
<TextView
    android:id="@+id/location_text_view"
    android:layout_width="wrap_content"
    android:layout_height="wrap_content"
    android:textSize="28sp"/>
```

使用终端的定位功能需要用户授予权限，应该使用动态限权还是静态限权？
首先，我们在 AndroidManifest.xml 文件中申请位置访问权限，如下所示。

```
<uses-permission android:name="android.permission.ACCESS_FINE_LOCATION" />
```

请注意，Android 6.0 以后要使用动态权限。申请动态权限的代码如下所示。

```
int checkPermission = ContextCompat.checkSelfPermission(LocationActivity.this,
    Manifest.permission.ACCESS_FINE_LOCATION);
if (checkPermission != PackageManager.PERMISSION_GRANTED) {
    ActivityCompat.requestPermissions(LocationActivity.this, new String[]{
            Manifest.permission.ACCESS_FINE_LOCATION }, 1);
} else {
    // 如果已经授权，就直接调用定位功能
    position();
}
```

首先调用 getSystemService()函数得到位置管理器对象 locationManager；接着调用 location Manager 的 getProviders()函数获取所有可用的位置提供器；然后判断 GPS 定位功能是否打开，如果无法使用 GPS 定位功能，则看看是否能通过网络来定位，代码如下所示。

```
locationManager = (LocationManager)getSystemService(Context.LOCATION_SERVICE);
List<String> providerList = locationManager.getProviders(true);
if (providerList.contains(LocationManager.GPS_PROVIDER)) {
    provider = LocationManager.GPS_PROVIDER;
} else if (providerList.contains(LocationManager.NETWORK_PROVIDER)) {
    provider = locationManager.NETWORK_PROVIDER;
} else {
    Toast.makeText(this, "无法提供位置信息", Toast.LENGTH_SHORT).show();
    return;
}
```

接下来，我们用 locationManager 的 getLastKnownLocation()函数获取当前的位置信息，同时在界面上更新当前的位置，代码如下所示。

```
Location location = locationManager.getLastKnownLocation(provider);
if (location != null) {
    updateLocation(location);
}
```

虽然 getLastKnownLocation()函数获取了当前的位置信息，但是用户可能会随时移动，怎么才能在位置改变的时候，获取最新的位置信息呢？locationManager 提供了请求位置更新函数：

```
locationManager.requestLocationUpdates(provider, 1000, 1, locationListener);
```

该函数的第 2 个参数表示监听位置变化的时间间隔，间隔以 ms 为单位；第 3 个参数表示监听位置变化的距离间隔，间隔以 m 为单位；第 4 个参数是位置监听器对象。

位置更新的代码如下所示。

```
private void updateLocation(Location location) {
    if (location == null) {
        return;
    }
    // 在界面上显示经/纬度坐标
    String currentPosition = "GPS 定位: " + "\n"
            + "       经度: " + location.getLongitude() + "\n"
            + "       纬度: " + location.getLatitude();
    locationTextView.setText(currentPosition);
}
```

接下来，我们创建位置监听器，监听位置的变化，一旦监听到时间间隔和距离间隔发生改变，就调用 updateLocation()函数来更新位置，代码如下所示。

```
LocationListener locationListener = new LocationListener() {
    @Override
    public void onStatusChanged(String provider, int status, Bundle extras) {  }
    @Override
    public void onProviderEnabled(String provider) {  }
    @Override
    public void onProviderDisabled(String provider) {  }
    @Override
    public void onLocationChanged(Location location) {
        updateLocation(location);
    }
};
```

请注意，我们需要在 onDestroy()函数中移除位置监听器，代码如下所示。

```
@Override
protected void onDestroy() {
```

```
        super.onDestroy();

        if (locationManager != null) {
            locationManager.removeUpdates(locationListener);
        }
    }
```

通过 GPS 确定手机所在地的经/纬度坐标以后，我们还需要结合电子地图才能知道自己当前所在的位置。很多电子地图软件提供了定位和导航功能，比如高德地图就提供了用于手机定位的 SDK。通常第三方定位服务还提供了基站、Wi-Fi、地磁、蓝牙、传感器等多种定位方式，适用于室外、室内等多种定位场景。并且，它们都有出色的定位性能，具有定位精度高、覆盖范围广、定位流量小、定位速度快等特点。很多第三方公司提供了定位 API 的接口说明。另外，如果要使用第三方定位服务，还需要申请定位 API Key，这些可以直接在网上查阅相关的资料获得。

9.3　实现音频播放功能

现在人们常常使用移动终端来听音乐，Android 操作系统支持播放各种音频格式文件，它提供了丰富的音频播放函数，使用这些函数，开发人员可以编写适应不同应用的音频播放器。

9.3.1　音频播放方式

Android 操作系统提供了多种音频播放方式，包括 SoundPool、MediaPlayer、AudioTrack、AsyncPlayer、Ringtone 等。

SoundPool 用于管理和播放应用程序的音频资源，主要用于播放时间短、延迟小的声音。它支持多个音频文件同时播放，占用资源较少，适合用于播放按键音、消息提示音等短促音效的场景。

MediaPlayer 在 android.media.MediaPlayer 包中，是 Android 内置的多媒体播放类，它包含音频和视频播放功能。MediaPlayer 适合用于播放时间长，延迟要求不高，能全面控制和操作播放过程的场景。MediaPlayer 能播放多种格式的音频文件，如 MP3、AAC、WAV、OGG、MIDI 等。

AudioTrack 是更底层的音频播放方式，可以实现脉冲编码调制（Pulse Code Modulation，PCM）音频流的回放。AudioTrack 支持流式播放，可读取本地和网络音频流。相比 MediaPlayer，它更加高效，适合用于实时音频播放场景，如加密音频播放。AudioTrack 只能播放已经解码的 PCM 音频流，如果要播放其他格式的音频文件，需要安装相应的解码器。

AsyncPlayer 对 MediaPlayer 进行封装，提供了异步音频播放功能。由于播放等操作都在新线程中执行，因此不会阻塞界面线程。AsyncPlayer 不需要复杂控制，适用于异步播放。

Ringtone 提供铃声、提示音等系统类声音的播放功能。另外，RingtoneManager 管理铃声数据库，包括来电铃声（TYPE_RINGTONE）、提示音（TYPE_NOTIFICATION）、闹钟铃声（TYPE_ALARM）等。通常 Ringtone 和 RingtoneManager 一起使用。

9.3.2　音乐播放器

下面我们构造一个音乐播放器，实现播放、上一首、下一首、开始、暂停、快进及快退等功能。首先，我们设计音乐播放器界面，如图 9-3 所示。界面上方用 ListView 控件显示音乐播放列表，界面下方是音乐播放进度条和播放控制按钮。

图9-3　音乐播放器界面

1．播放器布局

布局文件 activity_music_player.xml 采用线性布局，首先加入 ListView 控件，在它的下面再加入 SeekBar 控件（进度条），布局代码如下所示。

```
<ListView
    android:id="@+id/listview_music"
    android:layout_width="wrap_content"
    android:layout_height="wrap_content">
</ListView>
<SeekBar
    android:id="@+id/sb"
    android:layout_width="match_parent"
    android:layout_height="40dp"
    android:maxHeight="4dp"
    android:minHeight="4dp"
    android:paddingBottom="4dp"
    android:paddingLeft="14dp"
    android:max="240"
    android:paddingRight="14dp"
    android:paddingTop="4dp" />
<TextView
    android:id="@+id/textView_music_info"
    android:layout_width="match_parent"
    android:layout_height="wrap_content" />
```

接下来，在布局文件中添加 4 个按钮，即"上一首""开始播放""暂停"及"下一首"，代码如下所示。

```
<Button
    android:id="@+id/btn_last"
    android:layout_width="wrap_content"
    android:layout_height="wrap_content"
```

```
        android:text="下一首"/>
    ...
```

2. MusicPlayerActivity 类

在 MusicPlayerActivity 类中，我们定义对应的控件变量，并完成初始化，代码如下所示。

```java
public class MusicPlayerActivity extends AppCompatActivity implements Runnable {
    boolean firstplay = true;
    private Button btnStart, btnStop, btnNext, btnLast;
    private ListView listView;
    // 显示当前播放音乐的名称、播放的时间以及音乐长度
    private TextView music_Info;
    private SeekBar seekBar;
    private MusicPlayerService musicService = new MusicPlayerService();

    @Override
    protected void onCreate(Bundle savedInstanceState) {
        super.onCreate(savedInstanceState);
        setContentView(R.layout.activity_music_player);

        btnStart = (Button) findViewById(R.id.btn_star);
        btnStart.setOnClickListener(new View.OnClickListener() {
            @Override
            public void onClick(View view) {
                try {
                    if (firstplay) {
                        musicService.play();
                        firstplay = false;
                    } else {
                        if (!musicService.player.isPlaying()) {
                            musicService.goPlay();
                        } else if (musicService.player.isPlaying()) {
                            musicService.pause();
                        }
                    }
                } catch (Exception e) {
                    Log.i("TAG", "音乐播放异常！");
                }
            }
        });
        btnStop = (Button) findViewById(R.id.btn_stop);
        btnStop.setOnClickListener(new View.OnClickListener() {
            @Override
            public void onClick(View view) {
                try {
                    musicService.stop();
                    firstplay = true;
                    seekBar.setProgress(0);
                    txtInfo.setText("暂停已经停止");
                } catch (Exception e) {
                    Log.i("LAT", "暂停异常！");
                }
            }
        });
        ...
```

```
    }
  }
```

"上一首"和"下一首"按钮的代码功能类似，都是调用 MusicService 中的对应函数，具体实现读者可自行补全。接下来，我们实现进度条功能，当用户拖动进度条时，将从拖动停止位置开始播放音乐；并且根据音乐的播放进度显示当前已播放时间，代码如下所示。

```
music_Info = (TextView) findViewById(R.id.textView_music_info);
seekBar = (SeekBar) findViewById(R.id.sb);
seekBar.setOnSeekBarChangeListener(new SeekBar.OnSeekBarChangeListener() {
    @Override
    // 进度条的进度值发生改变
    public void onProgressChanged(SeekBar seekBar, int i, boolean b) {        }

    @Override
    // 开始拖动进度条
    public void onStartTrackingTouch(SeekBar seekBar) {        }

    @Override
    // 进度条停止拖动
    public void onStopTrackingTouch(SeekBar seekBar) {
        int progress = seekBar.getProgress();
        int musicMax = musicService.player.getDuration(); //当前已播放时间
        int seekBarMax = seekBar.getMax();
        // 从拖动停止位置开始播放音乐
        musicService.player.seekTo(musicMax * progress / seekBarMax);
    }
});
```

由于播放时间随时改变，因此需要采用异步消息处理方式，根据播放进度来更新当前播放时间。播放时间的显示如图9-4所示。

图9-4　播放时间的显示

3. 更新播放进度

我们在 MusicPlayerActivity 的 onCreate()函数中启动线程，在线程中通过 Handler 来异步更新播放进度消息，代码如下所示。

```
public class MusicPlayerActivity extends AppCompatActivity implements Runnable {
    ...
    @Override
    protected void onCreate(Bundle savedInstanceState) {
        ...
        Thread thread = new Thread(this);
        thread.start();
    }

    private Handler handler = new Handler() {
        @Override
```

```java
            public void handleMessage(Message msg) {
                super.handleMessage(msg);
                // 更新播放进度消息
                int mMax = musicService.player.getDuration();
                if (msg.what == UPDATE) {
                    try {
                        seekBar.setProgress(msg.arg1);
                        music_Info.setText(setPlayInfo(msg.arg2 / 1000, mMax /
1000));
                    } catch (Exception e) {
                        e.printStackTrace();
                    }
                } else {
                    seekBar.setProgress(0);
                    music_Info.setText("播放停止");
                }
            }
        };
        // 根据播放进度，发送更新消息
        @Override
        public void run() {
            int position, mMax, sMax;

            while (!Thread.currentThread().isInterrupted()) {
                if (musicService.player != null && musicService.player.isPlaying()) {
                    position = musicService.getCurrentProgress();  //当前音乐播放进度
                    mMax = musicService.player.getDuration();
                    sMax = seekBar.getMax();

                    Message m = handler.obtainMessage();
                    m.arg1 = position * sMax / mMax;  //进度百分比
                    m.arg2 = position;
                    m.what = UPDATE_PROGRESS;
                    handler.sendMessage(m);
                    try {
                        Thread.sleep(1000); // 每隔1s发送一次更新播放进度消息
                    } catch (InterruptedException e) {
                        e.printStackTrace();
                    }
                }
            }
        }
    }
```

4. 音乐播放服务

完成界面功能以后，下面实现 MusicPlayerService 类，让音乐播放器在后台运行，代码如下所示。

```java
public class MusicPlayerService extends Service {
    public MediaPlayer  player;
    private static final File PATH = Environment.getExternalStorageDirectory();
    public List<String>  musicList;     // 存放所有 MP3 文件的路径
    public int           musicId;        // 将当前播放的音乐在列表中的索引作为 ID
    public String        musicName;
```

```
public MusicPlayerService() {
    super();
    player = new MediaPlayer();
    musicList = new ArrayList<String>();
    try {
        File MUSIC_PATH = new File(PATH, "Music");
        String[] fs = MUSIC_PATH.list();
        MusicNameFilter filter = new MusicNameFilter();

        if (MUSIC_PATH.listFiles(new MusicNameFilter()).length > 0) {
            for (File file : MUSIC_PATH.listFiles(new MusicNameFilter())) {
                musicList.add(file.getAbsolutePath());
            }
        }
    } catch (Exception e) {
        Log.i("TAG", "读取文件异常");
    }
    ...
}
```

在 MusicPlayerService 类的构造函数中，首先通过 MusicNameFilter 类载入外部存储的所有 MP3 文件；然后将 MP3 文件的绝对路径加入 musicList 中，代码如下所示。

```
public class MusicNameFilter implements FilenameFilter {
    public boolean accept(File dir, String name) {
        return (name.endsWith(".mp3"));    // 返回当前文件夹中所有以.mp3 结尾的文件
    }
}
```

在运行程序之前，我们需要将 MP3 文件导入存储路径 MUSIC_PATH：/storage/emulated/0/Music。我们可以在程序中用 Log.v("MUSIC_PATH", file.getAbsolutePath())查看 MP3 文件的绝对路径。如果使用模拟器，也可以用文件浏览器导入和查看 MP3 文件，如图 9-5 所示。

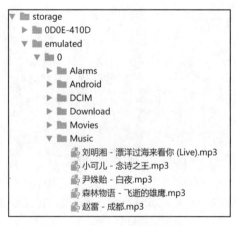

图9-5　导入和查看MP3文件

在 MusicPlayerService 类中，接着实现播放、恢复播放、获取当前进度、上一首、下一首、暂停及停止功能，代码如下所示。

```
public void play() {
    try {
        player.reset();
```

```
            String dataSource = musicList.get(musicId); // 获取当前播放音乐的路径
            setPlayName(dataSource);  // 设置当前播放音乐的名称

            player.setAudioStreamType(AudioManager.STREAM_MUSIC);
            player.setDataSource(dataSource); // 设置播放路径
            player.prepare();
            player.start();

            player.setOnCompletionListener(new MediaPlayer.OnCompletionListener() {
                public void onCompletion(MediaPlayer arg0) {
                    next(); // 音乐播放完毕，自动播放下一首
                }
            });

        } catch (Exception e) {
            Log.v("TAG", e.getMessage());
        }
    }

//继续播放
public void resume(){
    int position = getCurrentProgress();
    player.seekTo(position);   // 恢复当前播放位置
    try {
        player.prepare();
    } catch (Exception e) {
        e.printStackTrace();
    }
    player.start();
}

public int getCurrentProgress() {
    if (player != null & player.isPlaying()) {
        return player.getCurrentPosition();
    } else if (player != null & (!player.isPlaying())) {
        return player.getCurrentPosition();
    }
    return 0;
}

public void next() {
    musicId = musicId == musicList.size() - 1 ? 0 : musicId + 1;
    play();
}

public void last() {
    musicId = musicId == 0 ? musicList.size() - 1 : musicId - 1;
    play();
}

// 暂停播放
public void pause() {
    if (player != null && player.isPlaying()){
```

231

```
            player.pause();
        }
    }

    public void stop() {
        if (player != null && player.isPlaying()) {
            player.stop();
            player.reset();
        }
    }
```

在上述代码中没有给出 setPlayName() 函数的实现，请思考一下，如何获取当前播放音乐的名称？另外，还要在 AndroidManifest.xml 文件中配置服务，代码如下所示。

```
<service
    android:name=".Audio.MusicPlayerService"
    android:enabled="true"
    android:exported="true" />
```

以上代码实现了音乐播放器的主要功能。最后，在运行程序之前，还要设置动态访问权限，请参考第 4 章的内容编写动态权限申请代码。

9.4　实现视频播放功能

在 Android 操作系统中，有 3 种实现视频播放的方式。

（1）使用系统自带的视频播放器，即将 Intent 的 action 指定为 ACTION_VIEW，data 指定为 Uri，type 指定为媒体的 MIME 类型。

（2）使用 VideoView 控件来播放视频，需要在布局文件中添加 VideoView 控件，然后编写视频播放控制函数来控制播放。

（3）使用系统提供的 MediaPlayer 类和 SurfaceView 控件来播放视频。

下面我们用 VideoView 控件来实现一个简易的视频播放器。首先，创建视频播放界面的布局文件，并加入 VideoView 控件，布局代码如下所示。

```
<VideoView
    android:id="@+id/video_view"
    android:layout_width="match_parent"
    android:layout_height="wrap_content"  />
<LinearLayout
    <Button
        android:text="播放"
        android:onClick="play"/>
```

播放的视频文件存放在 SD 卡的根目录下。因为视频文件存放在 SD 卡上，在 MediaActivity 中，要用 getExternalStorageDirectory() 函数来获取外部存储目录。请注意，还要在 AndroidManifest.xml 中设置存储访问权限：

```
<uses-permission Android:name="android.permission.WRITE_EXTERNAL_STORAGE" />
```

如果需要设置动态权限，需要在 MediaActivity 中编写运行时权限申请代码，如下所示。

```
int checkPermission = ContextCompat.checkSelfPermission(MediaActivity.this,
        Manifest.permission.WRITE_EXTERNAL_STORAGE);
if (checkPermission != PackageManager.PERMISSION_GRANTED) {
    ActivityCompat.requestPermissions(MediaActivity.this, new String[]{
```

```
                    Manifest.permission.WRITE_EXTERNAL_STORAGE }, 1);
    } else {
        // 通过视频文件名（绝对路径）创建一个文件
        File file = new File(Environment.getExternalStorageDirectory(), "Androidstudio.
3gp");
    }
    videoView.setVideoPath(file.getPath());
```

视频播放功能很简单，只需要在 3 个函数中分别调用 VideoView 控件的 start()、pause()和 resume()函数，代码如下所示。

```
public void play(View view) {
    if (!videoView.isPlaying()) {
        videoView.start();
    }
}
public void pause(View view) {
    if (videoView.isPlaying()) {
        videoView.pause();
    }
}
public void resume(View view) {
    if (videoView.isPlaying()) {
        videoView.resume();
    }
}
```

运行程序，显示视频播放界面，如图 9-6 所示。

图9-6　视频播放界面

9.5　实现摄像头拍照功能

Android 智能手机都提供了拍照功能，大部分手机的摄像头都支持光学变焦、曝光以及快门等功能。下面我们通过摄像头实现拍照功能，并将拍摄的照片显示在界面上。首先创建拍照界面，界面上包括一个按钮和一张图片，布局代码如下所示。

```
<LinearLayout
    <Button
        android:id="@+id/take_picture"
        android:text="拍照"
        android:textSize="28sp"/>
    <ImageView
        android:id="@+id/picture"
        />
```

在实现拍照功能之前，我们需要先创建一个照片文件，并将其存储在缓存文件夹中，代码如下所示。

```
takePicture.setOnClickListener(new View.OnClickListener() {
```

```
        @Override
        public void onClick(View v) {
            File savePicture = new File(getExternalCacheDir(), "MyPicture.jpg");
            try {
                    if (savePicture.exists()) {
                            savePicture.delete();
                    }
                    savePicture.createNewFile();
                } catch (IOException e) {
                    e.printStackTrace();
            }
        }
```

如果操作系统是 Android 7.0 及以上，则需要调用 FileProvider 的 getUriForFile()函数，将 File 对象转换成 Uri 对象；如果操作系统低于 Android 7.0，则需要调用 Uri 的 fromFile()函数，直接将 File 对象转换成 Uri 对象，Uri 对象指向照片的本地路径。文件操作代码如下所示。

```
if (Build.VERSION.SDK_INT >= 24) {
    // 第2个参数是一个具有唯一性的字符串，第3个参数是用来存储照片的 File 对象
    picUri = FileProvider.getUriForFile(CameraActivity.this,
            "pers.cnzdy.tutorial.fileprovider", savePicture);
} else {
    picUri = Uri.fromFile(savePicture);
}
```

接下来，我们用 Intent 启动摄像头，拍照 Intent 的 action 为 android.media.action. IMAGE_CAPTURE。我们先调用 Intent 的 putExtra()函数，把拍照结果的输出地址存入 Intent；然后打开系统的拍照界面，代码如下所示。

```
Intent Intent = new Intent("android.media.action.IMAGE_CAPTURE");
Intent.putExtra(MediaStore.EXTRA_OUTPUT, picUri);
startActivityForResult(Intent, TAKE_PICTURE);
```

用户拍照完成以后，拍照结果将返回 onActivityResult()函数，通过 BitmapFactory，我们将拍照结果输出到指定的 MyPicture.jpg 文件中，代码如下所示。

```
@Override
protected void onActivityResult(int requestCode, int resultCode, Intent data) {
    switch (requestCode) {
        case TAKE_PICTURE:
            // 如果成功（resultCode = RESULT_OK），就解析出图片，并将其显示在界面上
            if (resultCode == RESULT_OK) {
                try {
                    Bitmap bitmap = BitmapFactory.decodeStream(
                            getContentResolver().openInputStream(picUri));
                    picture.setImageBitmap(bitmap);
                } catch (FileNotFoundException e) {
                    e.printStackTrace();
                }
            }
            break;
        default:
            break;
    }
}
```

FileProvider 是 Android 7.0 新增的一个类，它继承了 ContentProvider 类，因此我们需要在

AndroidManifest.xml 文件中进行注册，代码如下所示。

```
<provider
    android:name="android.support.v4.content.FileProvider"
    android:authorities="pers.cnzdy.tutorial.fileprovider"
    android:exported="false"
    android:grantUriPermissions="true">
    <meta-data
        android:name="android.support.FILE_PROVIDER_PATHS"
        android:resource="@xml/file_provider_paths" />
</provider>
```

注意，android:authorities 的属性值和 getUriForFile()函数的第二个参数要保持一致。
<meta-data>标签用来指定 URI 的共享路径，其中 android:resource 的属性值 file_provider_paths
表示我们创建的 XML 文件。首先，我们在 res 文件夹下，创建一个 xml 子文件夹；然后在 xml
文件夹上单击鼠标右键，选择 New→File，创建 file_provider_paths.xml 文件，其内容如下所示。

```
<?xml version="1.0" encoding="utf-8"?>
    <paths xmlns:Android="http://schemas.Android.com/APK/res/Android">
    <external-path name="my_pictures" path="" />
</paths>
```

file_provider_paths.xml 文件的<external-path>标签用来指定 URI 的共享路径，name 属性设
定为"my_pictures"；path 属性表示共享的路径，设置空值就表示共享整个 SD 卡，当然也可以
只共享存放 MyPicture.jpg 的路径。

最后在模拟器上测试运行效果。我们单击拍照按钮，打开摄像头，拍照，完成后单击确认，
返回拍照界面，在界面上显示拍照结果，如图 9-7 所示。

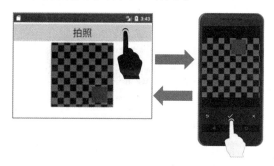

图9-7　在模拟器上测试运行效果

9.6　质感界面设计

"我们作为设计师的机会是学会如何处理错综复杂的事物，而不是逃避它，要意识到设计
的艺术在于让复杂的事情变简单。"

——蒂姆·帕西

用户界面设计是移动终端的重要组成部分，它涉及认知心理学、设计学、语言学等内容，
是一个复杂且融合多个学科知识的工程。手机界面是用户与终端沟通的唯一途径，因此界面要
能够为用户提供方便、有效的服务。

"置于用户控制之下""保持界面的一致性"和"减轻用户的记忆负担"，通常被称为界面
设计的"黄金三原则"。置于用户控制之下要求不强迫用户完成操作步骤，允许交互的中断和

撤销。界面要保持清晰一致，便于用户理解和使用。另外，由于人的短期记忆非常不稳定，因此对用户来说浏览比记忆更容易。

"用户体验设计"相对于界面设计来说包括更广泛的内容，它包括用户界面、交互、视觉、听觉、感知等内容。用户体验设计更注重任务导向，在设计中开发人员需要思考：用户在移动终端上使用应用时会做什么；如何满足用户的个性化需求。

现在手机已经不仅仅是通话终端，它还能够感知环境，提供各种智能化的服务。移动终端能够持续收集来自 GPS、摄像头、麦克风以及各种传感器的数据，并且通过这些数据感知环境的变化，然后做出相应的反应。如手机上的 GPS、陀螺仪，能跟踪用户的位置、方向，了解用户的各种信息，从而识别当前用户的状态。当用户想买物品的时候，应用通过分析当前环境和用户的行为模式，能知道用户在何时、何地需要这种物品。如果现在正在下雨，应用就根据用户习惯推荐购买雨靴。通过持续的数据积累，应用将会给用户带来更为准确、复杂和智能化的服务。

9.6.1 质感设计

2014 年 6 月 25 日，Google 公司在 Google I/O 大会上宣布了新的 Android 界面设计——质感设计。质感设计要求界面与交互在视觉上更符合现实世界的物理反馈法则，如一个小球下落，在真实世界中是一个加速的过程，如果要在 Android 应用界面上显示小球下落的动画，也要有类似现实世界的感觉。质感设计关注界面上实体的光效、表面质感、运动感、实体感、层次、深度、动态效果、与其他物体的叠放逻辑，以及空间合理化利用等。

质感设计提供了与众不同的观感。利用质感设计的 API，我们可以设计具有质感的交互界面。一个质感设计界面的显示效果如图 9-8 所示。

图9-8　一个质感设计界面的显示效果

9.6.2　自定义标题栏

根据质感设计原则，我们首先构造界面上的标题栏。通常标题栏采用 ActionBar，但是 ActionBar 只能位于活动的顶部。因此，我们不采用系统原生的 ActionBar，而是构造一个自定义标题栏，给用户提供操作和导航功能，代码如下所示。

```
<resources>
    <style name="MDesignAppTheme"
           parent="Theme.AppCompat.Light.NoActionBar">
        <item name="colorPrimary">@color/colorPrimary</item>
        <item name="colorPrimaryDark">@color/colorPrimaryDark</item>
        <item name="colorAccent">@color/colorAccent</item>
    </style>
</resources>
```

在 MaterialDesignActivity 的布局文件中，加入 toolbar，布局代码如下所示。

```
<FrameLayout
    ...
    <android.support.v7.widget.Toolbar
        android:id="@+id/toolbar"
        android:layout_width="match_parent"
        android:layout_height="?attr/actionBarSize"
        android:background="?attr/colorPrimary"
        android:theme="@style/ThemeOverlay.AppCompat.Dark.ActionBar"
        app:popupTheme="@style/ThemeOverlay.AppCompat.Light">
    </android.support.v7.widget.Toolbar>
<FrameLayout>
```

请注意，"@" 表示使用固定的样式，它不会跟随主题改变；"？" 表示从主题中查找引用的资源名；命名空间 "app" 用于一些自定义的属性。

在 MaterialDesignActivity 类中，获取 toolbar，将它设为标题栏，代码如下所示。

```
public class MaterialDesignActivity extends AppCompatActivity {
    @Override
    protected void onCreate(Bundle savedInstanceState) {
        super.onCreate(savedInstanceState);
        setContentView(R.layout.activity_material_design);
        Toolbar toolbar = (Toolbar) findViewById(R.id.toolbar);
        setSupportActionBar(toolbar);
    }
}
```

在标题栏上，为了添加一些动作按钮，包括搜索、增加、删除等，我们在 menu 文件夹下创建 toolbar.xml 文件。首先选择 File→New→Menu resource file，打开 New Resource File 对话框，然后设置 XML 文件的名称和保存的文件夹，如图 9-9 所示。

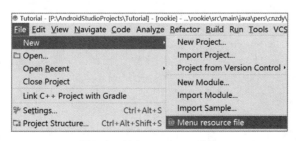

图9-9　创建toolbar.xml文件

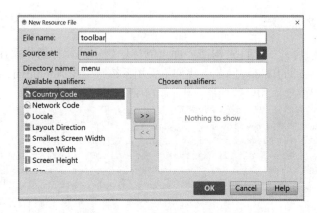

图9-9　创建toolbar.xml文件（续）

接下来，给标题栏增加菜单项，包括"搜索"菜单项和"增加"菜单项，代码如下所示。

```
<menu
    ...
    <item
        android:id="@+id/search"
        android:icon="@drawable/ic_search"
        android:title="搜索"
        app:showAsAction="always" />
    <item
        android:id="@+id/add"
        android:icon="@drawable/ic_add"
        android:title="增加"
        app:showAsAction="ifRoom" />
</menu>
```

在<item>标签中，app:showAsAction 的属性值"always"表示按钮总是显示在标题栏中，如果显示空间不够则不显示；"ifRoom"表示在显示空间足够的情况下，按钮显示在标题栏中，如果显示空间不够就显示在菜单中；另外，也可以将其设置为"never"，表示按钮一直显示在菜单中，不显示在标题栏中。标题栏的按钮只会显示图标，菜单中的按钮只会显示文字。

下面我们来实现菜单功能，当用户单击"搜索"时，弹出一个提示。我们在onCreateOptionsMenu()函数中加入 toolbar，然后重写 onOptionsItemSelected()函数，通过它来处理动作按钮的单击事件，代码如下所示。

```
public boolean onCreateOptionsMenu(Menu menu) {
    getMenuInflater().inflate(R.menu.toolbar, menu);
    return true;
}
@Override
public boolean onOptionsItemSelected(MenuItem item) {
    switch (item.getItemId()) {
        case R.id.search:
            Toast.makeText(this, "搜索", Toast.LENGTH_SHORT).show();
            break;
        ...
        default:
    }
    return true;
}
```

在 AndroidManifest.xml 文件中配置活动时，我们添加一个 android: label 属性，用来在标题栏中显示标题。如果没有指定，则默认使用应用的 android label 属性，也就是应用的名称。用户单击标题栏中的"搜索"按钮，可以看到应用的执行效果，如图 9-10 所示。

```
<activity android:name=".MaterialDesign.MaterialDesignActivity"
    android:label="测试题">
```

图9-10　单击标题栏中的"搜索"按钮

9.6.3　滑动菜单

下面采用质感设计，将在界面上的菜单不显示在主屏幕上，而是通过滑动的方式将隐藏的菜单显示出来。滑动菜单只在用户需要的时候才显示，节省了屏幕空间。实现滑动菜单需要用到 DrawerLayout（抽屉布局）。DrawerLayout 分为侧边菜单和主内容区两部分，侧边菜单提供滑动的展开与隐藏功能；主内容区用来设置菜单项，如用 ListView 控件显示菜单项，它由开发人员实现。

1. DrawerLayout

我们创建 MaterialDesignActivity 活动，在它的布局文件 activity_material_design.xml 中使用 DrawerLayout，布局代码如下所示。

```xml
<?xml version="1.0" encoding="utf-8"?>
<android.support.v4.widget.DrawerLayout
    xmlns:android="http://schemas.android.com/APK/res/android"
    xmlns:app="http://schemas.android.com/APK/res-auto"
    android:id="@+id/slide_menu_drawer_layout"
    android:layout_width="match_parent"
    android:layout_height="match_parent"  >

    <FrameLayout
    android:layout_width="match_parent"
    android:layout_height="match_parent" >
        <android.support.v7.widget.Toolbar
            android:id="@+id/toolbar"
            android:layout_width="match_parent"
            android:layout_height="?attr/actionBarSize"
            android:background="?attr/colorPrimary"
            android:theme="@style/ThemeOverlay.AppCompat.Dark.ActionBar"
            app:popupTheme="@style/ThemeOverlay.AppCompat.Light">
        </android.support.v7.widget.Toolbar>
    </FrameLayout>

    <ImageView
        android:layout_width="match_parent"
```

```
        android:layout_height="match_parent"
        android:layout_centerInParent="true"
        android:layout_gravity="start"
        android:src="@drawable/slide_bird"
        android:background="#FFF"/>

</android.support.v4.widget.DrawerLayout>
```

在 DrawerLayout 中，我们放置了两个控件：第一个控件是 Toolbar，它放在帧布局中，作为主屏幕（主内容区）中显示的内容；第二个控件是一个 ImageView 控件，作为滑动菜单（侧边菜单）中显示的内容，当然也可以使用其他控件。请注意，主内容区的布局代码要放在侧边菜单布局代码的前面，以便 DrawerLayout 能够判断控件是属于侧边菜单还是主内容区。

在设置侧边菜单时，要注意设置控件的 android:layout_gravity 属性，也就是必须告诉 DrawerLayout，侧边菜单在屏幕的左边还是屏幕的右边。其中，指定 "left" 表示在屏幕的左边，指定 "right" 表示在屏幕的右边，指定 "start" 表示根据系统语言自动判断。英语、汉语等从左到右显示的语言，侧边菜单在屏幕的左边；阿拉伯语等从右到左显示的语言，侧边菜单在屏幕的右边。

DrawerLayout 侧边菜单的展开和隐藏事件，通过 DrawerLayout.DrawerListener 来监听，当触发了菜单展开或隐藏事件时，可以更新 Toolbar 菜单或执行其他操作。

2. 侧边菜单的实现

下面在 MaterialDesignActivity 类中实现侧边菜单，代码如下所示。

```
public class MaterialDesignActivity extends AppCompatActivity {
    private DrawerLayout slideMenuDrawerLayout;

    @Override
    protected void onCreate(Bundle savedInstanceState) {
        super.onCreate(savedInstanceState);
        setContentView(R.layout.activity_material_design);

        Toolbar toolbar = (Toolbar) findViewById(R.id.toolbar);
        setSupportActionBar(toolbar);

        slideMenuDrawerLayout = (DrawerLayout)
                findViewById(R.id.slide_menu_drawer_layout);
        ActionBar actionBar = getSupportActionBar();
        if (actionBar != null) {
            // 显示 actionBar 上的导航按钮
            actionBar.setDisplayHomeAsUpEnabled(true);
            // 在 actionBar 上设置导航按钮图标
            actionBar.setHomeAsUpIndicator(R.drawable.ic_menu);
        }
    }

    public boolean onCreateOptionsMenu(Menu menu) {
        getMenuInflater().inflate(R.menu.toolbar, menu);
        return true;
    }

    @Override
    public boolean onOptionsItemSelected(MenuItem item) {
```

```
        switch (item.getItemId()) {
            case android.R.id.home:
                slideMenuDrawerLayout.openDrawer(GravityCompat.START);
            case R.id.search:
                Toast.makeText(this, "搜索", Toast.LENGTH_SHORT).show();
                break;
            case R.id.delete:
                Toast.makeText(this, "删除", Toast.LENGTH_SHORT).show();
                break;
            case R.id.add:
                Toast.makeText(this, "增加", Toast.LENGTH_SHORT).show();
            default:
        }
        return true;
    }
}
```

在 actionBar 上单击按钮时，onOptionsItemSelected()函数将处理按钮的单击事件。HomeAsUp 按钮的 ID 是 android.R.id.home，可以通过它来确定当前单击的按钮（item.getItemId）是否为导航按钮。当单击 HomeAsUp 按钮时，onOptionsItemSelected()函数调用 DrawerLayout 的 openDrawer()函数来显示侧边菜单。openDrawer()函数的参数 Gravity 要与布局文件的 android:layout_gravity 属性一致。在上面的代码中，我们传入参数 GravityCompat.START。

Android 应用为用户提供了两种显示侧边菜单的方式：一种通过滑动来显示菜单；另一种通过单击导航按钮来显示菜单。采用滑动方式显示出侧边菜单以后，再反向滑动菜单或单击侧边菜单以外的区域，就会隐藏侧边菜单，回到主界面。通常情况下，侧边菜单处于隐藏状态，为了让用户知道应用有侧边菜单功能，我们需要给用户一个提示。在界面上，我们通过 actionBar 的导航按钮来提示用户。actionBar 由 Toolbar 实现。Toolbar 最左侧的图标就是用来提示用户的导航按钮，这个按钮又称为 HomeAsUp，如图 9-11（a）所示。当用户单击这个图标，就会显示侧边菜单，如图 9-11（b）所示。

（a）主内容区　　　　　　　　　　　　（b）侧边菜单

图9-11　侧边菜单显示效果

241

3. 侧边栏控件

在侧边菜单中我们使用系统提供的侧边栏控件 NavigationView 来显示更多的菜单选项。NavigationView 是 Design Support 库中提供的一个控件。它按照质感设计的要求设计，用于与侧边菜单交互。在使用 NavigationView 控件之前，需要将 Design Support 库引入项目中。我们在 Android Studio 中打开 app/build.gradle 文件，在 dependencies 闭包中添加 Design Support 库，代码如下所示。

```
dependencies {
    compile fileTree(dir: 'libs', include: ['*.jar'])
    compile 'com.android.support:appcompat-v7:24.2.1'
    testCompile 'junit:junit:4.12'
    compile 'com.android.support:design:24.2.1'
    compile 'de.hdodenhof:circleimageview:2.1.0'
}
```

在 Design Support 库的下面，我们还引用了一个开源库 CircleImageView，用它来显示圆形图片。接下来，我们修改 MaterialDesignActivity 的布局文件 activity_material_design.xml，删除原来的<ImageView>标签，添加 NavigationView 控件，代码如下所示。

```
<android.support.design.widget.NavigationView
    android:id="@+id/slide_view"
    android:layout_width="match_parent"
    android:layout_height="match_parent"
    android:layout_gravity="start"
    app:menu="@menu/slide_menu"
    app:headerLayout="@layout/slide_header"/>
```

在 NavigationView 控件上，显示一个头部信息（app:headerLayout）和一个菜单列表（app:menu）。以 QQ 的侧边菜单为例，在头部显示用户的各项信息，而下方的菜单列表显示各种菜单选项，如图 9-12 所示。

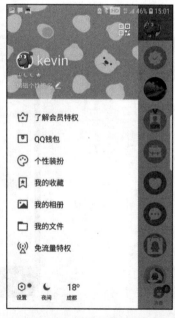

图9-12　QQ的侧边菜单

4. headerLayout

headerLayout 用来设置头部信息的布局，它可以根据用户的需要进行定制。在 headerLayout 中，我们放置了头像、用户昵称和邮箱地址 3 项内容。头像图片存放在 drawable 文件夹下。首先，我们在 layout 文件夹上单击鼠标右键，选择 New→Layout resource file，创建头部的布局文件 slide_header.xml；然后，添加 CircleImageView 控件和 TextView 控件，以显示头像、用户昵称和邮箱地址，布局代码如下所示。

```xml
<?xml version="1.0" encoding="utf-8"?>
<RelativeLayout xmlns:android="http://schemas.android.com/APK/res/android"
    android:layout_width="match_parent" android:layout_height="180dp"
    android:padding="10dp"
    android:background="?attr/colorPrimary">

    <de.hdodenhof.circleimageview.CircleImageView
        android:id="@+id/icon_image"
        android:layout_width="70dp"
        android:layout_height="79dp"
        android:src="@drawable/slide_icon"
        android:layout_centerInParent="true"/>

    <TextView
        android:id="@+id/username"
        android:layout_width="wrap_content"
        android:layout_height="wrap_content"
        android:layout_alignParentBottom="true"
        android:text="******@126.com"
        android:textColor="#FFF"
        android:textSize="14sp"/>

    <TextView
        android:id="@+id/quiz_textview"
        android:layout_width="wrap_content"
        android:layout_height="wrap_content"
        android:layout_above="@id/username"
        android:text="菜鸟总动员"
        android:textColor="#FFF"
        android:textSize="14sp" />
</RelativeLayout>
```

在布局文件中，最外层是 RelativeLayout，android:layout_width 属性设为 match_parent，android:layout_height 属性设为适合 NavigationView 控件的高度，并指定背景颜色为 colorPrimary。CircleImageView 控件将图片圆形化，将其设置为居中显示。

5. menu 资源

创建 menu 资源文件用于显示头部下面的菜单列表。首先，我们选择多张图片作为菜单选项的图标，并将它们存放在 drawable 文件夹下；接着，在 res\menu 文件夹上单击鼠标右键，选择 New→Menu resource file，创建菜单列表文件 slide_menu.xml，并添加多个菜单选项，代码如下所示。

```xml
<?xml version="1.0" encoding="utf-8"?>
<menu xmlns:android="http://schemas.android.com/APK/res/android">
    <group android:checkableBehavior="single">
        <item
```

```
                android:id="@+id/slide_multichoice"
                android:icon="@drawable/ic_multichoice"
                android:title="选择题"/>
        <item
                android:id="@+id/slide_trueorfalse"
                android:icon="@drawable/ic_trueorfalse"
                android:title="判断题"/>
        <item
                android:id="@+id/slide_blankfilling"
                android:icon="@drawable/ic_blankfilling"
                android:title="填空题"/>
        <item
                android:id="@+id/slide_shortanswer"
                android:icon="@drawable/ic_shortanswer"
                android:title="简答题"/>
        <item
                android:id="@+id/slide_calculation"
                android:icon="@drawable/ic_calculation"
                android:title="计算题"/>

        <item
                android:id="@+id/slide_program"
                android:icon="@drawable/ic_program"
                android:title="程序题"/>
    </group>
</menu>
```

<menu>标签又嵌套了组标签<group>，<group>表示一个菜单组。我们将<group>标签的 android:checkableBehavior 属性指定为 single，它表示组中的所有菜单项只能单选。菜单列表中一共有 6 个菜单项，分别指定它们的 android:id 属性（菜单项的 ID）、android:icon 属性（菜单项的图标）和 android:title 属性（菜单项显示的文字）。

6. 菜单项选中处理

menu、headerLayout 和 NavigationView 设置好以后，还需要在 MaterialDesignActivity 中添加 NavigationView 控件的相关代码，如下所示。

```
@Override
protected void onCreate(Bundle savedInstanceState) {
    ...
    NavigationView navView = (NavigationView) findViewById(R.id.slide_view);
    navView.setCheckedItem(R.id.slide_multichoice);
    navView.setNavigationItemSelectedListener(new
    NavigationView.OnNavigationItemSelectedListener() {
        @Override
        public boolean onNavigationItemSelected(MenuItem item) {
            slideMenuDrawerLayout.closeDrawers();
            return true;
        }
    });
}
```

首先，我们获取 NavigationView 对象，然后调用它的 setCheckedItem()函数将"选择题"菜单项设为选中状态。接着，调用 setNavigationItemSelectedListener()函数来设置菜单项选中事件的监听器。当用户单击了菜单项，监听器就会回调 onNavigationItemSelected()函数，执行相应的逻辑处理。此外，在onNavigationItemSelected()函数中还调用了 DrawerLayout 的 closeDrawers()
函数来关闭菜单。现在重新运行程序，单击标题栏左侧的导航按钮，显示效果如图 9-13 所示。

图9-13 显示效果

通过以上代码，我们实现了侧边菜单功能。作为质感设计的一种界面设计，侧边菜单为移
动应用的开发人员提供了很好的设计理念。只要遵循质感设计的各种规范和建议来构造应用，
我们就能创建统一、美观的界面。

9.7 本章小结

移动终端的一个重要功能是感知外部环境。本章重点介绍了 Android 应用通过传感器获取
环境信息的方法和 Android 操作系统的定位功能。另外，还讨论了常用的音频播放、视频播放
和摄像头拍照处理技术。对于 Android 新的界面设计规范质感设计，讨论了如何将真实世界的
体验带入移动应用。

现在随着智能化的发展，界面设计更加专注于用户体验，提倡满足用户的个性化需求。
Android 操作系统内置的定位功能，结合用户的地理位置、行为习惯、交通状况及时间表等信
息，能够为用户提供各种与位置相关的服务。而摄像头作为获取图像和视频的设备，在应用中
不仅能够拍照，还能够识别物体、辅助购物，从而实现智能化的服务。

9.8 习题

1. 编程实现手电筒和指南针功能。
2. 如何获得位置提供器，需要使用哪些类和函数？

3. 如何在电子地图上显示当前所在的位置？

4. 如何调用摄像头实现拍照功能？

5. 给出具有音乐播放功能和录制功能的应用设计框架。

6. 在音乐播放器中，通过 TextView 控件显示当前播放音乐的信息，包括音乐名称、音乐长度以及当前播放时间。在界面中，编写 setPlayInfo()函数，通过 TextView 控件显示上述信息。

7. 简述质感设计的基本原理。

8. 编程实现侧边菜单功能，将菜单设置为右边滑动。

9. Android 操作系统如何处理触摸事件？举例说明具体的处理方式。

10. Android 应用如何播放网络上的多媒体文件？

11. 列举出 Android 应用实现视频播放的 3 种方式。

12. Android 操作系统中有哪些实现动画的方式？

10 第10章 操作系统与通信

本章介绍 Android 操作系统的架构和底层的进程间通信方式。Android 操作系统的架构设计简化了组件的重用，而且通过对各个组件的协调处理，进一步提升了操作系统的灵活性。在组件通信方面，Android 提供了多种进程间通信方式，本章将讨论 Binder、Android 接口定义语言（Android Interface Definition Language，AIDL）和 Bundle 等。

本章的重点是掌握 Android 操作系统架构中各个层次的功能和作用，理解其底层各个组件的使用方法；难点是理解进程间通信的基本原理，理解 Binder、AIDL 和 Bundle 的通信方式，认识它们之间的区别和联系。

10.1 Android操作系统的架构

Android 是基于 Linux 内核的操作系统。Android 操作系统的架构和 Linux 一样，采用了分层的方式，一共有 4 个层，从高到低分别是应用层、应用程序框架层、系统运行库层及硬件抽象层和内核层，如图 10-1 所示。

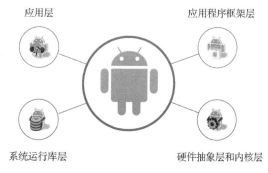

应用层　　　　　　　　　　应用程序框架层

系统运行库层　　　　　硬件抽象层和内核层

图10-1　Android操作系统的架构

1. 应用层

Android 包含许多应用程序（Application），如电话拨号程序（Dialer）、短信程序（SMS/MMS）、联系人（Contacts）、电子邮件（Email）、日历（Calendar）、浏览器（Browser）、照片（Photo Album）、媒体播放器（Media Player）、闹钟（Clock）等，如图 10-2 所示。

这些应用程序都采用 Java 编写，并且没有固化在系统内部，可以被开发人员开发的其他应用所替代，因此能更好地满足用户的个性化需求。

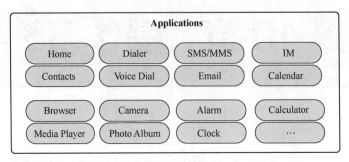

图10-2　应用层

2. 应用程序框架层

应用程序框架（Application Framework）是 Android 开发的基础，它采用组件设计模式，方便开发人员重用。应用程序框架层包含的组件如图 10-3 所示。开发人员可以直接使用这些组件，也可以通过继承来扩展其功能。

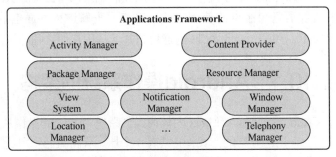

图10-3　应用程序框架层

应用程序框架包括一系列的服务和管理器，其中活动管理器（Activity Manager）管理各个活动的生命周期和运行方式；内容提供器（Content Provider）让不同应用可以共享数据；包管理器（Package Manager）用来获取 Android 操作系统中应用的信息；资源管理器（Resource Manager）管理应用使用的各种资源；视图系统（View System）包括列表、网格、文本框、按钮等界面元素。此外，还有很多不同功能的管理模块为上层应用提供 API。应用程序框架一般由 Java 编写。

3. 系统运行库层

系统运行库层包括两个部分，一个是程序库（Library），另一个是 Android 运行时（Android Runtime）环境，如图 10-4 所示。

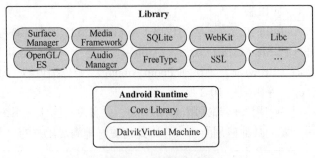

图10-4　系统运行库层

系统运行库大多使用 C 和 C++编写。程序库主要包括基本的 C 库、多媒体库、2D 和 3D 图形引擎、浏览器引擎、本地数据库等。Android 运行时环境又分为核心库（Core Library）和 Dalvik 虚拟机（Dalvik Virtual Machine）。核心库包含 Android 的一些核心 API，如 Android.os、Android.net、Android.media 等。Dalvik 虚拟机负责解释和执行应用生成的 Dalvik 格式的字节码。每一个 Android 应用都拥有 Dalvik 虚拟机实例。相比传统的虚拟机，它是一种基于寄存器的 Java 虚拟机，并且针对移动终端做了优化处理。Android 4.4 以后的操作系统开始使用 ART 虚拟机。Dalvik 虚拟机采用即时编译技术，而 ART 虚拟机采用预编译技术。ART 虚拟机极大地提升了应用的启动速度。

4. 硬件抽象层和内核层

硬件抽象层（Hardware Abstraction Layer）是对 Linux 内核驱动程序的封装，以屏蔽系统底层的实现细节，如图 10-5 所示。

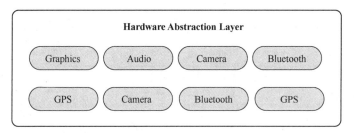

图10-5　硬件抽象层

Linux 内核源代码版权遵循 GNU 证书，它要求在发布产品时必须公开源代码；而硬件厂商从商业的角度考虑不希望公开源代码，只提供驱动程序的二进制代码。因此，Android 操作系统把支持硬件的所有代码都放在硬件抽象层，不再依赖于某个具体的硬件驱动，而只依赖于硬件抽象层代码。这样，第三方厂商就可以将自己的二进制代码封装在硬件抽象层，而不需要公开源代码。通过这种方式，让 Android 操作系统和底层的驱动分离，并通过硬件抽象层向上提供接口，屏蔽了底层的实现细节。

Android 操作系统的 Linux 内核层依赖于 Linux 2.6 内核，包含的核心服务有内存管理模块、进程管理模块、网络模块以及各个驱动模块，如图 10-6 所示。

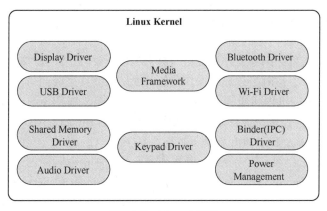

图10-6　Linux内核层

此外，在进程通信方面，虽然 Linux 操作系统提供了多种进程间通信方式，但是 Android

操作系统还是构建了自己的进程间通信方式，如 Binder。

把以上 4 个层放在一起就构成了 Android 操作系统的架构，如图 10-7 所示。

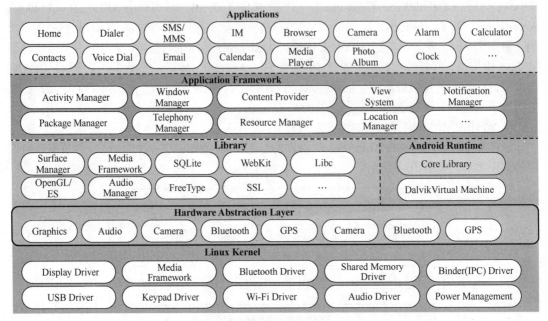

图10-7　Android操作系统的架构

从架构上来看，Android 操作系统给应用开发人员提供了一个框架，所有应用开发都必须遵守这个框架，开发人员就在这个框架上扩展自己的应用。

10.2　Android操作系统的进程间通信

进程间通信或者跨进程通信（Inter-Process Communication，IPC）是指两个进程之间进行数据交换的过程。操作系统都有自己的 IPC 机制，如 Windows 操作系统通过剪贴板、管道（Pipe）等进行进程间通信；Linux 操作系统提供的进程间通信方式包括管道、信号（Signal）和跟踪（Trace）、消息队列（Message）、共享内存（Share Memory）及信号量（Semaphore）等。

Android 是基于 Linux 内核的操作系统。在 Linux 操作系统中，每个进程在一个独立的内存中完成各自的任务，进程之间不允许直接访问对方的数据。但是，有时进程间也需要传递数据或者委托完成某些任务，这时必须通过操作系统的底层来间接完成通信。

Android 操作系统的进程间通信方式并不完全来自 Linux 操作系统，它构建了自己的进程间通信方式。Android 操作系统提供的进程间通信方式包括 Binder、AIDL、Bundle、共享文件、Messenger、内容提供器及 Socket（套接字）等。

Binder 可翻译为黏合剂。作为 Android 操作系统的一种进程间通信方式，它用于"黏合"两个不同的进程。从 Android 操作系统框架的角度来看，Binder 是 ServiceManager 连接各种管理器和相应服务的桥梁。从 Android 应用层来说，Binder 是客户端和服务器进行通信的媒介。当调用 BindService 时，服务器会返回一个 Binder 对象，通过这个对象，客户端可以获取服务器提供的数据或服务，服务包括普通服务和基于 AIDL 的服务。

AIDL 是 Android 内部进程通信的接口描述语言。通过 AIDL 服务器可以处理大量并发请求，也可以实现跨进程的方法调用。AIDL 支持一对多并发通信，并且支持实时通信，但实现较为复杂。

Bundle 实现了 Parcelable 接口，可以在不同的进程间传输数据。Android 操作系统的 4 大组件中的活动、服务、广播接收器都可以通过 Intent 传递 Bundle 数据。

采用共享文件方式通信，两个进程可以通过读/写同一个文件来交换数据，如 P 进程把数据写入文件，Q 进程通过读取这个文件来获取数据。由于 Android 操作系统的并发读/写没有限制，当多个进程对同一个文件进行写操作时，会导致数据异常。共享文件方式适用于交换简单的数据，不适合高并发场景，并且无法实现进程间即时通信。

Messenger 是一种轻量级的 IPC 方式，它的底层通过 AIDL 来实现。由于 Messenger 采用串行处理方式，一次处理一个请求，因此在服务器不需要考虑线程同步的问题，而服务器也不能执行并发操作。Messenger 就像邮递员，它在不同进程中传递"信件"（Message 对象），只要将需要传递的数据放入 Message 对象，即可实现进程间数据传输。Messenger 常用于低并发的一对多即时通信，但是不能很好地处理高并发情况，而且也不支持远程过程调用（Remote Procedure Call，RPC）。

内容提供器用于不同应用间的数据共享，其底层实现使用了 Binder。因为系统对数据共享做了封装，内容提供器的使用方式比 AIDL 更简单，开发人员不需要复杂的编程也可以实现进程间数据共享。内容提供器主要以表格的形式组织数据，它对底层的数据存储方式没有任何要求，既可以使用 SQLite 数据库，也可以使用文件，甚至可以使用内存中的对象。

Socket 是一种常用的网络通信机制，常用的有流式 Socket（SOCK_STREAM）和数据报 Socket（SOCK_DGRAM）两种，它们分别对应网络传输层中的 TCP 和 UDP。Socket 主要用于网络和本机进程间的低速通信，其特点是开销较大，传输效率较低。Socket 实现细节比较复杂。

10.3　Binder

Android 操作系统基于 Linux 内核，而 Linux 操作系统已经提供了管道、消息队列、共享内存及 Socket 等多种进程间通信方式，但为什么 Android 操作系统还要设计新的进程间通信方式，如用 Binder 来实现 IPC？其主要的原因是大多数移动终端的电源和资源有限，需要更高效的通信方式。因此，综合考虑各方面因素，下面我们从性能、安全性和稳定性 3 个方面来分析 Android 操作系统建立自身通信机制的必要性。

在性能方面，消息队列和管道采用存储-转发方式，完成传输至少需要两次复制过程，即数据先从发送方缓存区复制到内核缓存区，然后从内核缓存区复制到接收方缓存区。共享文件方式对传输数据的文件格式没有限制，但是由于并发读/写的问题，共享文件方式适用于对数据同步要求不高的进程之间进行通信。Socket 通信，由于传输效率低，开销大，主要用于跨网络的进程间通信和本机进程间的低速通信。

在安全性方面，传统的 IPC 依赖上层协议来确保传输安全。由于 IPC 的接收方无法获得对方进程的用户 ID（User ID，UID）和进程 ID（Process ID，PID），因此无法鉴别对方身份。虽然可以让用户在数据包中写入 UID 和 PID 来鉴别身份，但这种方式容易被恶意程序篡改，因此需要 IPC 在内核中对身份标记进行管理。另外，由于传统 IPC 开放访问 AP，如命名管道的名称、Socket 的 IP 地址、共享文件名都是开放的，因此无法建立私有通信通道。

在稳定性方面，采用共享内存方式，系统不需要执行数据复制，传输效率高，但其控制操作复杂，难以使用。而采用客户端与服务器架构完成进程间通信，客户端（进程 A）和服务器（进程 B）相互独立，通信方式架构清晰、职责明确、稳定性好。

10.3.1 Binder机制

Android 建立了一套新的 IPC 机制——通过 Binder 机制来满足系统对性能、安全性和稳定性的要求。在传输过程中，Binder 只执行一次数据复制，在性能上仅次于共享内存。在安全性上，Binder 在底层为发送方添加 UID/PID 身份，既支持实名 Binder，又支持匿名 Binder，增强了通信的安全性。Binder 采用面向对象的设计思想，以客户端与服务器模式进行通信，服务器提供某个特定服务的访问 AP，客户端通过访问 AP（服务地址）向服务器发送请求，并使用该服务。对客户端来说，Binder 是通向服务器的管道入口，如果要和某个服务器通信，必须建立这个管道，并获得管道入口。

Android 应用由多个组件（活动、服务、广播接收器及内容提供器等）构成。当这些组件运行在不同的进程时，IPC 依赖于 Binder 机制，其通信方式如图 10-8 所示。

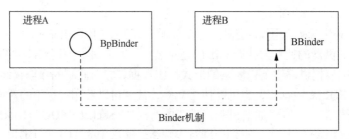

图10-8 通信方式

进程 A 中的 BpBinder 表示"Binder 的代理"，用于向服务器发送请求；进程 B 中的 BBinder 表示"Binder 的响应方"，主要用于提供响应服务。此外，Android 应用层提供的各种服务，如 ActivityManagerService、PackageManagerService 等，都是在 Binder 的基础上实现的。

Android 操作系统的 IPC 类似于面向对象的调用方式。在通信时，系统先获取某个 Binder 对象的引用，然后调用该对象的函数。Binder 对象是一个可以跨进程引用的对象，它提供一组函数来为客户端提供服务，其实体位于一个服务器进程（Server）中。在客户端中，我们可以通过 Binder 引用来访问服务器。客户端的 Binder 引用就像指向这个 Binder 对象的"指针"，一旦获取了这个"指针"，就可以调用该对象的函数来访问服务器。对开发人员来说，通过 Binder 引用调用服务器提供的函数和通过指针调用任何本地对象的函数一样，只是前者的实体位于远端服务器，而后者的实体位于本地内存。Binder 引用也可以从一个进程传给另一个进程，就像把一个对象的引用赋值给另一个对象的引用一样。通过这种方式，多个进程就可以通过 Binder 引用，访问同一个服务器。而对 Binder 对象来说，它的引用将出现在系统的各个进程之中。

从通信的角度来说，客户端 Binder 可以看作服务器 Binder 的"代理"，它在本地代表远端服务器，为客户端提供服务。Binder 通信方式消除了进程边界，简化了通信过程，整个系统就像运行在一个程序中，而 Binder 对象及其引用就是"黏合"各个应用的"胶水"。

10.3.2 Binder的结构

从结构上来看，Binder 由四个部分组成，分别是：Binder 客户端、Binder 服务端、Binder

驱动和 ServiceManager 模块。从架构上来看，Binder 体系分为四层，从下往上分别是：Kernel 层、Native 层、JNI 层和 Framework 层。Binder 的整体架构如图 10-9 所示。

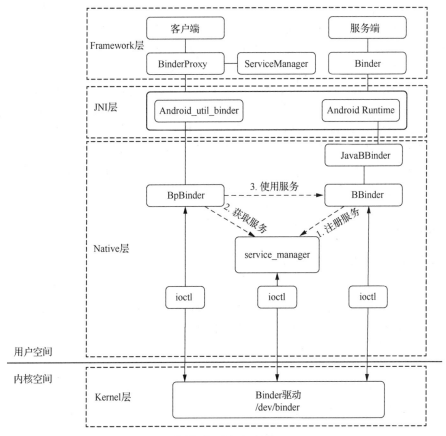

图10-9　Binder结构

Kernel 层是 Binder 驱动，它运行在内核空间，是进程通信的核心组件。Binder 驱动负责建立进程之间的通信，在进程之间传递 Binder，管理 Binder 的引用计数，在进程间传递数据包和执行交互等一系列底层操作。

Native 层构造了完整的 C/S 通信架构，其中 BpBinder 作为客户端，BBinder 作为服务端，Service Manager 提供辅助管理的功能。在 Native 层，Binder 以 ioctl（设备驱动程序中管理设备 I/O 通道的函数）方式与内核层的 Binder 驱动进行通信。Binder 驱动在内核中创建 Binder 实体节点以及实体引用；同时，将 Binder 的名字以及新建的引用，打包传递给 ServiceManager。

JNI 层类似于一个中转站，最上面的 Framework 层通过该层提供的 JNI 技术（android_util_Binder 等）来调用 Native（C/C++）层的 Binder 接口。

在 Framework 层，Android 系统对 Binder 的底层操作进行了封装，同样建立了镜像功能的 C/S 通信架构，对应的客户端、服务端和 Service Manager 运行在用户空间。Framework 层的 Binder 功能通过 Native 层的 Binder 来完成。BinderProxy 类是 Binder 类的一个内部类，它代表远程进程的 Binder 对象的本地代理。

Android 系统已经实现了 Binder 驱动程序和 ServiceManager，在应用开发时，我们只需要编写客户端和服务端代码。

ServiceManager 是一个守护进程，它用于管理系统中的各个服务器，向客户端提供查询服务器接口的能力，并且将字符形式的 Binder 名字转换为 Binder 引用。服务器向 ServiceManager 注册了 Binder 实体及其名字以后，客户端就可以通过名字获得该 Binder 的引用。这时 Binder 有两个引用：一个位于 ServiceManager，另一个位于发起请求的客户端。当有其他的客户端请求该 Binder 时，系统中就会有多个引用指向该 Binder，就像 Java 程序中一个对象有多个引用；而且只要系统中存在 Binder 引用，系统就不会释放 Binder 实体。

ServiceManager 与其他进程一样，也是采用 Binder 进行通信。ServiceManager 是服务器，它有自己的 Binder 实体；而其他进程都是客户端，需要通过 Binder 引用来完成 Binder 的注册、查询和获取。ServiceManager 的 Binder 比较特殊，它没有名字，也不需要注册。Binder 引用在所有客户端中都固定为 0 号引用，无须通过其他方式来获取。如果一个作为服务器的进程向 ServiceManager 发起注册请求，它的 Binder 需要通过 0 号引用与 ServiceManager 的 Binder 通信。这时，进程虽然也提供服务，但相对于 ServiceManager，它仍然作为客户端。0 号引用就像域名服务器的地址，需要预先手动或动态配置。而作为客户端的进程也通过保留的 0 号引用，向 ServiceManager 请求访问某个 Binder，如申请获取名字为"IQuiz"的 Binder 引用。

10.3.3 Binder的工作模式

在 Binder 的工作过程中，系统为客户端和服务器分别设置了一个代理：客户端代理 Proxy 和服务器代理 Stub。进程 A 中的 Proxy 和进程 B 中的 Stub，通过 Binder 驱动和 ServiceManager 进行数据传输，即服务器和客户端直接调用 Proxy 和 Stub 的接口以打包和解包的方式来传输数据，如图 10-10 所示。

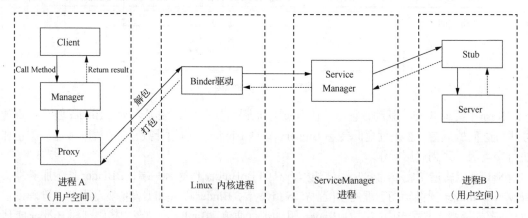

图10-10　Binder的工作过程

ServiceManager 是第一个启动的服务，其他服务进程启动后，需要在 ServiceManager 中进行注册。ServiceManager 收到客户端的连接请求后，从请求数据包中获取 Binder 的名字，并在查找表里找到该名字对应的条目，从条目中取出 Binder 引用，将该引用发送给发起请求的客户端。

客户端可以通过 ServiceManager 来获取服务器的服务列表。当客户端调用服务器的函数时，需要通过 Proxy 来调用。ServiceManager 屏蔽了 Binder 的实现细节，因此客户端不需要知道 Binder 的具体工作模式。

在 Android 操作系统中有两种 Binder，分别是实名 Binder 和匿名 Binder。

实名 Binder 是向 ServiceManager 注册了名字的 Binder，就像互联网上的网站除了 IP 地址以外，还有自己的网址。如果是实名 Binder，服务器在创建 Binder 实体后，会给它赋予一个容易记忆的名字，并将这个 Binder 连同它的名字，以数据包的形式通过 Binder 驱动发送给 ServiceManager。而且，服务器会通知 ServiceManager 注册这个带有名字的 Binder。ServiceManager 在收到数据包以后，从中取出 Binder 的名字和引用填入一张查找表中。

匿名 Binder 是没有向 ServiceManager 注册名字的 Binder。当系统已经建立了某个 Binder 通信连接，并返回 Binder 引用时，Binder 驱动将保存这个 Binder 实体的各种数据。服务器可以把该 Binder 的引用传递给某个客户端，而客户端得到的这个 Binder 称为匿名 Binder，因为这个 Binder 没有向 ServiceManager 注册名字。通过该匿名 Binder 的引用，客户端也可以向服务器中的实体发送请求。匿名 Binder 为通信进程建立了一条私密通道，只要服务器不把匿名 Binder 发送给其他进程，其他进程就无法通过猜测或穷举等方式来获取该 Binder 引用，从而无法请求服务。请注意，相对于匿名 Binder，系统已经建立的 Binder 连接必须通过实名 Binder 来实现。

10.4 通信接口描述语言

AIDL 是 Android 操作系统定义的接口描述语言，用于定义服务端和客户端之间的通信接口。为避免开发人员重复编写代码，AIDL 可以生成用于进程间通信的代码。它通过类似模板的方式来生成接口的实例代码。

AIDL 语法与 Java 语法类似，支持基本的数据类型，包括 byte、char、short、int、long、float、double、boolean，其他支持的数据类型包括 String、CharSequence、List、Map，以及实现 Parcelable 接口的数据类型。List 和 Map 中存放的数据类型必须是 AIDL 支持的数据类型，或是其他已声明的 AIDL 类型。

AIDL 文件以.aidl 结尾，又分为两类：

（1）声明实现了 Parcelable 接口的数据类型（非默认支持的数据类型），以供其他 AIDL 文件使用；

（2）声明服务接口，定义接口方法，供客户端使用。

在服务接口中，定向 Tag 表示 IPC 中数据的流向，包括 in、out、inout 这 3 种流向方式。in 表示数据只能由客户端流向服务器；out 表示数据只能由服务器流向客户端，并且服务器获取到数据以后，对该数据的任何操作，都会同步到客户端；而 inout 表示数据可以在服务器与客户端之间双向流通。在服务接口的方法中，如果参数的类型为基本数据类型、String、CharSequence 或者其他 AIDL 文件定义的类型，那么参数的定向 Tag 默认为 in。除了这些类型以外，其他参数都需要明确标注使用哪种定向 Tag。另外，在 AIDL 文件中，需要标注引用数据类型的包名。即使两个 AIDL 文件都处于同一个包下，也需要标注包名。

下面我们通过 Quiz 示例来说明 AIDL 的使用方法。Quiz 服务器接收客户端请求，提供查询 Quiz 列表的功能，并且客户端可以通过接口向服务器添加新的题目。

10.4.1 服务器

实现服务器的第一步是编写 AIDL 文件，将客户端的请求抽象为接口；然后编写服务处理客户端请求，提供调用接口，并且返回 Binder；最后，还需要在 AndroidManifest.xml 文件中配置服务，将服务告知系统。

接下来，我们创建项目 IPCServer，包名定义为 pers.cnzdy.ipcserver；同时，在服务端创建一个 Quiz 类。因为 Quiz 类在服务器和客户端都要用到，所以需要在 AIDL 文件中声明 Quiz 类。请注意，我们需要先创建 Quiz.aidl 文件，然后创建 Quiz 类，以避免出现类名重复，导致无法创建文件的问题。创建时，在包名上单击鼠标右键，创建一个 AIDL 文件，将其命名为 Quiz，如图 10-11 所示。

图10-11　创建Quiz.aidl文件

系统会默认创建一个 aidl 文件夹，它的子文件夹是项目的包 pers.cnzdy.ipcserver，包下面是 Quiz.aidl 文件，如图 10-12 所示。

图10-12　Quiz.aidl文件

在 Quiz.aidl 文件中，会生成一个默认的函数 basicTypes()，我们把它删除，并且修改 Quiz.aidl，改为声明 Quiz 类（Parcelable 接口的数据类型）。修改后 Quiz.aidl 文件的代码如下所示。

```
pers.cnzdy.ipcserver
parcelable Quiz;
```

现在我们定义 Quiz 类，它包含一个 statement（题干）属性，并实现了 Parcelable 接口，代码如下所示。

```
public class Quiz implements Parcelable {
    private String statement;
```

```java
    public Quiz(String statement) {
        this.statement = statement;
    }

    protected Quiz(Parcel in) {
        statement = in.readString();
    }

    @Override
    public void writeToParcel(Parcel dest, int flags) {
        dest.writeString(statement);
    }

    @Override
    public int describeContents() {
        return 0;
    }

    public static final Creator<Quiz> CREATOR = new Creator<Quiz>() {
        @Override
        public Quiz createFromParcel(Parcel in) {
            return new Quiz(in);
        }

        @Override
        public Quiz[] newArray(int size) {
            return new Quiz[size];
        }
    };

    public String getStatement() {
        return statement;
    }

    public void setStatement(String statement) {
        this.statement = statement;
    }

    @Override
    public String toString() {
        return "Quiz statement: " + statement;
    }

    public void readFromParcel(Parcel dest) {
        statement = dest.readString();
    }
}
```

服务器给客户端提供两项服务，包括获取 Quiz 列表和新增 Quiz，对应的两个函数定义在 IQuiz.aidl 文件中，代码如下所示。

```java
package pers.cnzdy.ipcserver;
import pers.cnzdy.ipcserver.Quiz;
```

```
interface IQuiz {
    List<Quiz> getQuizList();
    void addQuiz(inout Quiz quiz);
}
```

编译以后，系统将根据 AIDL 文件来生成代码，我们可以在 generated 文件夹中查看系统生成的代码，如图 10-13 所示。另外，在进程通信中会用到自动生成的静态抽象类 Stub。

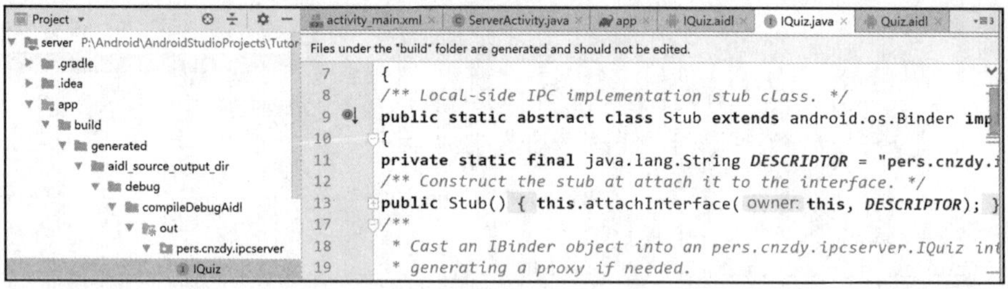

图10-13　系统生成的代码

10.4.2　服务类

然后我们创建 QuizService 类，为客户端提供服务，代码如下所示。

```
public class QuizService extends Service {
    private final String TAG = "Server";
    private List<Quiz> QuizList;

    public QuizService() {
    }

    @Override
    public void onCreate() {
        super.onCreate();
        QuizList = new ArrayList<>();
        initData();
    }

    private void initData() {
        Quiz Quiz1 = new Quiz("简述 Intent 过滤器的定义和功能。");
        Quiz Quiz2 = new Quiz("说明 Handler 异步消息处理的流程。");
        Quiz Quiz3 = new Quiz("简述 Service 的基本原理和用途。");
        Quiz Quiz4 = new Quiz("简述移动计算的主要特点。");
        Quiz Quiz5 = new Quiz("什么是多路复用？解释频分、时分和码分多路复用。");
        Quiz Quiz6 = new Quiz("简述竞争信道的工作过程。");

        QuizList.add(Quiz1);
        QuizList.add(Quiz2);
        QuizList.add(Quiz3);
        QuizList.add(Quiz4);
        QuizList.add(Quiz5);
        QuizList.add(Quiz6);
    }

    private final IQuiz.Stub stub = new IQuiz.Stub() {
        @Override
```

```
public List<Quiz> getQuizList() throws RemoteException {
    return QuizList;
}

@Override
public void addQuiz(Quiz quiz) throws RemoteException {
    if (quiz != null) {
        Log.e(TAG, "服务器新增一道题目");
        QuizList.add(quiz);
    } else {
        Log.e(TAG, "接收到一个空对象");
    }
}

};

@Override
public IBinder onBind(Intent intent) {
    return stub;
}
}
```

由于服务器的服务需要客户端远程绑定，以便客户端能找到这个服务。因此，我们要在 AndroidManifest.xml 文件中定义服务，并设置<intent-filter>标签。<intent-filter>的 action 需要指定包名（pers.cnzdy.ipcserver）。配置代码如下所示。

```
<service android:name=".QuizService"
    android:enabled="true"
    android:exported="true">
    <intent-filter>
        <action android:name="pers.cnzdy.ipcserver.action" />
        <category android:name="android.intent.category.DEFAULT" />
    </intent-filter>
</service>
```

10.4.3 客户端

接着我们编写客户端代码。首先创建 IPCClient 项目，包名为 pers.cnzdy.ipcclient。然后，复制服务器的整个 aidl 文件夹，将其粘贴到 IPCClient 项目文件夹下，其中 aidl 文件夹和 java 文件夹同级，如图 10-14 所示。

图10-14 复制服务器的整个aidl文件夹

259

另外，我们还要把服务器的 Quiz 类也复制到 IPCClient 项目中。先在 IPCClient 项目中创建一个新的包，包名与服务器 Quiz 类的包名相同。然后将服务器的 Quiz 类复制到这个包中，如图 10-15 所示。

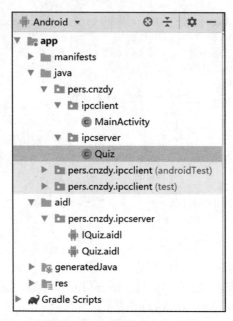

图10-15　复制服务器的Quiz类

修改 activity_client.xml 布局文件，添加两个按钮，代码如下所示。

```xml
<?xml version="1.0" encoding="utf-8"?>
<LinearLayout xmlns:android="http://schemas.android.com/APK/res/android"
    android:layout_width="match_parent"
    android:layout_height="match_parent"
    android:gravity="center"
    android:orientation="vertical">

    <Button
        android:id="@+id/btn_getQuizList"
        android:layout_width="match_parent"
        android:layout_height="wrap_content"
        android:text="查询题目列表" />

    <Button
        android:id="@+id/btn_addQuiz"
        android:layout_width="match_parent"
        android:layout_height="wrap_content"
        android:text="增加新的题目" />
</LinearLayout>
```

ClientActivity 通过 Intent 的方式来启动服务器的服务，代码如下所示。

```java
import pers.cnzdy.ipcserver.IQuiz;
import pers.cnzdy.ipcserver.Quiz;

public class ClientActivity extends AppCompatActivity {
    private final String TAG = "Client";
```

```java
    private IQuiz quizOperator;
    private boolean connected;
    private List<Quiz> quizList;

    private ServiceConnection serviceConnection = new ServiceConnection() {
        @Override
        public void onServiceConnected(ComponentName name, IBinder service) {
            quizOperator = IQuiz.Stub.asInterface(service);
            connected = true;
        }

        @Override
        public void onServiceDisconnected(ComponentName name) {
            connected = false;
        }
    };

    private View.OnClickListener clickListener = new View.OnClickListener() {
        @Override
        public void onClick(View v) {
            switch (v.getId()) {
                case R.id.btn_getQuizList:
                    if (connected) {
                        try {
                            quizList = quizOperator.getQuizList();
                        } catch (RemoteException e) {
                            e.printStackTrace();
                        }
                        log();
                    }
                    break;
                case R.id.btn_addQuiz:
                    if (connected) {
                        Quiz quiz = new Quiz("简述 RTS/CTS 握手协议。");
                        try {
                            quizOperator.addQuiz(quiz);
                            Log.e(TAG, "向服务器以 InOut 方式新增一道题目。");
                            Log.e(TAG, "题目: " + quiz.getStatement());
                        } catch (RemoteException e) {
                            e.printStackTrace();
                        }
                    }
                    break;
            }
        }
    };

    @Override
    protected void onCreate(Bundle savedInstanceState) {
        super.onCreate(savedInstanceState);
        setContentView(R.layout.activity_main);
        findViewById(R.id.btn_getQuizList).setOnClickListener(clickListener);
        findViewById(R.id.btn_addQuiz).setOnClickListener(clickListener);
```

```
                    bindService();
        }

        @Override
        protected void onDestroy() {
            super.onDestroy();
            if (connected) {
                unbindService(serviceConnection);
            }
        }

        private void bindService() {
            Intent intent = new Intent();
            intent.setPackage("pers.cnzdy.ipcserver");
            intent.setAction("pers.cnzdy.ipcserver.action");
            bindService(intent, serviceConnection, Context.BIND_AUTO_CREATE);
        }

        private void log() {
            for (Quiz quiz : quizList) {
                Log.e(TAG, quiz.toString());
            }
        }
}
```

QuizService 的 "pers.cnzdy.ipcserver.action" 启动后，将服务器返回的 Binder 保存下来，并转换成对应的实例 quizOperator。如果客户端要和服务器通信，直接通过 quizOperator 即可调用服务器的函数。

下面我们运行客户端代码，单击两个按钮分别获取 Quiz 列表和新增 Quiz。首先单击按钮获取 Quiz 列表，如图 10-16 所示。

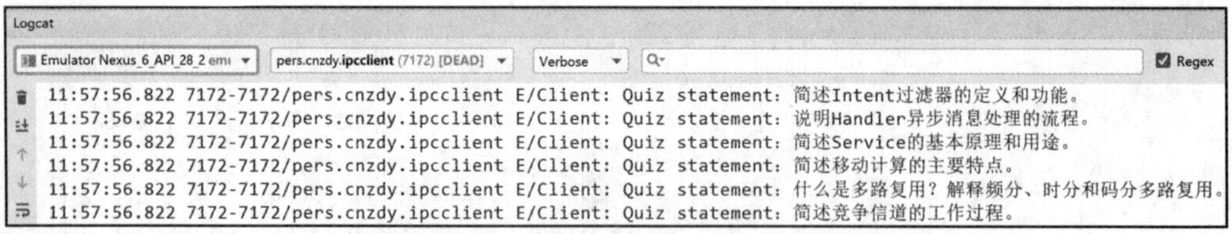

Logcat
Emulator Nexus_6_API_28_2 emu ▼	pers.cnzdy.**ipcclient** (7172) [DEAD] ▼	Verbose ▼	Q·	☑ Regex
11:57:56.822 7172-7172/pers.cnzdy.ipcclient E/Client: Quiz statement: 简述Intent过滤器的定义和功能。
11:57:56.822 7172-7172/pers.cnzdy.ipcclient E/Client: Quiz statement: 说明Handler异步消息处理的流程。
11:57:56.822 7172-7172/pers.cnzdy.ipcclient E/Client: Quiz statement: 简述Service的基本原理和用途。
11:57:56.822 7172-7172/pers.cnzdy.ipcclient E/Client: Quiz statement: 简述移动计算的主要特点。
11:57:56.822 7172-7172/pers.cnzdy.ipcclient E/Client: Quiz statement: 什么是多路复用？解释频分、时分和码分多路复用。
11:57:56.822 7172-7172/pers.cnzdy.ipcclient E/Client: Quiz statement: 简述竞争信道的工作过程。

图10-16　获取Quiz列表

接着单击按钮新增 Quiz，服务器将添加新的 Quiz，同时将结果同步到客户端，如图 10-17 所示。

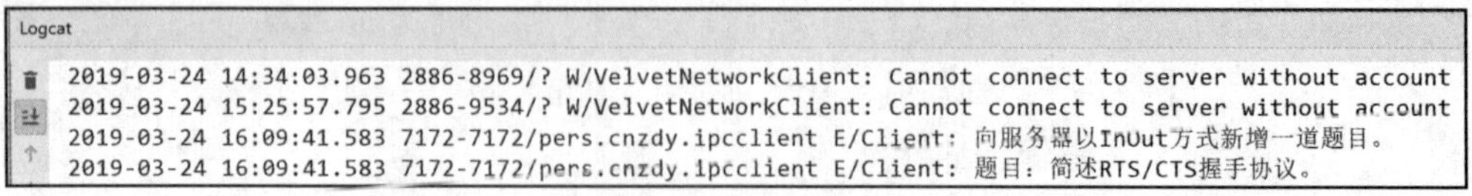

Logcat
2019-03-24 14:34:03.963 2886-8969/? W/VelvetNetworkClient: Cannot connect to server without account
2019-03-24 15:25:57.795 2886-9534/? W/VelvetNetworkClient: Cannot connect to server without account
2019-03-24 16:09:41.583 7172-7172/pers.cnzdy.ipcclient E/Client：向服务器以InOut方式新增一道题目。
2019-03-24 16:09:41.583 7172-7172/pers.cnzdy.ipcclient E/Client：题目：简述RTS/CTS握手协议。

图10-17　新增Quiz

通过以上示例，我们实现了客户端与服务器之间的通信，客户端既可以获取服务器的数据，也可以向服务器传送数据。

10.5 Bundle

Bundle 主要用于传递数据，它保存的数据以键值对的形式存在。4 大组件中的活动、服务和广播接收器都支持在 Intent 中传递 Bundle 数据。此外，由于 Bundle 实现了 Parcelable 接口，因此它也可以在进程间传递数据。

Bundle 位于 android.os 包中，它是一个 final 类，因此其不能被继承。使用 Bundle 在活动之间传递数据，传递的数据可以是 boolean、byte、int、long、float、double 等基本数据类型的数值或数组，也可以是对象或对象数组。当 Bundle 传递的是对象或对象数组时，对象的类型必须实现 Serializable 或 Parcelable 接口。

在 Bundle 内部维护了一个 ArrayMap 对象，它以键值对的形式存储数据，具体定义在其父类 BaseBundle 中，代码如下所示。

```
// Invariant - exactly one of mMap / mParcelledData will be null
// (except inside a call to unparcel)
ArrayMap<String, Object> mMap = null;
```

Bundle 类提供了 put()和 get()函数来存取数据。

（1）putXxx(String key,Xxx value)：Xxx 表示数据类型，如 String、int、float、Parcelable、Serializable 等，存储时以键值对的形式保存数据。

（2）getXxx(String key)：根据 key 值获取 Bundle 中的数据，如获取 Intent 保存的附加参数信息。

Bundle 类部分常用的 put()和 get()函数如表 10-1 所示。

表 10-1　Bundle 类部分常用的 put（和 get）函数

put()函数	get()函数
public void putBoolean(String key, boolean value)	public boolean getBoolean(String key)
public void putByte(String key, byte value)	public byte getByte(String key)
public void putChar(String key, char value)	public char getChar(String key)
…	…

另外，Bundle 还提供了 clear()函数，用于移除 Bundle 中的所有数据。

使用 Bundle 在活动之间传递数据,需要调用 Intent 的 putExtras()函数来存放要传递的数据。下面我们将 Quiz 类的参数信息存放在 Bundle 实例中，代码如下所示。

```
Intent Intent = new Intent("pers.cnzdy.tutorial.ACTION_QUIZ");
Bundle bundle = new Bundle();
bundle.putInt("id", 1);
bundle.putString("statement", " Service 是一个可以与用户交互的 Android 应用组件。");
Intent.putExtras(bundle);
startActivity(Intent);
```

在接收端，活动将 Bundle 中的数据提取出来，代码如下所示。

```
Intent intent = getIntent();
Bundle bundle = Intent.getExtras();
int id = bundle.getInt("id");
String name = bundle.getString("statement");
```

一个实体对象，如 KPoint 类的对象（知识点对象），如果要封装到 Bundle 消息中，KPoint

类必须实现 Parcelable 接口或者 Serializable 接口。如果 KPoint 类实现了 Serializable 接口，在用 Bundle 传递 KPoint 类的对象时，需要调用 Serializable 的 putSerializable(String key, Serializable value)函数保存数据；而在接收数据时，需要调用 Serializable 的 getSerizlizble(String key)函数取出数据。

Bundle 是一个数据容器，没有复杂的生命周期，本身也比较简单。对开发人员来说，只需要了解 Bundle 的基本功能、使用场景以及常用的数据存取方法。

10.6 本章小结

本章介绍了 Android 操作系统的分层架构。Android 是基于 Linux 内核的操作系统，目前主要用于智能手机、平板电脑等移动终端。从系统层面来看，Android 分为 4 层，从高到低分别是应用层、应用程序框架层、系统运行库层，以及硬件抽象层和内核层。

IPC 是操作系统中最常用，也是最复杂的功能之一。Android 操作系统支持多种进程间通信方式，包括 Binder、Bundle、共享文件、Messenger、内容提供器以及 Socket 等。

10.7 习题

1. 说明应用程序框架层的工作方式及原理。
2. Android 的系统运行库层包含哪些功能模块？
3. 什么是 Dalvik 虚拟机？它有什么作用？
4. 说明 Delvik 进程、Linux 进程以及线程之间的区别。
5. 什么是 IPC？简述它与 Intent 的关系？
6. 简述 Android 的进程间通信方式和基本原理。
7. 如何使用 Bundle 传递数据？
8. 简述 Binder 机制及其实现方式。
9. 什么是 AIDL？如何使用 AIDL？
10. 简述 Android 操作系统的启动流程。

FL 附录

附录A 实验

本书的实验部分主要针对移动应用开发技术的 6 章（第 4 章～第 9 章）来展开。通过 5 个实验，读者可以进一步了解移动应用的特点和发展趋势，比较全面地掌握移动应用开发的各种平台和工具，以及移动应用程序的基本结构和设计方法。在动手实践的基础上，读者应了解移动终端和无线网络的使用方法，了解移动应用开发技术的前沿动态，培养对移动应用开发的兴趣和思维方法，提高分析问题和解决问题的能力，为今后从事计算机系统硬件、软件的开发和应用打下良好的基础。

实验内容包括：搭建实验环境、设计和实现移动客户端界面、移动端数据存取、广播与通知，以及移动应用的信息获取。

实验涉及的知识点主要包括：活动、资源、UI 控件、布局、基于监听的事件处理、SQLite 数据库、SharedPreferences、广播机制、通知、Intent、内容提供器、位置管理器、视频播放、音频播放等。

在实验过程中，读者需要注意加强程序设计和代码实现方面的练习。在设计应用时，既考虑程序的功能，又关注程序的性能；在实现时，在同一实验中尽可能给出多种实现方式。希望读者能够充分利用已有的实验条件和资源，认真完成实验，通过实验得到充分的锻炼，以加深对本书知识的理解。

实验一　搭建实验环境

一、实验目的

1. 熟悉 Android 操作系统的开发环境。
2. 熟悉 Android Studio 开发平台。
3. 熟悉 Android Studio 的基本功能。
4. 创建项目，熟悉各种资源和文件。
5. 熟悉 Android Studio 的项目工具 TODO 的使用。
6. 熟悉 Android Studio 的日志工具 Log 的使用。
7. 熟悉 Android 模拟器的使用。
8. 在真机或模拟器中调试移动应用程序。

二、实验内容和要求

1. 在 Android Studio 中，创建"My Application"项目。

2. 查看并熟悉项目包含的各种文件，如图 A-1 所示。

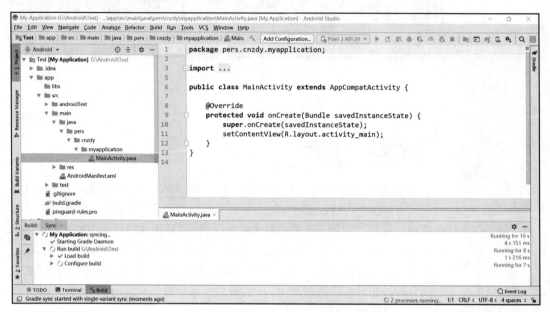

图A-1　查看项目包含的各种文件

3. 在 Android Studio 中，在 Settings 对话框中设置开发环境，如图 A-2 所示。

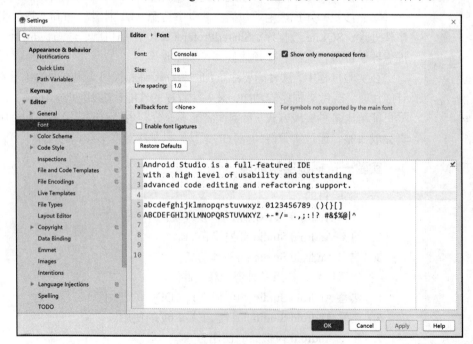

图A-2　在Settings对话框中设置开发环境

4. 使用 Android Studio 的项目工具 TODO 管理任务。

5. 使用 Android Studio 的日志工具 Log 输出程序信息。

6. 创建手机模拟器，如图 A-3 所示。

7. 编译生成目标程序，在真机或模拟器中调试移动应用程序。

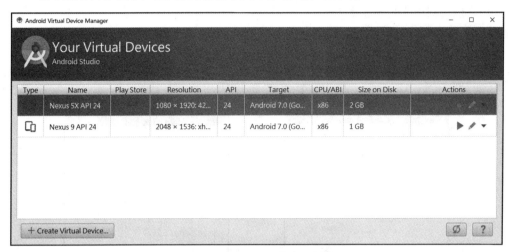

图A-3　创建手机模拟器

三、实验思考

如何安装不同版本的 Android SDK？如何使用 Android Studio 提供的代码重构功能？如何使用插件来扩展 Android Studio 的功能？如何使用远程代码仓库？

实验二　设计和实现移动客户端界面

一、实验目的

1. 熟悉移动应用的开发过程。
2. 熟悉 Android 应用的界面组件。
3. 掌握事件监听机制。
4. 掌握移动界面编程和视图组件的使用方法。

5. 熟悉各种列表控件的使用。

6. 掌握定制控件的编程方法。

二、实验内容和要求

1. 设计移动应用的登录界面。

2. 参考常用的移动应用，如 QQ、简书、豆瓣等，创建应用的注册界面（SignUpActivity）和登录界面（SignInActivity），如图 A-4 所示。

图A-4　参考常用的移动应用创建应用的注册界面和登录界面

3. 创建活动布局，添加其他账号登录方式，如用 QQ、微信等登录。

4. 编写登录按钮处理事件，单击进入列表界面。

5. 实现定制的 RecyclerView 控件，列表界面如图 A-5 所示。

图A-5　列表界面

6. 单击 RecyclerView 控件中的列表项，进入滑动页面，滑动页面采用 ViewPager 实现。

7. 编译生成目标程序，在真机或模拟器中调试移动应用程序。

三、实验思考

根据界面设计原则，如何设计移动应用的界面，如何构建活动布局？是否能够设计出具有真实感的应用界面，同时满足用户的个性化需求？当程序出现异常和错误时，如何调试和测试程序？

实验三 移动端数据存取

一、实验目的

1. 熟悉 SharedPreferences 的使用方法。

2. 熟悉数据解析方式。

3. 理解数据库的 ACID 原则。

4. 熟悉 SQLite 数据库的使用方法。

5. 熟悉 Content Provider（内容提供器）的使用方法。

6. 熟悉和了解 ContentResolver（内容解析器）的基本用法。

7. 初步了解数据库的调试和测试方法。

二、实验内容和要求

1. 改进实验二的登录界面，采用 SharedPreferences 记住第 1 次登录时输入的用户名和密码，以后登录不再需要输入用户名和密码。

2. 将题库保存为 JSON 文件，读取 JSON 文件并在列表中显示。

3. 编写程序在 Android 操作系统中创建数据库。

4. 向数据库（SQLite）中添加题库数据，并且在数据库中删除数据、更新数据以及查询数据。

5. 使用 Content Resolver（内容解析器）查询联系人数据。

6. 通过 Content Provider（内容提供器）共享 SQLite 数据库中的表，并且编写一个新的应用来访问共享的数据表，包括插入、更新、删除和查询共享的数据表，如图 A-6 所示。

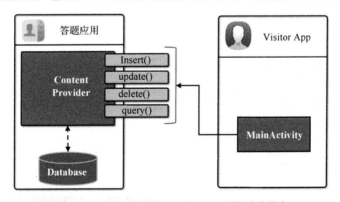

图A-6 通过内容提供器共享SQLite数据库中的表

7. 编译、调试和查看程序运行结果。

三、实验思考

如何安全地使用 SharedPreferences 存储用户名和密码？如何使用 SQLiteOpenHelper 类？如何使用 ADB 调试工具？如何完成数据库的基本操作和事务处理？如何按照数据库设计原则设计数据表？

实验四　广播与通知

一、实验目的

1. 熟悉 Android 操作系统的广播机制。
2. 熟悉广播接收器的静态注册和动态注册方式。
3. 熟悉 Android 的 Notification 通知功能。
4. 理解同步和异步消息处理的区别。
5. 掌握通知的管理方式。

二、实验内容和要求

1. 编写程序接收系统广播消息，监听开机启动、网络状态变化以及电源电量变化。
2. 编写程序发送本地广播消息，同时接收本地广播消息。
3. 编写程序发送邮件。
4. 应用接收到新的邮件后发送通知。
5. 使用 PendingIntent 打开通知对应的活动。
6. 编写程序实现短信收发功能。
7. 编译、调试和查看程序运行结果。

三、实验思考

Android 操作系统如何广播消息？应用如何发送自定义的广播消息？应用如何向用户发送通知？应用如何实现通知的管理？

实验五　移动应用的信息获取

一、实验目的

1. 熟悉 GPS 定位和位置管理器的基本用法。
2. 掌握摄像头的调用方法。
3. 熟悉实现播放音频的方法。
4. 熟悉实现播放视频的方法。
5. 掌握获取无线信号强度的方法。
6. 熟悉实现蓝牙设备的扫描、监听以及通信的方法。

二、实验内容和要求

1. 编写程序获取 GPS 信息，显示经/纬度，如图 A-7 所示。

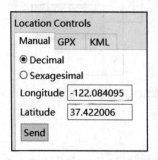
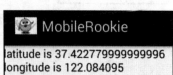

图A-7　GPS信息

2. 编写程序调用摄像头实现拍照功能，拍照后打开邮件发送应用，发送图片。

3. 编写程序实现视频播放器。
4. 使用服务实现音频播放器。
5. 编写程序连接蓝牙耳机播放音乐。
6. 编写程序获取 Wi-Fi 和蓝牙设备的信号强度。
7. 编译、调试和查看程序运行结果。

三、实验思考

如何获取 GPS 信息？如何操控摄像头和各种传感器设备？通过什么方式在后台运行程序？如何连接各种无线设备？

附录B　命名规范

任何项目开发都需要遵循一定的开发规范，采用合适的命名规范可以增强代码的可读性和可维护性，从而提高项目的开发效率和维护效率。下面针对 Android 应用开发，给出常用的命名规范。

Android 项目通常采用反域名命名规则，每部分名称都使用小写字母。第 1 级包名通常用"com""team"和"pers"表示公司、团队和个人；第 2 级包名为公司名、团队名或个人名；第 3 级包名为项目名，如"helloworld"；第 4 级包名为模块名，如"utils"。本书中示例项目的包名为 pers.cnzdy.tutorial。包名后面的模块名通常根据模块的功能来设置，如适配器类用"pers.cnzdy.tutorial.adapters"表示，工具类用"pers.cnzdy.tutorial.utils"表示。

类名通常采用大驼峰命名法（Upper Camel-Case），也称为帕斯卡命名法。使用大驼峰命名法，类名的首字母大写，并且每一个单词的首字母也大写，如"QuizActivity""AnswerActivity""BatteryChangedReceiver"等。如果是缩写单词，要求用通用的名称来命名，如"URI""URL"等。另外，测试类的命名最好以"Test"开头，后面紧跟要测试类的名称，如"TestQuizActivity"。接口类多以"able"或"ible"结尾，如"interface Runable"；也可以在类名前加入"I"。

函数的命名采用动词或动名词，使用小驼峰命名法，即首字母小写，随后每一个单词的首字母都大写，如"setContentView""getImageID"。

常量的名称要求全部字母大写，也可以用下划线分隔单词，如下所示。

public static String TAG = "MainTAG";　　// 每个常量都是一个静态 final 字段

类中的成员变量名可以考虑采用匈牙利命名法，即变量的首字母用变量类型的缩写，其余部分用变量的英文或英文的缩写，并且要求单词第一个字母大写，如下所示。

```
int     iDifficult;    // "i" 是 int 类型的缩写
boolean bAnswer;       // "b" 是 boolean 类型的缩写
String  sStatement;    // "s" 是 String 类型的缩写
```

在集合类变量名后面，通常添加相应的后缀，如"List""Map""Set"等。在数组变量名后面，通常添加后缀"Arr"。

在资源文件命名中，布局文件的名称全部小写，并且采用下划线命名法，如"activity_camera.xml"" activity_location.xml"。drawable 资源的名称也全部小写，采用下划线命名法。不同的控件，通过加入前缀或后缀来区分，如"btn_back_home.png"（按钮）、"ic_delete.png"（图标）、"btn_circle_normal"（按钮正常的显示效果）、"btn_circle_pressed"（按钮单击的显示效果）。

如果需要了解更详细的命名规范，可以查阅 Google Java 编程规范 和 Google Android 编码规范。

附录C　Android应用调试工具

ADB 是 Android SDK 中自带的一个调试工具，它就像一个连接 Android 手机和计算机的桥梁，通过它可以直接调试模拟器或在计算机上连接手机。我们可以用 ADB 管理和操作模拟器和移动终端，如在手机上安装软件、查看终端软/硬件参数、升级系统、运行 Shell 命令、复制或粘贴文件等。

在 Android Studio 中使用 ADB，首先需要打开虚拟机，然后在终端窗口中输入 adb。如果命令显示"'adb' 不是内部或外部命令，也不是可运行的程序或批处理文件。"，这时我们需要在系统中设置 ADB 的路径。首先，找到 ADB 的路径，通常在 AndroidSDK\platform-tools\文件夹下，如图 C-1 所示。

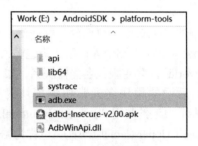

图C-1　ADB的路径

我们复制绝对路径，用鼠标右键单击"此电脑"，选择"属性"，单击"高级系统设置"，弹出"系统属性"对话框；在"系统属性"对话框的"高级"选项卡中，单击"环境变量"按钮，弹出"环境变量"对话框，在"环境变量"对话框中，选择"系统变量"的"Path"，弹出"编辑环境变量"对话框；在"编辑环境变量"对话框中，单击"新建"按钮，添加 ADB 的绝对路径"E:\AndroidSDK\platform-tools\"，最后单击"确定"按钮。整个操作过程如图 C-2 所示。

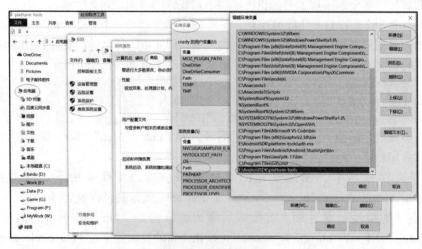

图C-2　整个操作过程

设置好以后，我们在 Android Studio 的命令行中输入 adb，此时会显示 ADB 的帮助信息，说明 ADB 已经可以使用了，如图 C-3 所示。

下面给出一些 ADB 的基本操作命令。输入 adb devices，可以列出当前所有已连接的终端（模拟器或手机），并返回序列号和状态，如图 C-4 所示。

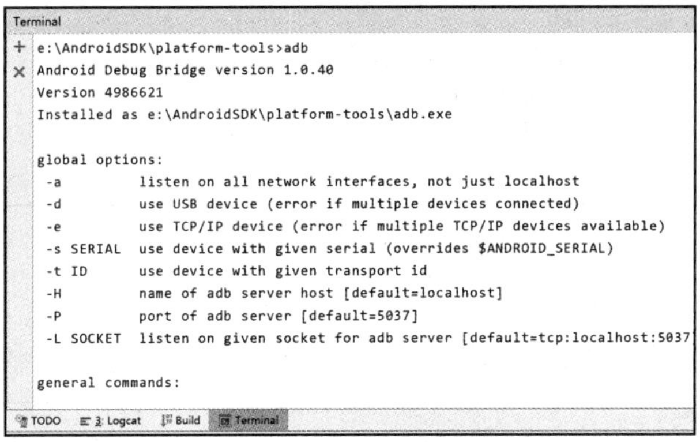

```
Terminal
+ e:\AndroidSDK\platform-tools>adb
× Android Debug Bridge version 1.0.40
  Version 4986621
  Installed as e:\AndroidSDK\platform-tools\adb.exe

  global options:
   -a           listen on all network interfaces, not just localhost
   -d           use USB device (error if multiple devices connected)
   -e           use TCP/IP device (error if multiple TCP/IP devices available)
   -s SERIAL    use device with given serial (overrides $ANDROID_SERIAL)
   -t ID        use device with given transport id
   -H           name of adb server host [default=localhost]
   -P           port of adb server [default=5037]
   -L SOCKET    listen on given socket for adb server [default=tcp:localhost:5037]

  general commands:

TODO    Logcat    Build    Terminal
```

图C-3　输入adb命令

```
e:\AndroidSDK\platform-tools>adb devices
List of devices attached
emulator-5554    device
```

图C-4　列出当前所有已连接的终端

在移动终端上安装 Android 应用时，使用命令 adb install [option] <path>，如 adb install tutorial.APK。如果输入命令 adb root，则将以 root 身份进入 ADB。使用 adb reboot 命令可以重启 Android 终端。使用 adb logcat 命令可以查看所有日志信息。

输入命令 adb shell，进入 Shell，这时我们可以使用 ls、cd、rm、mkdir、touch、pwd、cp、mv、ifconfig、netstat、ping 等 Shell 命令，用 exit 命令可以退出 Shell 环境。

附录D　SQLite3命令行工具

在 SQLite 数据库中包含一个命令行工具 SQLite3，它可以让用户手动输入并执行数据库 SQL 命令。SQLite3 在 Android SDK 的\platform-tools 文件夹下。Android 应用创建的数据库一般在/data/data/应用包名/database/文件夹下。在终端窗口中输入 adb shell，使用 cd 命令进入该文件夹以后，输入 sqlite3 数据库名，如 sqlite3 Exam.db，即可打开已存在的数据库，进入 SQL 命令行模式，进行数据库操作，如图 D-1 所示。

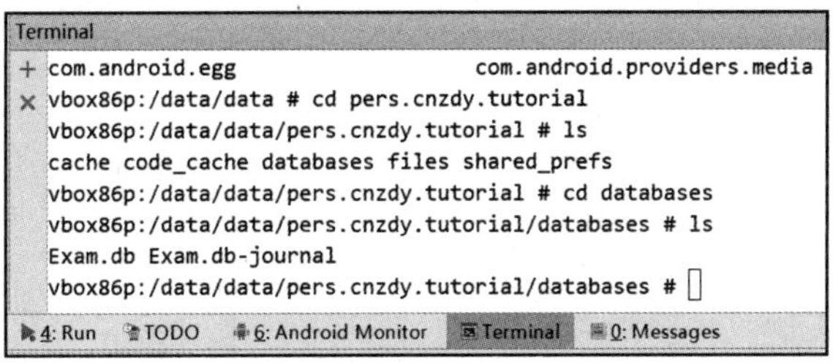

```
Terminal
+ com.android.egg                          com.android.providers.media
× vbox86p:/data/data # cd pers.cnzdy.tutorial
  vbox86p:/data/data/pers.cnzdy.tutorial # ls
  cache code_cache databases files shared_prefs
  vbox86p:/data/data/pers.cnzdy.tutorial # cd databases
  vbox86p:/data/data/pers.cnzdy.tutorial/databases # ls
  Exam.db Exam.db-journal
  vbox86p:/data/data/pers.cnzdy.tutorial/databases # 

4: Run    TODO    6: Android Monitor    Terminal    0: Messages
```

图D-1　进入SQL命令行模式

在 SQL 命令行模式下，输入 .help 命令，将显示所有可使用的命令和这些命令的帮助信息。请注意，所有命令开头都有一个点，如.exit、.quit。

我们可以用同样的 SQLite3 命令，来创建新数据库和打开已存在的数据库，如执行命令 sqlite3 test.db，如果在当前文件夹下 test.db 数据库文件不存在，则新建它；如果存在，则打开它，如图 D-2 所示。

```
generic_x86_64:/data/data/pers.cnzdy.tutorial/databases # sqlite3 test.db
SQLite version 3.22.0 2018-01-22 18:45:57
Enter ".help" for usage hints.
sqlite> .table
sqlite> 
```

图D-2　打开数据库文件

列出数据表的命令为.tables

显示数据库结构的命令为.schema，如图 D-3 所示。

```
sqlite> .schema
CREATE TABLE Students(Id integer PRIMARY KEY, Name text, Sex text, Age integer default 'not available');
```

图D-3　显示数据库结构

用.header on、.mode column、.timer on 命令可以显示表格的格式化输出，如图 D-4 所示。

```
sqlite> .header on
sqlite> .mode column
sqlite> .timer on
sqlite> select * from Students;
Id          Name        Sex         Age
----------  ----------  ----------  ----------
1           Tom         boy         19
2           John        boy         24
3           Ada         girl        20
Run Time: real 0.000 user 0.000000 sys 0.000000
```

图D-4　显示表格的格式化输出

使用 SQL 命令行创建表的代码如下所示。

```
CREATE TABLE Students(Id integer PRIMARY KEY, Name text, Sex text, Age integer default 'not available');
```

插入数据的代码如下所示。

```
INSERT INTO Students VALUES(1, 'Tom', 'boy', '19');
INSERT INTO Students VALUES(2, 'John', 'boy', '24');
        INSERT INTO Students VALUES(3, 'Ada', 'girl', '20');
```

参考文献

[1] 汉斯曼，等. 普及计算[M]. 英春等，译. 第 2 版. 北京：清华大学出版社，2004.

[2] FAR B R. 移动计算原理——基于 UML 和 XML 的移动应用设计与开发[M]. 顾国昌等，译. 北京：电子工业出版社，2006.

[3] GOLDSMITH A. 无线通信[M]. 杨鸿文，李卫东，郭文彬等，译. 北京：人民邮电出版社，2007.

[4] 徐明，曹建农，彭伟. 移动计算技术[M]. 北京：清华大学出版社，2008.

[5] 张德干. 移动计算[M]. 北京：科学出版社，2009.

[6] 张传福. 移动互联网技术及业务[M]. 北京：电子工业出版社，2012.

[7] 袁满，吴晓宇，等. 移动计算[M]. 修订版. 哈尔滨：哈尔滨工业大学出版社，2015.

[8] 郑相全. 无线自组网技术实用教程[M]. 北京：清华大学出版社，2004.

[9] 刘乃安. 无线局域网：WLAN 原理、技术与应用[M]. 西安：西安电子科技大学出版社，2004.

[10] 于宏毅，等. 无线移动自组织网络[M]. 北京：人民邮电出版社，2004.

[11] 任智，姚玉坤，曹建玲，等. 无线自组织网络路由协议及应用[M]. 北京：电子工业出版社，2015.

[12] 巴萨尼，孔蒂，等. 移动 Ad Hoc 网络[M]. 任品毅，王熠晨，译. 西安：西安交通大学出版社，2012.

[13] 杨波，周亚宁. 大话通信[M]. 北京：人民邮电出版社，2009.

[14] 丁奇. 大话无线通信[M]. 北京：人民邮电出版社，2010.

[15] 丁奇，阳桢. 大话移动通信[M]. 北京：人民邮电出版社，2011.

[16] KUROSE F J,ROSS W K. 计算机网络自顶向下方法 [M]. 陈鸣，译. 第 6 版. 北京：机械工业出版社，2016.

[17] 徐小龙. 物联网室内定位技术[M]. 北京：电子工业出版社，2017.

[18] DebDiv 移动开发社区. 移动开发全平台解决方案[M]. 北京：海洋出版社，2011.

[19] 郭霖. 第一行代码 Android[M]. 北京：人民邮电出版社，2014.

[20] PHILLIPS B, HARDY B.Android 编程权威指南[M]. 王明发，译. 北京：人民邮电出版社，2016.

[21] 林学森. 深入理解 Android 内核设计思想[M]. 北京：人民邮电出版社，2014.

[22] 李刚. 疯狂 Android 讲义 [M]. 第 3 版. 北京：电子工业出版社，2015.

[23] 任玉刚. Android 开发艺术探索[M]. 北京：电子工业出版社，2015.

[24] 邓凡平. 深入理解 Android Wi-Fi、NFC 和 GPS 卷[M]. 北京：机械工业出版社，2015.

[25] 何红辉，关爱民. Android 源码设计模式解析与实战[M]. 北京：电子工业出版社，2015.

[26] 刘望舒. Android 进阶之光[M]. 北京：电子工业出版社，2017.